AF454572

TRAITÉ

DE

MINÉRALOGIE.

TOME I.

TRAITÉ

DE

MINÉRALOGIE,

PAR LE C^EN. HAÜY,

Membre de l'Institut National des Sciences et Arts, et Conservateur
des Collections minéralogiques de l'École des Mines.

PUBLIÉ PAR LE CONSEIL DES MINES.

En cinq volumes, dont un contient 86 planches.

TOME PREMIER.

DE L'IMPRIMERIE DE DELANCE.

A PARIS,

CHEZ LOUIS, LIBRAIRE, RUE DE SAVOYE, N°. 12.

(x) 1801.

DISCOURS
PRÉLIMINAIRE.

Si les motifs qui nous sollicitent à cultiver une science naturelle étoient fondés uniquement sur l'intérêt que certaines productions inspirent par elles-mêmes, et sur ce qu'elles ont d'attrayant à la première vue, la zoologie et la botanique sembleroient avoir, sur la minéralogie, une prépondérance, qui entraîneroit presque tous les goûts vers l'une ou l'autre de ces belles parties de nos connoissances. Dans les animaux, une conformation plus voisine de la nôtre, un ensemble d'organes si heureusement combinés pour produire une infinité de mouvemens divers, un instinct admirable par ses ressources, offrent à l'homme un sujet digne d'exciter toute sa curiosité, et d'exercer cette intelligence, qui est sa qualité distinctive et le titre de sa supériorité. Les plantes forment le point de vue le plus riant et le plus gracieux de la nature, le plus propre à émouvoir notre sensibilité ; et l'idée seule du printemps et des fleurs est une puissante invitation à l'étude de la botanique.

Mais la plupart des minéraux, cachés dans les cavités du globe, n'en sortent qu'à travers de nombreux débris, et en portant eux-mêmes les marques du fer destructeur qui les a arrachés de leurs gîtes : ils ne sont, pour le commun des hommes, que des masses brutes, sans physionomie et sans langage, faites seulement pour être appropriées à nos besoins : on a peine à s'imaginer qu'ils puissent devenir l'objet d'une science à part, et qu'il y ait une place pour le naturaliste, entre le mineur qui les extrait, et l'artiste qui les élabore.

Cependant ceux qui, sans s'arrêter aux premières apparences, considéreront les minéraux de plus près, et avec une attention plus suivie, s'apercevront aisément de ce qu'ils gagnent à être mieux connus.

Des formes polyédriques, dont il semble qu'une main savante ait réglé les dimensions et les angles à l'aide du compas; les variations que ces formes, sans cesser d'être régulières, subissent dans une même substance, et l'avantage de pouvoir, à l'aide de l'observation et du calcul, retrouver les traits du Prothée caché sous ces métamorphoses ; des expériences ingénieuses concourant avec les indices qui parlent à l'œil, pour développer les propriétés qui lui échappent ; le principe d'Archimède, appliqué à la comparaison des poids, sous un volume donné; la puissance réfractive employée à tracer une limite entre les corps à travers lesquels l'image de chaque objet paroît simple, et ceux qui en offrent deux à l'œil étonné ; la chaleur substituée au frottement, pour faire naître des pôles électriques, dans des corps dont la forme cristalline, par des modifications particulières, indique d'avance les positions de ces pôles; l'aiguille aimantée faisant servir le fer à se déceler lui-même; divers agens chimiques offrant des moyens de lever les doutes que les autres

épreuves auroient pu laisser encore ; les ressources
fournies par l'analyse, pour la formation d'une méthode basée sur la connoissance intime des objets
qu'elle embrasse ; tout conspire à faire de la minéralogie une science digne d'être accueillie par les esprits
tournés naturellement vers les recherches susceptibles
de précision et de rigueur, vers celles qui offrent des
combinaisons plus savantes et un ensemble de faits liés
plus étroitement entre eux.

Cultivée avec ces dispositions, la minéralogie se présente bientôt sous une face toute nouvelle. C'est un
tableau que la seule habitude de le voir et de l'étudier
embellit ; où la nature se montre, comme par tout
ailleurs, sous un aspect qui réclame, pour son Auteur,
le tribut de notre admiration et de nos hommages ; et
nous nous savons d'autant plus de gré d'un choix qui
a surpassé notre attente, qu'une espèce de penchant
naturel nous attache davantage aux objets qui nous
offrent beaucoup plus qu'ils n'avoient d'abord semblé
nous promettre.

Il n'est aucune science naturelle dont on ne retrouve
l'ébauche dans les notions qu'un usage familier des
objets qu'elle embrasse avoit anciennement suggérées
aux hommes. Cette vérité est surtout sensible par rapport à la minéralogie, dont le domaine renferme une
multitude de productions que l'industrie humaine n'a
pu élaborer, pour les plier aux besoins ou aux agré-
mens de la vie, sans une certaine étude de leurs caractères et de leur nature, et sans que l'art ne frayât
la route à la science. Dès les premiers temps, l'en-

semble de ces productions usuelles avoit été soudivisé
en pierres, en sels, en bitumes et en métaux. C'étoient
comme les premiers traits des tableaux que présentent
nos méthodes. Le traitement des substances métalliques
avoit fait reconnoître plusieurs des différences essen-
tielles qui les distinguent. Parmi les pierres, on avoit
composé, sous les noms de *marbres* et de *gemmes*,
des groupes nombreux, qui, malgré la disparité des
corps qu'ils servoient à lier entre eux, étoient cependant un essai de la formation des genres qui soudivisent
les classes. Certaines propriétés, d'autant plus remarquables qu'elles font ressortir les substances qui en
jouissent, n'avoient pas échappé à l'attention; on avoit
remarqué l'attraction que le succin, après avoir été
frotté, exerçoit sur les corps légers qu'on lui présentoit,
et l'espèce de sympathie qui attachoit le fer à l'aimant,
que l'on considéroit comme une simple pierre. Les
formes cristallines mêmes n'étoient pas tout à fait
inconnues aux anciens ; celle du cristal de roche
et celle du diamant avoient été assez bien saisies par
Pline (1). C'étoit alors une merveille étonnante par sa
singularité, que ces polyèdres réguliers qui excitent
aujourd'hui notre admiration par leur multitude même
et par leur diversité.

Ce n'est que pendant le cours de ce siècle, que les
savans ont commencé à soumettre l'ensemble des corps
inorganiques connus à des arrangemens méthodiques,
et que les mots de *règne minéral* ont été prononcés.

____

(1) Hist. nat., l. **XXXVII**, c. 2 et 4.

Parmi les différentes méthodes qui ont paru successivement, les unes, telles que celles de Linnæus, de Wallerius, de Daubenton, etc., employoient à la détermination des espèces, des genres, des ordres et des classes, certains caractères qui se présentent, pour ainsi dire, d'eux-mêmes à l'œil, comme ceux qui se tirent de la forme, du tissu, de la transparence, des couleurs ; ou certaines propriétés faciles à vérifier, comme celles d'étinceler par le choc du briquet, de faire effervescence avec l'acide nitrique, etc. : les autres, assujetties à une marche plus savante, tracée par Cronstedt, et suivie par Bergmann, de Born, Kirwan, etc., présentoient la série des minéraux classés d'après leur analyse ; en sorte que les espèces étant déterminées par l'identité des principes composans, les genres se formoient des espèces qui avoient un principe commun. Le même moyen servoit encore, dans certains cas, à lier plusieurs genres ensemble dans un même ordre ; ainsi les sels neutres pouvoient être soudivisés en sels alkalins, sels terrestres et sels métalliques, suivant que l'acide s'y trouvoit uni à un alkali, à une terre ou à un métal. Mais lorsque l'analyse se refusoit à la formation des ordres, on y suppléoit par quelque propriété chimique, commune à tous les genres dont chaque ordre étoit l'assemblage ; et à l'égard des classes, elles étoient de même caractérisées d'après la manière dont les êtres qui les composoient se trouvoient modifiés dans les diverses opérations qui sont du ressort de la chimie.

Il ne faut pas croire cependant qu'il y eut une ligne

de séparation nettement tracée entre les deux modes de
distributions méthodiques dont nous venons de parler.
Les chimistes, après avoir déterminé la série des classes,
des ordres, des genres et des espèces, à l'aide des propriétés chimiques, ou des résultats de l'analyse, ne
pouvoient descendre jusqu'aux variétés, qu'en employant les caractères extérieurs, pour les distinguer
l'une de l'autre. Or dans une méthode complète, il est
d'autant moins permis de s'arrêter aux espèces, que
souvent elles se ramifient en plusieurs soudivisions,
dont les différences, beaucoup plus tranchées que ces
nuances légères et fugitives qui modifient les variétés
en botanique, présentent des résultats très-distincts de
différentes lois ou de différentes manières d'opérer de
la nature. Dans l'espèce calcaire, par exemple, les
diverses formes cristallines, les stalactites, les marbres, etc., sont autant de modifications d'une même
substance qui, sans doute, méritent d'être observées
et étudiées séparément; et ne voir dans tout cela que
de la chaux et de l'acide carbonique, ce seroit presque
s'arrêter à l'inscription d'un tableau également intéressant par l'ensemble et par la variété des détails qu'il
offre aux regards.

D'un autre côté, il est visible que les minéralogistes
ont réellement profité, jusqu'à un certain point, des
résultats de la chimie, pour former les distributions
que l'on a désignées sous le nom de *méthodes minéralogiques :* car sans parler ici de l'usage qu'ils ont fait
de certaines propriétés, telles que l'effervescence avec
les acides, qui est une véritable propriété chimique,

jamais ils n'auroient pu, sans le secours de l'analyse, rapporter les êtres à leurs véritables classes. Le carbonate de plomb, nommé communément *plomb blanc*, eût été regardé comme une espèce étrangère aux métaux, et rangé vraisemblablement parmi les pierres. On trouva dans le Brisgaw, il y a quelques années, une substance cristallisée en petites lames à biseaux, d'une couleur blanche : les minéralogistes en font successivement une zéolithe et un spath pesant. L'analyse, entre les mains de Pelletier, lui assigne sa véritable place parmi les mines de zinc, sous le nom de calamine.

La chimie a donc été, au moins tacitement, le guide des minéralogistes, pour la détermination des espèces. C'est la formation des genres, qui est réellement le point où les méthodes, de part et d'autre, commencent à diverger.

Dans celles des minéralogistes, les espèces qui composent un même genre, sont liées entre elles par un caractère tiré de quelque qualité qui leur est commune, ou par plusieurs caractères tellement combinés, que leur ensemble est censé ne pouvoir appartenir qu'à la collection des espèces dont il s'agit. Les genres adoptés par les chimistes, ont leur fondement dans l'analyse même ; ils dépendent, comme nous l'avons dit, de l'existence d'un principe commun aux différentes espèces, dont la distinction porte ensuite sur les principes qui leur sont particuliers.

On voit par ce qui précède, que la chimie et la minéralogie concourent nécessairement à la formation d'une méthode, quelle qu'elle soit, qui a pour objet la classification des êtres inorganiques ; que c'est à la chimie qu'il appartient de poser les premiers fondemens de la méthode, par la détermination des espèces, et que la différence dépend de ce que chacune met ensuite du sien dans la construction de l'édifice qui s'élève sur cette base. J'exposerai bientôt les principes qui me paroissent conduire à tirer le parti le plus avantageux de cette espèce de fédération.

D'une autre part, la physique se réunit à la chimie, pour fournir à la minéralogie des caractères distinctifs, d'autant plus avantageux, qu'ils tiennent au fond même des substances, et sont beaucoup moins variables que ceux dont nous ne jugeons que sur le rapport de nos sens. Des expériences également simples et faciles semblent nous donner de nouveaux organes, pour pénétrer jusque dans les propriétés les plus intimes d'un corps ; et l'on peut répondre à ceux qui pensent que la minéralogie doit se suffire à elle-même, sans avoir besoin de se mêler avec des sciences étrangères, que dans des opérations si élémentaires, et qui n'exigent qu'une si petite dépense de moyens et d'effets, on ne voit proprement ni le chimiste, ni le physicien ; on n'y voit que le minéralogiste qui interroge la nature d'une manière plus pressante et plus heureuse (1).

____

(1) Quoique la simple indication des propriétés chimiques et physiques eût suffi pour remplir notre but principal, nous avons cru devoir y joindre l'explication de ces propriétés, et travailler aussi pour les hommes versés plus particulièrement dans les connoissances, à l'aide desquelles la minéralogie peut sortir du cercle des phrases purement descriptives, et s'élever au

La

La géométric, à son tour, a des rapports directs et nécessaires avec la minéralogie, par la description des formes cristallines, et plus encore par ses nombreuses applications à la structure des cristaux, qui n'est elle-même que le résultat d'une géométrie naturelle, soumise à des règles particulières, et où chaque solide a sa figure déterminée par la combinaison d'une infinité d'autres petits solides, qui sont comme les élémens du premier. Un coup d'œil peu attentif, jeté sur les cristaux, les fit appeler d'abord de *purs jeux de la nature*, ce qui n'étoit qu'une manière plus élégante de faire l'aveu de son ignorance. Un examen réfléchi nous y découvre des lois d'arrangement, à l'aide desquelles le calcul représente et enchaîne l'un à l'autre les résultats observés ; lois si variables et en même temps si précises et si régulières ; ordinairement très-simples, sans rien perdre de leur fécondité !

La théorie qui a servi à développer ces lois, repose toute entière sur un fait dont l'existence avoit été jusqu'alors plutôt entrevue que démontrée. Il consiste en ce que ces petits solides, qui sont les élémens des cristaux, et que j'appelle leurs *molécules intégrantes* ont, dans tous ceux qui appartiennent à une même espèce de minéral, une forme invariable, dont les faces sont dans le sens des joints naturels indiqués par la division mécanique de ces cristaux, et dont les angles et les

---

rang des véritables sciences qui agrandissent leur objet, en remontant jusqu'aux lois auxquelles il est soumis. Ils nous sauront gré, sans doute, de ne pas nous être bornés à citer des résultats d'expériences isolées, et d'en avoir montré en même temps la liaison avec les causes dont ils dépendent.

dimensions respectives sont donnés par le calcul combiné avec l'observation. De plus, les molécules intégrantes relatives à différentes espèces ont aussi entre elles des diversités plus ou moins marquées, excepté dans un petit nombre de cas, où leurs formes ont des caractères de régularité, d'où résultent comme des points de contact entre certaines espèces. Il suit de là, que la détermination des molécules intégrantes doit avoir une grande influence sur celle des espèces, et cette considération m'a conduit, plus d'une fois, soit à soudiviser en plusieurs espèces un groupe qui, dans les anciennes méthodes, n'en formoit qu'une seule, soit à rapprocher et à réunir les membres épars d'une espèce unique, dont on avoit fait plusieurs espèces distinctes. Quelques-unes de ces séparations et de ces réunions, faites dans un temps où l'analyse n'avoit pas encore dévoilé la véritable nature des substances qui en ont été l'objet, se trouvent aujourd'hui confirmées par les résultats de la chimie ; et j'oserai même dire que, dans l'hypothèse où aucune substance minérale n'auroit encore été décomposée, on auroit pu, à l'aide d'un travail suivi sur les molécules intégrantes, former des assortimens que l'on auroit été fondé à regarder comme appartenant à autant d'espèces nettement circonscrites (1) ; en sorte que pour

---

(1) Ces assortimens n'auroient pas été limités aux cristaux proprement dits ; on auroit pu encore y faire entrer des masses lamelleuses, ou même de celles qui se refusent à la division mécanique ; car ces dernières ont assez souvent, avec leurs analogues cristallisés, une relation de position et d'aspect qui les fait reconnoître pour appartenir à la même espèce ; et ainsi ces masses insignifiantes par elles-mêmes peuvent être déterminées, au

les distribuer ensuite dans une méthode bien ordonnée, il eut suffi d'avoir l'analyse d'un seul corps pris dans chacun d'eux.

On conçoit par là dans quel sens il faut entendre ce que j'ai annoncé plus haut, que c'est à la chimie qu'appartient la détermination des espèces. Il seroit peut-être plus vrai de dire qu'elle complète cette détermination, en nous faisant connoître les molécules principes, dont les molécules intégrantes sont les assemblages. Déjà il est aisé de sentir (et la suite en offrira plusieurs exemples), combien il est intéressant que les recherches relatives à ces deux sortes de molécules conspirent vers un but commun; que le chimiste et le minéralogiste s'éclairent mutuellement dans leurs travaux, et que le gonyomètre, qui fournit des données pour soumettre les formes cristallines au calcul, soit associé à la balance qui pèse les produits de l'analyse.

L'objet principal de ce Traité est l'exposition et le développement d'une méthode fondée sur des principes certains, et qui serve comme de cadre à toutes les connoissances que présente la minéralogie, aidée des différentes sciences qui peuvent lui prêter la main, et marcher avec elle sur une même ligne. C'est le rapprochement de tous les minéraux connus, sous un même point de vue, pour les comparer entre eux, étudier leurs caractères, et interroger tour à tour l'expérience et la théorie sur les différens phénomènes dont ils sont sus-

---

moins médiatement, à l'aide des cristaux qui leur servent, en quelque sorte, d'interprètes.

ceptibles. Tout ce qui peut procurer à l'observateur le double avantage d'être à la fois guidé et éclairé dans sa marche, sera employé; et cela d'après le principe, qu'une science se compose de toutes celles dont elle a besoin pour mieux approfondir son sujet.

La minéralogie, sous les différens rapports où nous venons de l'envisager, demande, pour être cultivée avec fruit, des connoissances préliminaires plus étendues, et un travail plus suivi. Mais tel est le sort de toutes les sciences, qu'à mesure qu'elles acquièrent de nouveaux degrés de perfection, elles exigent aussi plus d'efforts, pour arriver au point d'où, comme d'un lieu plus élevé, nous puissions envelopper dans une même vue un plus grand nombre de vérités.

Le résultat de mon travail, en le supposant même aussi complet qu'il fut possible, ne pourroit encore être regardé que comme une introduction à l'étude de la nature. Les différentes substances dont le globe est l'assemblage, placées dans leurs positions respectives, par le concours des diverses causes dont l'Être suprême a dirigé les actions vers le but que se proposoit sa sagesse, offrent un spectacle tout nouveau, même pour l'œil le mieux familiarisé avec l'aspect des minéraux transportés du sein de la terre dans nos collections. Ici on les voit rapprochés et disposés dans un ordre symétrique; et la nature, franchissant de tous côtés ces limites artificielles tracées par nos méthodes, sépare ce que nous avions réuni, associe et confond ce que nous avions séparé. D'une part, elle fait ressortir, par des contrastes frappans, des substances qui se touchent et

adhèrent ensemble; et d'une autre part, elle ménage
ces passages gradués d'une substance à l'autre, ces suc-
cessions de nuances qui font dire à un observateur
attentif et éclairé : *ici, ce n'est plus tel minéral, et ce
n'est pas encore celui-là.*

Cependant il est facile de juger combien une étude
préparatoire est utile et même nécessaire au naturaliste, pour tirer plus de profit de ses voyages, et des
observations faites sur les lieux mêmes. Les objets qui
lui sont déjà familiers le disposent à faire connoissance avec ceux qui seront neufs pour lui : il n'a pas
encore vu la nature, mais il a reçu des yeux pour la
voir.

Quoique les observations dont il s'agit ici soient du
ressort d'une science toute particulière, que l'on a nommée *géologie*, les connoissances auxquelles elles conduisent tiennent de trop près à la minéralogie, pour
n'être pas exposées, au moins en raccourci, dans un
traité relatif à cette dernière science. Je me bornerai
à citer quelques faits généraux, dont l'existence est
avouée par plusieurs géologues célèbres ; j'y joindrai
une description abrégée des différens agrégats connus
sous le nom de *roches*, et des autres qui ne sont non
plus que des groupes ou des mélanges d'espèces minéralogiques. Ceux qui désireroient des notions plus développées, pourront les puiser dans les ouvrages des
Deluc, des Saussure, des Dolomieu, des Pallas, des
Ramond, et des autres savans qui ont vu la nature en
grand, et ont obtenu d'elle le droit de la peindre.

Mais indépendamment de ceux qu'un goût particulier sollicite vers les recherches qui sont le fruit des voyages, il existe presque par tout des hommes qui, au milieu du séjour des villes, désirent se procurer, sur les productions minérales de la nature, dont une grande partie nous offrent des services si intéressans, les diverses connoissances compatibles avec leur position ; et la minéralogie a cet avantage sur les sciences relatives aux deux autres règnes, que les collections des objets qui la concernent sont plus multipliées et susceptibles de moins de vides, à raison d'un plus petit nombre d'espèces ; qu'elles sont aussi plus à l'abri des altérations, et se prêtent à une étude qui est de toutes les saisons et de tous les momens. J'ai pensé qu'ils trouveroient dans cet ouvrage une facilité de plus pour acquérir ces connoissances si propres à orner la raison, à cultiver l'esprit, et à faire naître dans l'ame une juste reconnoissance pour tant de présens qu'un Dieu bienfaisant a commandé à la nature de nous faire. C'est pour mieux répondre à leurs désirs que j'ai eu soin, toutes les fois que l'occasion s'en est présentée, de donner une idée des usages auxquels les minéraux sont propres, et des procédés que les arts emploient, pour nous faire jouir des avantages que ces corps recèlent.

Revenons à la méthode que j'ai adoptée pour la classification des minéraux. Je me suis d'abord déterminé à en diriger la marche, autant que je le pourrois, d'après les résultats de la chimie. Où trouver, en effet, des rapports plus propres à lier étroitement entre elles diverses substances minérales, que ceux qui sont fondés sur l'existence d'un principe identique ? où trouver des différences plus tranchées entre les mêmes substances que celles qui dépendent des principes particuliers à chacune d'elles? Or, classer les êtres d'un même règne, c'est établir entre eux une comparaison suivie, d'après les rapports qui les lient, et les différences qui les séparent. Cette comparaison sera donc la plus exacte et en même temps la plus naturelle possible, celle qui prêtera le moins à l'arbitraire, si le moyen choisi pour l'établir est celui qui nous dévoile la composition intime et le fond de chaque substance, qui nous apprend ce qu'elle est en elle-même, plutôt que celui qui ne nous en montre que les alentours, ou, tout au plus, les effets extérieurs.

Remarquons, avant d'aller plus loin, qu'il y a, dans le cas présent, deux problèmes à résoudre. Le premier consiste à diviser et à soudiviser l'ensemble des substances que doit embrasser la méthode, de manière que chacune y soit à sa véritable place. C'est ce que l'on appelle *classer*. Le second a pour objet de fournir des moyens faciles et commodes pour caractériser tellement chaque substance, que l'on puisse la reconnoître par tout où elle se présente, et retrouver dans la méthode la place qui lui a été assignée. Il ne s'agit encore ici que de la solution du premier de ces problèmes.

Voyons maintenant quels sont les secours que nous offre l'état actuel de la science, pour parvenir à cette solution. Parmi les minéraux qui composent, dans les méthodes ordinaires, la classe des pierres, il en est plusieurs où l'analyse a démontré la présence d'un acide combiné avec une terre. Tels sont le carbonate

calcaire des chimistes modernes, le fluate calcaire, le
sulfate barytique, etc. D'autres substances, telles que
l'émeraude, la topaze, le grenat, la tourmaline, etc.,
n'ont offert que des terres combinées entre elles et quelquefois avec un alkali. Nous laisserons un instant de côté
ces dernières substances, pour ne nous occuper que de
celles qui renferment un acide dans leur composition.

Ici se présentoit une considération importante, relativement à la distribution de ces composés. Les chimistes modernes, en formant le tableau des résultats
de ce grand travail, qui a changé la face de la science,
en y disposant par genres et par espèces la suite des
substances acidifères, avoient choisi les acides pour
caractériser les genres, et avoient distingué les espèces
d'après la diversité des bases unies successivement à un
même acide. Cette méthode de classer paroissoit indiquée par la marche seule de leurs opérations. L'oxygène étant le principe acidifiant, le générateur commun
des acides, devenoit, par cette sorte d'universalité, la
substance primitive dont on considéroit d'abord les
combinaisons avec les différentes bases acidifiables ;
et, par une suite naturelle, les acides résultant de ces
combinaisons, devenoient à leur tour les termes généraux auxquels on ramenoit la classification des différentes substances plus composées dont ils faisoient partie.
L'activité et l'énergie de ces principes, qui avoient une
si forte tendance à s'unir avec les terres, les alkalis et
les oxydes métalliques, et sembloient maîtriser les combinaisons dans lesquelles ils entroient, offroient une
nouvelle raison de leur assigner la première place dans

ccs

ces mêmes combinaisons auxquelles ils avoient la principale part. Mais le minéralogiste, dont le but est simplement d'appliquer les résultats de l'analyse au travail de la nature, voit les choses sous un autre point de vue, et se trouve conduit nécessairement à choisir les principes les plus fixes, comme les liens communs des différentes espèces qui doivent concourir à la formation des genres.

Pour mettre cette vérité dans tout son jour, remarquons que parmi les substances métalliques, qui forment une des grandes divisions du règne minéral, plusieurs admettent un acide dans leur composition ; d'où il résulte d'abord qu'en donnant le premier rang aux acides, on ne pourroit éviter d'associer ensemble, dans un même genre, d'une part, le carbonate de plomb avec le carbonate de chaux, et celui de baryte ; d'une autre part, le sulfate de fer avec le sulfate de chaux et celui de magnésie, et ainsi de plusieurs autres rapprochemens nécessaires pour conserver l'unité des genres. De plus, en raisonnant des combustibles, qui font souvent partie des acides, comme de ces acides eux-mêmes, on seroit forcé de mettre ensemble le sulfure de fer, le sulfure de plomb, le sulfure de zinc, etc. Ce n'est pas tout : l'oxygène qui auroit déterminé la prééminence accordée aux acides dont il est le générateur, l'obtiendroit lui-même à plus forte raison, relativement à ses combinaisons avec les métaux, connues sous le nom d'*oxydes métalliques*, dont il faudroit encore faire un genre unique. Il resteroit à marquer aux métaux natifs leurs places dans cette distribution, et il semble que le seul parti à prendre seroit de les associer aussi dans un même genre.

Mais les savans qui ont publié des systèmes minéralogiques, sans même en excepter les chimistes, ont suivi une marche très-différente. Ils ont considéré chaque métal comme la base d'un genre particulier; et dans le cas où ce métal existoit isolément, à l'état de métal natif, il formoit la première espèce du genre, et ses combinaisons avec différens principes donnoient les autres espèces. Ainsi, dans le genre du cuivre, on avoit successivement, pour espèces, le cuivre natif, l'oxyde de cuivre, le sulfure de cuivre, le carbonate de cuivre, le muriate de cuivre, etc. En un mot, les substances métalliques ont des caractères si remarquables et, pour ainsi dire, si parlans, qu'elles ont été adoptées d'un commun accord, comme les points fixes autour desquels venoient se rallier toutes les combinaisons dont elles font partie.

Or, l'uniformité de la méthode exigeoit que la même règle qui avoit été suivie dans l'arrangement des substances métalliques, présidât aussi à celui des substances produites par l'union d'une terre avec un acide; c'est-à-dire, que la chaux, par exemple, devoit être considérée comme la base d'un genre, qui auroit pour espèces les combinaisons de cette terre avec les acides carbonique, phosphorique, fluorique, etc. Il est évident que toutes les parties d'une distribution bien ordonnée doivent être symétriques, et qu'une méthode ne peut s'adapter à deux échelles différentes; autrement ce ne seroit plus une méthode.

Mais si l'ordre naturel prescrivoit de déterminer les genres d'après le principe le plus fixe de chaque composé, rien n'empêchoit de généraliser, sous un autre rapport, l'emploi des acides, en empruntant de ces principes un caractère classique, qui servît à lier entre elles toutes les substances non métalliques dont ils font partie ; et dès-lors celles de ces substances qui ont porté le nom de *sels*, devoient se trouver réunies dans une même division supérieure, avec d'autres, telles que le carbonate de chaux, le phosphate de chaux, le sulfate de baryte, etc., que l'on avoit rangées parmi les pierres. Ce rapprochement avoit déjà été comme préparé par le passage du sulfate calcaire, de la classe des pierres dans celle des sels. Les caractères tirés de la solubilité dans l'eau et de la saveur, si peu marqués dans cette substance, avoient presque effacé la ligne de démarcation entre les deux classes ; la définition des sels étoit devenue vague et équivoque ; et il m'a semblé que ce seroit ramener l'ordre et la précision dans la classe des corps qui avoient porté ce nom, que d'y introduire tous ceux qui renfermoient un acide uni à une terre ou à un alkali, et quelquefois à tous les deux. L'ensemble de tous ces corps formera donc la première classe, ou celle des *substances acidifères*. J'en exclurai les sels métalliques, pour les renvoyer parmi les métaux, en évitant toujours de morceler les genres. Cette classe sera soudivisée en trois ordres, dont le premier comprendra les substances acidifères terreuses, le second les substances acidifères alkalines, et le troisième les substances acidifères alkalino-terreuses.

c ij

La seconde classe sera formée des substances que je
nomme *terreuses*, c'est-à-dire, de celles qui n'admettent
aucun acide parmi les terres qui entrent dans leur composition. Je ne pense pas que nous soyons encore suffi-
samment éclairés, par l'analyse, sur le nombre et les
proportions de ces terres, dans une partie des substances
dont il s'agit, pour être à portée de soudiviser cette classe
en genres. Ainsi, je me contenterai de présenter la série
des espèces qu'elle renferme, en profitant seulement,
pour ordonner les termes de cette série, des analogies
ou des différences que les connoissances acquises permettent déjà d'apercevoir entre eux.

Espérons que la chimie des minéraux qui, depuis
Cronstedt et Bergmann, a fait des progrès si marqués,
arrivera enfin à un point de perfection qui mettra
cette classe, et même certaines parties des classes suivantes, au niveau de la première. Nous avons vu,
depuis plusieurs années, les découvertes se succéder
rapidement. Klaproth nous a donné la zircône, l'urane,
le titane et le tellure. Nous devons à Vauquelin la
glucyne et le chrome. Les analyses faites d'une part,
ont été de l'autre vérifiées ou même perfectionnées.
Que ne peut gagner la science à cet heureux concours!
Ainsi, des sources d'abord séparées par une grande
distance semblent se chercher mutuellement, pour se
réunir l'une à l'autre, et féconder, comme d'un commun
accord, le sol qu'arrosent leurs eaux amies.

Mais si la seconde classe laisse encore quelque chose
à désirer, relativement à la régularité de l'ensemble,
j'ose me flatter d'avoir contribué au moins à la perfec-

tionner, dans les détails, non-seulement par une répartition plus exacte des substances qui constituent les espèces , mais aussi par le soin que j'ai pris de n'appliquer ce nom qu'aux êtres qui méritent réellement de le porter, à ceux qui ont un type susceptible d'une détermination précise (1). Par là, se trouvent exclues de la méthode et rejetées dans un appendice à part, les argiles, les marnes, et tout autre agrégat semblable, composé de débris empruntés à différentes espèces ; en sorte qu'il ne peut être ni ramené à aucune d'entre elles, comme étant marqué de son empreinte, ni considéré comme ayant une existence et des caractères qui lui soient propres.

Je comprends dans une troisième classe, sous le nom commun de *substances combustibles*, les différens corps non métalliques susceptibles de combustion, tels que le diamant, le soufre et les minéraux qu'on appelle ordinairement *bitumes*. Parmi ces substances, les unes ont résisté jusqu'ici aux tentatives que l'on a faites pour les analyser; les autres, traitées par la distillation, ou par d'autres moyens, laissent dégager divers principes qui entroient dans leur composition. Cette différence indique naturellement la soudivision de la classe dont il s'agit en deux ordres, distingués entre eux par les dénominations de *substances combustibles simples*, *et substances combustibles composées.*

---

(1) Ainsi , le béril et l'émeraude sont rangés dans une même espèce ; la zéolithe , au contraire, se trouve partagée en quatre espéces différentes ; le strahlstein des minéralogistes allemands en forme deux, très-distinguées l'une de l'autre , etc.

Restent les substances métalliques, dont la réunion donne la quatrième classe soudivisée en autant de genres qu'il y a de métaux. Sous chacun de ces genres viennent se ranger, comme espèces, le métal natif, lorsqu'il existe; puis le métal combiné, soit avec un autre métal, soit avec l'oxygène, ou des combustibles, ou des acides. A l'égard des ordres qui soudivisent cette classe, j'en ai formé trois à l'exemple de Bergmann, qui a emprunté leurs caractères des circonstances qui déterminent leur oxydation et leur réduction, en plaçant dans le premier ceux qui ne sont point oxydables, mais seulement réductibles par la chaleur; dans le second, ceux qui s'oxydent quand on les chauffe, et qui, chauffés plus fortement, se réduisent; et dans le troisième, ceux qui sont oxydables, mais non réductibles par la chaleur (1).

---

(1) Les rapports qui caractérisent les divisions et soudivisions des méthodes chimiques étant fondés sur les propriétés intimes et sur la composition des corps, ces méthodes pourront paroître d'abord le céder, jusqu'à un certain point, à celles qui emploient des caractères extérieurs, et en quelque sorte plus accessibles, pour établir la classification. J'ai essayé d'y suppléer, au moins relativement aux grandes divisions, par des caractères d'une épreuve facile. Du reste, je n'ai pas cru que la considération dont je viens de parler pût balancer l'avantage d'offrir une distribution prise dans l'essence même des êtres qu'elle embrasse, et à la fois plus symétrique, plus propre à satisfaire l'esprit, et à mettre de l'ordre et de la filiation dans les idées. Et ce qui fournit un motif de plus pour appuyer cette préférence, c'est que le nombre des espèces minéralogiques étant assez peu considérable, dès qu'une fois elles sont nettement circonscrites, l'objet principal est rempli. Car alors on parvient aisément, avec un peu d'exercice, à un tel degré de connoissances, que quand un minéral se présente pour la première fois, il ne reste plus, pour le déterminer, qu'à se décider entre deux ou trois espèces,

Le choix d'une méthode fondée sur les résultats de l'analyse, me conduisoit naturellement à adopter, par tout où je le pourrois, la nouvelle nomenclature chimique, si propre d'ailleurs à faciliter l'étude de la science, par l'avantage d'offrir des noms vraiment pittoresques, qui portent avec eux la notion exacte des choses qu'ils expriment ; mais la manière dont mes genres étoient formés, nécessitoit une légère inversion dans les dénominations, dont le premier mot devoit exprimer la base du genre, et le second la différence spécifique. En conséquence, il falloit substituer aux noms de *fluate de chaux*, de *sulfate de baryte*, de *sulfate de fer*, etc., ceux de *chaux fluatée*, de *baryte sulfatée*, de *fer sulfaté*, etc. (1). Mais il est visible que ces dernières dénominations n'apportent aucun changement réel à la langue reçue, qu'elles n'exigent rien de plus de la mémoire, et qu'elles offrent à l'esprit les mêmes images sous les mêmes traits ; la minéralogie ne fait ici que prendre la contre - épreuve du dessin crayonné par le chimiste.

Je ne me suis pas dissimulé les difficultés que l'on pouvoit opposer à ma méthode ; mais les plus fortes m'ont paru naître de l'état d'imperfection dans lequel se trouve encore la chimie par rapport à l'analyse

---

en éprouvant successivement les caractères qui distinguent chacune d'elles, jusqu'à ce qu'on ait rencontré ceux dont l'application à ce même minéral lève toute incertitude.

(1) Bergmann, qui avoit l'esprit très-juste, et qui prenoit de même les principes fixes pour les bases de ses genres, appeloit *chaux fluorée*, *chaux aérée*, etc., ce que nous nommons *chaux fluatée*, *chaux carbonatée*, etc.

d'une partie des minéraux. Je ne puis prévoir , par exemple, la manière dont il conviendra d'organiser et de dénommer les nouveaux genres qu'indiqueront les découvertes à venir, dans la série des substances terreuses. Je propose la méthode qui me paroît la moins défectueuse dans l'état actuel de la science : je profite de ce qui est fait, sans anticiper, par des soins prématurés, sur ce qui reste encore à faire ; je m'arrête, en un mot, à la borne posée par l'expérience, en attendant qu'elle-même vienne la déplacer.

Mais il ne me suffisoit pas d'avoir cherché à mettre dans le plan de la méthode toute la régularité et toute la justesse que comportoient les connoissances acquises ; j'ai dû encore m'efforcer d'étendre ce plan, en y faisant entrer le plus grand nombre d'espèces possible , et en profitant, pour cet effet, des découvertes récentes qui ont enrichi la minéralogie. Je m'empresse ici d'acquitter ma reconnoissance envers les savans étrangers auxquels je suis redevable de ce que ma collection présente de plus rare , et , en particulier , envers MM. Abildgaard , Manthey , Karsten , Neergaard , Esmark , le baron de Moll , Codon et Hoffman-Bang. Je dois encore à plusieurs d'entre eux des observations intéressantes qui ont ajouté un nouveau prix à leurs dons. Rien ne confirme mieux ce qui a été dit tant de fois des savans répandus sur la surface du globe, *qu'ils ne formoient tous qu'une même famille*, que ce partage de richesses , qui fait disparoître la distance entre les pays qu'ils habitent, et cette communication de lumières, qui les rend sans cesse présens les uns aux autres.

Tout

Tout ce qui précède concerne la solution du premier des deux problèmes dont j'ai parlé, et dont l'objet est la classification des substances. Or, l'analyse qui offre des données si avantageuses pour parvenir à ce but, exige des opérations souvent longues et délicates, et par cela seul, deviendroit embarrassante, s'il falloit toujours y avoir recours, pour résoudre l'autre problème, c'est-à-dire, pour reconnoître les substances ; et ici revient l'emploi des caractères qui, plus faciles à constater, plus commodes et plus expéditifs, peuvent servir comme de signalement aux minéraux déjà classés.

A en juger d'après la manière de voir la plus généralement adoptée aujourd'hui, par rapport à la solution du problème dont il s'agit, la simple description des minéraux, à l'aide de leurs caractères extérieurs, renferme tout ce qui est suffisant pour les distinguer les uns des autres. Rien n'a plus contribué à accréditer dans toute l'Europe savante la méthode qui emploie de préférence ces caractères, que la perfection qu'elle a acquise entre les mains de Werner. Ce savant célèbre l'a présentée sous la forme d'un système complet (1), où tout ce qui est capable, dans un minéral, d'affecter nos sens, tout ce qu'il y a d'accessible pour eux dans ses

---

(1) Voyez son Traité des Caractères extérieurs des fossiles, traduction de Madame Picardet ; l'ouvrage qui a pour titre : *Tabulæ synopticæ terminorum systematis oryctognostici Werneriani*, *à Gregorio Wad*, *Hafniæ*, 1798 ; les Principes de Minéralogie de Berthout et de Struve ; et les tableaux qui accompagnent le Traité de Minéralogie du Citoyen Brochant.

diverses qualités est défini avec soin, où tous les différens signes auxquels un observateur attentif peut le
reconnoître sont rendus par autant d'expressions, qui
s'offrent ensuite comme d'elles-mêmes pour former le
tableau de chaque espèce.

Cette réunion de tous les suffrages en faveur du
système dont je viens de parler, cette grande répu-
tation qu'il a si justement acquise à son auteur, m'offroient de puissans motifs pour ne pas m'écarter de la
route qu'il a tracée. Mais le plan auquel j'avois ramené
l'ordre de la classification, en n'y admettant que des
espèces proprement dites, susceptibles d'une détermination rigoureuse, me conduisoit à profiter, pour établir
leurs caractères distinctifs, de ce qu'elles ont de plus
constant, de plus général, de plus étroitement lié avec
la constitution de leurs molécules intégrantes; et j'ai
cédé à l'obligation de faire accorder avec les principes
certains que j'avois adoptés relativement à l'ensemble
de la science, la méthode d'en étudier les détails.

J'exposerai ici, en abrégé, le raisonnement qui m'a
guidé dans la manière d'ordonner cette méthode. « Le
tableau d'une espèce, me disois-je à moi-même, doit
offrir : 1°. une somme de caractères, à l'aide desquels un
observateur puisse s'assurer qu'un minéral qu'il cherche à connoître, appartient à cette espèce; 2°. la série
des variétés qui soudivisent l'espèce.

» Or, les caractères spécifiques étant comme les
points fixes d'où partent les connoissances relatives à
l'espèce, j'en exclurai les couleurs, du moins lorsqu'il
s'agira d'une substance terreuse ou acidifère, comme

des modifications variables, fugitives et étrangères au type de l'espèce, qui est la molécule intégrante.

» Mais j'indiquerai, parmi ces caractères, la pesanteur spécifique exprimée numériquement d'après le résultat de l'expérience. J'indiquerai la dureté estimée par la faculté qu'a le corps d'en rayer un autre bien connu, qui servira de terme de comparaison. Je n'omettrai pas la propriété qui se tire de la réfraction double ou simple, parce qu'elle tient au fond même des substances, quoiqu'elle ne puisse être observée qu'assez rarement, lorsque ces substances sont dans leur état naturel. L'éclat sera quelquefois cité, non pas quant à son plus ou moins d'intensité, parce que, sous ce rapport, il est trop sujet à être modifié par des causes accidentelles, mais relativement à un certain aspect moins susceptible d'être masqué par l'effet des mêmes causes, et qui est comme onctueux dans tel minéral, nacré dans tel autre, etc. De nouveaux caractères pourront, suivant les circonstances, être associés aux précédens, tels que l'électricité par la chaleur, ou la phosphorescence par l'action du feu.

» Je m'attacherai surtout à préciser le caractère qui se tire de la division mécanique d'un minéral, et au lieu de me borner à énoncer en général si elle a lieu dans un, deux ou trois sens, j'ajouterai les valeurs des angles que font entre eux les joints naturels ; et ces joints étant comme les premières données pour arriver à la détermination exacte, soit de la forme primitive, soit de celle de la molécule intégrante, il faudra encore indiquer ces formes, dont la connoissance est si imporlante , pour se faire une juste idée de l'espèce.

» Enfin , je comprendrai dans le même cadre les caractères dont la vérification est réservée à des agens qui , comme les acides et le calorique , dénaturent une petite partie de la substance , pour nous aider à connoître le tout.

» Voilà pour ce qui concerne l'espèce en général. Il s'agira ensuite de la soudiviser , et pour y parvenir , je considérerai d'abord les variétés relatives aux formes , comme les plus dignes d'attention. Chacune d'elles aura sa dénomination et sa définition particulière ; et si cette forme est le produit d'une cristallisation régulière , je la caractériserai par un signe abrégé (1) , composé de lettres et d'exposans indicateurs des lois de décrois-semens dont elle dépend , ce qui , joint à une figure exacte , offrira la meilleure de toutes les descriptions. J'ajouterai les incidences respectives de ses faces , déter-minées par le calcul théorique , et dans lesquelles réside proprement l'empreinte que porte un cristal de l'espèce à laquelle il appartient.

» Enfin , les modifications relatives aux couleurs , à la transparence ou à l'opacité , seront indiquées à leur tour , et formeront comme les dernières nuances du tableau ».

Ainsi , une pesanteur spécifique environ triple de celle de l'eau , une dureté égale au plus à celle des corps qui rayent légérement le verre , des joints naturels

---

(1) J'exposerai , dans les généralités , la méthode d'écrire ces signes , et j'espére qu'on la trouvera simple et facile à concevoir.

parallèles aux pans et aux bases d'un prisme hexaèdre régulier, la propriété de se dissoudre sans effervescence dans l'acide nitrique, feront aisément reconnoître qu'un cristal pourvu de ces propriétés appartient à l'espèce de la chaux phosphatée ; et si c'est un prisme hexaèdre régulier terminé par des pyramides hexaèdres, dont les faces soient inclinées sur les pans d'environ 129^{d} (1), ce caractère particulier indiquera la variété que je nomme *chaux phosphatée pyramidée*, et la conséquence déjà déduite du caractère spécifique, par rapport à la nature du cristal observé, deviendra même alors d'une évidence d'autant plus frappante, que cette mesure de 129^{d} suffiroit seule pour indiquer une forme originaire de la chaux phosphatée ; l'inclinaison analogue étant différente dans les formes du même genre qui appartiennent à d'autres espèces (2). Si le même cristal a de la transparence, s'il est d'une couleur orangée, comme on en trouve en Espagne, l'indication de ces accidens complétera sa dénomination , et l'observateur pourra le placer dans sa collection, avec cette inscription copiée sur le tableau de l'espèce, *chaux phosphatée pyramidée orangée transparente.*

Mais ce ne sera pas un cristal ; ce sera une masse informe, dans laquelle le type géométrique de l'espèce aura disparu, et dont l'aspect pourroit faire douter à l'observateur, si ce qu'il voit n'est pas une chaux car-

---

(1) Plus rigoureusement de 129^{d} 13′.

(2) Le quartz, la baryte carbonatée, le plomb phosphaté.

bonatée grossière, semblable à celle que nous appelons *pierre à bâtir*. Il sortira de son incertitude, lorsqu'ayant mis un petit fragment de cette masse dans l'acide nitrique, il obtiendra une dissolution lente et paisible, ou accompagnée, au plus, d'une légère effervescence; lorsqu'ayant jeté de sa poussière sur un charbon allumé, il verra une belle lueur phosphorique se développer au même instant. A ces traits, il reconnoîtra encore une chaux phosphatée, et en parcourant sur le tableau de cette substance les variétés relatives aux formes indéterminables, il apprendra que le nom qu'il doit donner au corps qu'il a entre les mains, est celui de *chaux phosphatée terreuse blanchâtre*.

Je n'ajouterai plus qu'une réflexion. On conçoit aisément qu'un élève, en étudiant, les morceaux à la main, une méthode fondée sur les caractères extérieurs, puisse parvenir à reconnoître tous les autres morceaux qui se présenteront à lui sous le même aspect. Mais c'est que la méthode l'ayant exercé à interroger les objets par les yeux et par le tact, cette habitude a fait naître en lui une impression qui se réveille à leur présence, et dont il seroit même embarrassé d'expliquer clairement la cause, à l'aide du langage. Un exercice semblable produira un effet analogue chez celui qui a employé d'abord des caractères plus précis; l'objet qu'il a considéré attentivement, après l'avoir une fois déterminé, n'a besoin que de reparoître; il en dit assez à ses organes, et le dispense d'en revenir à l'expérience ou à l'usage d'un instrument, à moins qu'il n'ait cessé de lui être familier. Mais qu'un objet inconnu cache la

même composition intime sous un port tout différent,
l'élève qui est accoutumé à prendre pour guide une
méthode purement descriptive, resserrée dans le cercle
des êtres que son auteur avoit sous les yeux, pourra
se trouver en défaut; tandis que l'autre, avec le secours
de ses premiers moyens, évitera de s'en laisser impo-
ser par une fausse apparence : et ceci est une nouvelle
preuve de la prééminence de ces caractères qui, tenant
de plus près à la nature des substances, et attaquant
celles-ci par les endroits où elles échappent le moins à
l'observateur, sont susceptibles d'une bien plus grande
latitude, et ont le double avantage de pouvoir se
replier sur les connoissances acquises, et d'aller comme
au devant de celles qui s'offriront dans la suite à acquérir (1).

Après avoir présenté le tableau des caractères dont
l'ensemble distingue l'espèce, et la série des variétés qui
la soudivisent, j'ai ajouté des annotations qui en renferment comme l'histoire. On y trouvera l'indication de
ses principaux gisemens, et celle des substances qui
l'accompagnent le plus ordinairement. J'expose ensuite
les diverses opinions que l'on a eues sur la nature du
minéral qui la constitue, et j'ai cru qu'il ne seroit pas
indifférent de faire connoître, lorsque j'en aurois l'occasion, ce qui paroît avoir trompé les premiers obser-

---

(1) Il seroit à désirer que l'on s'occupât d'ajouter de nouveaux caractères
physiques et chimiques, d'une épreuve simple et facile, à ceux que nous
connoissons déjà. J'en ai trouvé plusieurs qui seront indiqués dans ce Traité,
et je suis persuadé que l'on parviendroit, par des recherches suivies, à en
augmenter sensiblement le nombre.

valeurs, et comment s'est fait le passage de l'erreur à la vérité. Là vient encore naturellement se placer l'explication des phénomènes que le minéral est susceptible d'offrir, dans le cas où il jouit de quelque propriété intéressante. On me saura d'autant plus de gré de n'avoir pas omis ses applications aux arts mécaniques, et à l'art de guérir, qu'une grande partie des détails relatifs au premier de ces objets m'ont été fournis par le Cit. Chaptal, et que je suis redevable au Cit. Hallé de ceux qui concernent le second.

Le point de vue sous lequel j'ai envisagé la minéralogie, dans ce Traité, exigeoit que le lecteur fût préparé à l'étude de la méthode, par un exposé des connoissances qui ont servi à en former le plan. J'ai mis tous mes soins à remplir cet objet, dans une suite d'articles, où je développe les principes propres à éclairer l'entrée de la science. J'y ai présenté, de deux manières, la théorie des lois auxquelles est soumise la structure des cristaux, l'une par le simple raisonnement aidé de figures qui rendent sensible à l'œil le mécanisme de cette structure ; l'autre, dans un article séparé, à l'aide de l'analyse mathématique, en donnant aux résultats toute la généralité que comporte le sujet (1).

---

(1) Je suis éloigné de croire que les nombreuses applications que j'ai faites de cette théorie aux cristaux que j'ai été à portée d'observer, ayent toutes le même degré d'exactitude. La difficulté de déterminer, dans plusieurs de ces cristaux, le véritable sens des joints naturels, la petitesse des autres, les défectuosités qui, sur ceux d'un volume plus sensible, altéroient le niveau des faces, sont autant de causes d'incertitude, qui ont dû influer sur les solutions des problèmes. Il est bien probable que, par la suite, des observations faites dans des circonstances plus favorables, serviront à rectifier plusieurs des données dont

Je

Je ne passerai point ici sous silence ce que je dois
aux soins éclairés et assidus de ceux qui ont tracé les
projections relatives à la cristallographie et aux théories
qui sont du ressort de la science minéralogique. L'idée de
ce grand travail a été conçue par le Cit. Brochant, ingénieur des mines, qui a commencé à la réaliser. Plusieurs des autres ingénieurs et des élèves se sont dis-
tribué ce qui restoit à faire. Le Cit. Tremery, à qui
appartiennent, entre autres, presque toutes les projections dépendantes de la partie du calcul, qu'il possède
parfaitement, a porté dans leur exécution cette intelligence et cette justesse si nécessaires pour que l'œil
saisisse aisément les positions respectives des différentes
lignes dont les constructions sont l'assemblage. Les
Citoyens Cordier, Lefroy, Gallois, Houry, Depuch,
Cressac, Ducros et Hericart, ont donné également des
preuves de zèle et de talent dans le dessin des figures
qui ont rapport aux différentes classes des minéraux.
Tel est l'art avec lequel ils ont représenté, relativement
à un noyau qui a constamment la même position, les
différentes formes secondaires qui en sont autant de
modifications, que l'on aperçoit, comme d'un même
coup d'œil, les rapports de ces formes, soit entre elles,
soit avec leur noyau commun; c'est une espèce de traité
graphique des lois auxquelles est soumise la structure.

L'École des Mines m'a offert une autre ressource
d'un grand prix, à l'égard du fond même de mon
travail. Isolé d'abord pendant plusieurs années, et

---

je suis parti, et à mettre les résultats du calcul plus exactement d'accord avec
ceux de la nature.

réduit à mes propres efforts , je m'étois occupé , dans la solitude, de disposer les matériaux relatifs à ce travail, de déterminer, par l'observation et par la théorie, toutes les formes cristallines que j'avois pu me procurer , de remonter jusqu'aux causes des phénomènes les plus intéressans que présentent les minéraux , de tirer des propriétés de ces êtres des caractères propres à les distinguer , de recueillir tout ce qui avoit trait à leur histoire, etc. ; j'avois même déjà tracé le plan de leur distribution méthodique , qui étoit à peu près telle que je la donne ici. Mais au milieu de cette complication de recherches dirigées vers tant d'objets divers , il en est toujours qui laissent des doutes à lever ; il est des détails ou qui échappent , ou qui restent imparfaits. J'en ai dit assez , pour qu'il soit facile d'apprécier l'avantage que j'ai eu de me trouver placé depuis dans un même établissement, avec les Citoyens Gillet, Lelièvre, Lefebvre, Dolomieu, Alexandre Brongniart, Vauquelin, Coquebert, Tonnelier, et de pouvoir puiser dans leurs entretiens des avis , ou , ce qui est la même chose , des lumières. Plusieurs points importans ont été mûrement et paisiblement discutés dans des conférences particulières ; et lorsque les sentimens qui naissent d'une parfaite intimité se mêlent à ces discussions, ils semblent donner lieu à des réflexions plus heureuses , à des observations mieux développées d'une part, et mieux senties de l'autre. Le conflit des opinions ne sert qu'à en préparer la réunion et l'accord ; et la vérité , si familière à l'amitié dans le commerce ordinaire de la vie , gagne à lui être associée, même sous la forme de la science.

AVERTISSEMENT

SUR

LA SYNONYMIE

EMPLOYÉE

DANS CE TRAITÉ,

ET SUR QUELQUES AUTRES OBJETS DE DÉTAIL.

Les synonymies sont comme les points de ralliement entre les différens auteurs qui écrivent sur une même science naturelle. J'ai senti combien il m'étoit indispensable d'en donner une, surtout dans un ouvrage où l'on trouvera un certain nombre de dénominations nouvelles, qui seront motivées dans l'article relatif à la nomenclature des minéraux. La plus grande difficulté étoit de me procurer les noms qui, dans la langue allemande, correspondent à ceux par lesquels nous désignons les différentes espèces minérales. M. Léopold de Buch, minéralogiste d'un mérite très-distingué, qui a fait ici un séjour de quelques mois, a bien voulu employer les momens qu'il a passés dans le cabinet de l'Ecole des Mines, à y faire un choix d'échantillons, qu'il a rangés suivant la méthode et étiquetés d'après la nomenclature du célèbre Werner.

Mais ce qui m'a été surtout d'un grand secours, relativement au même objet, c'est la communication que le Cit. Brochant, ingénieur des mines, m'a donnée des noms employés dans l'ouvrage très-intéressant dont il a déjà publié le premier volume, et où toutes les substances minérales sont distribuées, nommées et décrites, avec beaucoup de soin, conformément aux principes du savant professeur de Freyberg.

Je joins ici la liste des principaux auteurs que j'ai cités, avec la date des éditions dont je me suis servi, ce qui me dispensera de répéter cette date dans le corps même de l'ouvrage.

Wallerius, Systema mineralogicum; Viennæ, 1778.

De Born, Catalogue méthodique et raisonné de la collection des fossiles de Mademoiselle Eléonore de Raab; Vienne, 1790.

De Lisle (Romé), Cristallographie; Paris, 1783.

Werner, Ausführliches und systematiches verzeichniss des mineralien-kabinets des Pabst von Ohain, ou Catalogue raisonné et systématique du cabinet de minéralogie de M. Pabst de Ohain; Freyberg, 1791 et 1792.

Emmerling, Lehrbuch der mineralogie, ou Élémens de minéralogie; Giessen, 1793 .... 1797.

Manuel du minéralogiste, ou Sciagraphie du règne minéral, par Bergmann, traduite par le Citoyen Mongez le jeune, avec des notes qui renferment un grand nombre d'observations propres à faciliter l'étude des minéraux; nouvelle édition, considérablement augmentée par Lametherie; Paris, 1792. Cet ouvrage sera cité sous le nom de Sciagraphie.

Karsten, Mineralogische tabellen; Berlin, 1800.

Daubenton, Tableau méthodique des minéraux, 6ᵉ. édit.; Paris, an 7.

Brochant, Traité élémentaire de minéralogie; Paris, an 9.

Parmi les noms spécifiques que j'ai adoptés pour les substances terreuses, ceux de nouvelle formation seront suivis de la lettre *m*, ou *f*, qui fera connoître s'ils sont du genre masculin ou féminin.

Les figures ont été tracées d'après la méthode des projections, en supposant le point de vue éloigné à l'infini. Les lignes pleines représentent les arêtes situées dans la partie du solide qui seroit tournée vers l'observateur, s'il le voyoit dans la position à laquelle se rapporte la projection; et les lignes ponctuées représentent les arêtes situées dans la partie opposée, ou celle que l'observateur ne pourroit apercevoir, qu'en supposant le solide diaphane.

Dans les figures relatives aux constructions géométriques, on a représenté les diagonales et autres lignes couchées sur les faces du solide, par des suites de lignes partielles, qui laissent entre elles de petits vides; voyez mr, cm, cr (*fig.* 4), *pl. IX*; et bg, ad, bf, fg, fs (*fig.* 9), *ibid.*; et l'on a représenté les axes et autres lignes qui traversent le solide, ainsi que celles qui sont extérieures à son égard, par des suites de lignes partielles, avec des points intermédiaires. Voyez cg (*fig.* 9) *pl. IX*, et MR, CM, CR (*fig.* 4), *ibid.* On pourra remarquer sur cette même figure, que les parties supérieures des lignes Ms, Ru, qui se trouvent situées dans l'espace, sont des assemblages de lignes partielles entremêlées de points, tandis que leurs parties inférieures, qui s'appliquent sur la surface du solide, sont composées de lignes partielles sans points intermédiaires. Cette distribution, dont l'idée heureuse est due au Cit. Tremery, ingénieur des mines, aidera le lecteur à se reconnoître dans l'assortiment des lignes qui compliquent les projections, en lui faisant saisir, du premier coup d'œil, les diverses fonctions de ces lignes (1).

---

(1) Les Citoyens Pleuvin et Journy, demeurant à l'école des mines, exécutent, avec beaucoup de précision, des imitations en bois de tous les cristaux décrits dans ce Traité. Ils y joignent un certain nombre de formes du genre de celles que représentent les fig. 13 et 16, pl. II, et qui rendent sensible à l'œil le mécanisme de la structure.

     # AVERTISSEMENT.

En indiquant les mesures d'angles relatives à chaque variété de forme cristalline, je ne répéterai point celles qui, lui étant communes avec d'autres variétés précédemment décrites, se trouvent déjà indiquées pour celles-ci. Il sera facile de les retrouver, d'après la conformité des lettres qui, sur les différentes figures, désignent les faces semblablement situées. Par exemple, l'incidence de g sur g, (*fig.* 17.) *pl.* **XXIV**, dans la variété de chaux carbonatée, que je nomme *bis - unitaire*, sera omise à l'article de cette variété, *t. II, p.* 101, parce qu'elle a déjà été indiquée plus haut, à l'article de la variété équiaxe, (*fig.* 2) *pl.* **XXIII**, *t. II*, *p.* 94.

TRAITÉ

TRAITÉ

DE

MINÉRALOGIE.

NOTION DES MINÉRAUX.

On a donné le nom de minéraux aux corps qui, placés à la surface ou dans le sein du globe terrestre, sont dépourvus d'organisation, et n'offrent que des assemblages de molécules similaires, liées entre elles par une force que l'on appelle *affinité*.

De ce nombre sont les cailloux, les rubis, les diamans, l'or, l'argent, le fer, etc. La science qui nous apprend à connoître tous ces différens corps est la *Minéralogie*.

La classification générale des êtres qu'embrasse l'étude de l'histoire naturelle considérée dans son ensemble, peut être rapportée à deux termes de comparaison, qui sont la vie et le mouvement spontané. De leur réunion se forme le caractère distinctif des animaux : les plantes vivent et ne se meuvent point à leur gré ; les minéraux sont privés de l'une et l'autre faculté. L'homme, capable seul d'étudier la nature, s'élève au-dessus de tous les êtres qui la composent, par la lumière de la pensée.

Les trois grandes classes dont nous venons de parler peuvent, à l'aide d'une vue ultérieure, se réduire à deux, dont l'une réunit les animaux et les végétaux sous le nom commun d'*êtres*

organiques, et l'autre comprend les minéraux ou les *êtres inorganiques* (1).

La manière dont s'accroissent les êtres compris dans ces deux
grandes divisions , offre une des différences les plus tranchées
et les plus faciles à saisir, parmi toutes celles qui les distinguent.
Dans les animaux et dans les plantes, l'accroissement se fait par
le développement simultané de toutes les parties de l'individu ,
à l'aide de la nourriture que reçoivent les organes destinés à l'élaborer. Tout ce qui contribue à l'augmentation de volume est
l'effet du mécanisme intérieur, ou s'il se forme au dehors de
nouvelles parties , comme dans les arbres qui poussent des branches et des feuilles , ces parties ne sont que des productions de

---

(1) On trouve dans l'intérieur de la terre des corps pierreux ou métalliques
dont la matière en succédant à des corps organiques, tels que des coquillages, s'est modelée dans les cavités que ceux-ci avoient d'abord occupées. Ce
qu'on nomme *bois pétrifié* offre encore une conversion apparente d'un corps
organique en minéral. Enfin on a appelé *coquille fossile , bois fossile* , les
corps organiques qui n'avoient subi que des altérations plus ou moins légères.
Plusieurs auteurs modernes considérant tous les corps enfouis dans le sein du
globe, quels qu'ils fussent, comme étant du domaine de la minéralogie, ont
substitué le nom de *fossiles* à celui de *minéraux*, et quelques-uns ont appliqué
spécialement cette dernière dénomination aux mines métalliques. Les mêmes
auteurs ont nommé *oryctognosie* la science qui a pour objet la connoissance des
fossiles. Nous avons cru devoir nous conformer à l'ancien langage, parce que
l'expression de *minéral* à côté de celles de *végétal* et *d'animal*, fait ressortir
plus nettement la gradation des trois grandes collections d'êtres que l'on a
désignées sous les noms de *règnes de la nature*. Nous regardons l'étude des
fossiles proprement dits comme un accessoire à l'égard de la minéralogie, d'autant plus que les conséquences que l'on pourroit déduire de cette étude, relativement à l'histoire du globe , sont plutôt du ressort de la géologie. On sait
d'ailleurs que la considération des fossiles, au moins de ceux qui sont originaires
du règne animal, a occupé sous un autre point de vue des zoologistes célèbres,
entr'autres Cuvier, qui a su en tirer un parti si ingénieux pour recomposer
des charpentes d'animaux, dont on ne retrouve plus les analogues vivans, et
rendre à la science d'anciennes espèces qui sembloient perdues pour elle sans
retour.

la substance propre de l'individu, qui aidées de l'action des sucs
nutritifs, se développent de la même manière. Dans les minéraux
au contraire, l'augmentation de volume a lieu par une addition
de nouvelles molécules qui s'appliquent sur la surface du corps,
en sorte que tout ce qui existoit, à chaque époque de l'accroissement, restant fixe, présente de tous les côtés comme une base
aux matériaux qui surviennent pour continuer l'édifice. D'une
part, c'est constamment le même être, qui passe seulement à
d'autres dimensions ; d'une autre part, c'est un être toujours nouveau, en proportion de ce qu'il acquiert.

On aura une idée de la formation et de l'accroissement des
minéraux, si après avoir fait fondre un sel dans l'eau, par
exemple, le sel commun, on observe ce qui se passe, tandis
que cette eau s'évapore. On verra de petites masses de sel se
déposer à la surface de l'eau ou contre les parois du vase qui la
renferme, et grossir peu à peu, à mesure qu'elles attireront à
elles de nouvelles particules. Nous faisons ici abstraction de la
figure de ces masses, et nous nous bornons à considérer en
général la manière dont elles se forment.

Les molécules des pierres, des métaux, etc. ont été de même
d'abord suspendues dans un liquide. Lorsqu'ensuite ce liquide
les a abandonnées successivement, par quelque cause que ce soit,
elles se sont réunies, en obéissant à leur affinité mutuelle, et
ont donné naissance à des masses solides (1).

Ces molécules dont le minéral est l'assemblage, sont imperceptibles à nos yeux, même avec le secours des meilleurs instrumens
d'optique. Mais on ne peut douter qu'elles n'aient des formes
déterminées, et qu'elles ne soient semblables entre elles dans chaque espèce de minéral. Nous sommes même conduits à cette idée
par des observations faites sur un grand nombre de minéraux.

____

(1) L'action du calorique ou du principe de la chaleur remplace celle des
liquides, dans la formation de certains minéraux, lorsque les molécules de
ceux-ci, qu'il tenoit d'abord séparées par son interposition, acquièrent ensuite ,
par sa retraite, la liberté de se réunir, en vertu de leur affinité réciproque.

Continuons de prendre pour exemple le sel dont nous avons déjà parlé. Si l'on frappe avec précaution sur un morceau de ce sel, on le verra se diviser en fragmens d'une forme cubique; et en continuant la division, on aura des cubes toujours plus petits, et qui finiront par n'être plus sensibles qu'à l'aide du microscope.

D'une autre part la chimie, en analysant le sel dont il s'agit, prouve qu'il est composé de deux principes différens, dont l'un est un acide que l'on a appelé *acide muriatique*, et l'autre un alkali connu sous le nom de *soude*. Ces deux principes sont combinés entre eux dans le sel, suivant une certaine proportion et d'après un arrangement déterminé. Chaque cube que l'on retire de ce sel en est un assemblage; et leur rapport ainsi que leur assortiment y est le même que dans la masse entière. Or, la soudivision du sel en cubes toujours plus petits a nécessairement une limite; et si nous avions des organes et des instrumens assez délicats pour la pousser jusqu'où elle peut aller, nous arriverions à des cubes que nous ne pourrions plus soudiviser sans les analyser, c'est-à-dire, sans isoler les deux principes dont la réunion constitue l'essence du sel.

Concluons de là que l'on peut considérer dans ce sel (et il en faut dire autant de tous les minéraux) des molécules de deux ordres : les premières, que nous appellerons *molécules élémentaires*, et qui sont, dans le cas présent, d'une part celles de l'acide, et de l'autre celles de la soude; les secondes, auxquelles nous donnerons le nom de *molécules intégrantes*, et qui sont, dans le même cas, les plus petits cubes qui puissent être obtenus séparément, sans que la nature du sel soit détruite. Les molécules élémentaires ont sans doute aussi des formes régulières et constantes pour chaque espèce d'acide, d'alkali, etc.; et celles d'une espèce s'adaptent à celles de l'autre, en formant de petits compartimens d'où résultent les molécules intégrantes.

Nous venons de supposer que ces dernières molécules étoient

semblables aux solides que nous retirions d'un minéral en le
divisant mécaniquement. C'est ce dont nous ne sommes pas
physiquement certains, puisque ces molécules échappent à nos
yeux par leur extrême ténuité. Mais dans l'étude de la nature,
nous ne pouvons faire plus sagement que d'adopter ce principe :
*Que les choses sont censées être telles en elles - mêmes
qu'elles s'offrent à nos observations.* Les derniers résultats sensibles de la division mécanique des minéraux, s'ils ne nous donnent pas la figure des véritables molécules intégrantes employées
par la nature, les représentent du moins par rapport à nous, à
peu près comme les substances que les chimistes ne peuvent plus
analyser ultérieurement, sont des substances simples par rapport
à eux, quoique dans la réalité elles puissent être encore susceptibles de décomposition.

Il arrive souvent que la cavité dans laquelle se forme un
minéral renferme d'autres minéraux d'une existence antérieure,
qui lui servent ensuite de support, lorsque sa formation est
achevée. Souvent aussi les molécules de plusieurs minéraux suspendues à la fois dans un même liquide produisent des corps
contemporains. De là cette adhérence mutuelle de plusieurs minéraux ; ces espèces de pénétrations en vertu desquelles ils sont
souvent comme entrelacés ou enchatonnés les uns dans les autres ;
ces mélanges des molécules de plusieurs corps différens, et tous
ces jeux de position, toutes ces variétés d'états et d'aspects qui
offrent à l'observation du naturaliste un enchaînement continuel
de contrastes et de nuances.

Toutes les collections de minéralogie offrent de nombreux
exemples de ces réunions accidentelles ; et quoique le but principal du minéralogiste soit de classer les êtres d'après des considérations indépendantes de leur arrangement naturel, il n'est
cependant pas indifférent pour lui de savoir quelles sont les
autres substances qui adhèrent le plus ordinairement à telle espèce
de pierre ou de métal, et leur indication doit avoir sa place
dans l'histoire de la substance à laquelle les circonstances les

ont associées (1). Mais l'observation des masses, souvent immenses par leur étendue, dans lesquelles la disposition respective des minéraux résulte d'un travail en grand de la nature, est l'objet d'une science à part que l'on a nommée *Géologie,* qui ne peut s'étudier que dans les voyages, et dont nous donnerons une idée plus développée lorsque nous parlerons des roches dans l'appendice qui doit être placé à la fin du traité.

DE LA CRISTALLISATION.

Nous avons été conduits par l'observation et par le raisonnement à reconnoître que les minéraux étoient composés de molécules intégrantes similaires. La manière dont ils se divisent mécaniquement nous a prouvé de plus que la cause qui sollicitoit ces molécules à s'attirer mutuellement, les réunissoit en les alignant sur des plans situés dans le sens de leurs différentes faces. Ces considérations étoient utiles pour préparer le développement d'un autre résultat très-remarquable des lois d'affinité, qui se rapporte à la configuration extérieure des minéraux, et a donné naissance à l'une des branches les plus fécondes de la science dont ils sont l'objet.

Telle est donc l'action de ces lois sur les molécules intégrantes, que quand rien ne la trouble, les assemblages de ces molécules se terminent par des surfaces planes d'où résultent des formes régulières semblables à celles des solides géométriques. Nous avons de fréquens exemples de cette régularité dans le grenat, la topaze, l'émeraude, la chaux carbonatée, la baryte sulfatée, etc.

---

(1) On a appelé *gangue*, les substances pierreuses qui accompagnent les veines métalliques, et *matrices* celles qui supportent ou tiennent comme enchatonnées d'autres substances pierreuses ou d'une nature non métallique. J'ai cru pouvoir donner une extension au nom de *gangue*, en l'appliquant indifféremment aux supports ou aux enveloppes d'un minéral, quelle que soit sa nature. Ainsi l'on dira que telle variété de chaux carbonatée a pour gangue un quartz.

et dans un grand nombre de substances métalliques. La vue de
ces polyèdres excite toujours la surprise de celui à qui on les
présente pour la première fois, et il faut souvent lui en montrer
qui soient encore encroûtés de leur terre natale, pour l'empêcher
d'en faire honneur à l'art, et le forcer de croire à la géométrie
de la nature.

On a compris tous ces corps réguliers sous la dénomination
commune de *cristaux* (1). Celle de *cristallisation* qui paroîtroit
d'abord ne devoir s'appliquer qu'à l'espèce d'opération d'où
naissent les cristaux, a ordinairement un sens plus étendu. Elle
exprime en général toute réunion de molécules en masses solides
à l'aide de l'affinité. Si ces masses ont un aspect symétrique,
elles seront les produits de la cristallisation proprement dite ou
régulière. Si leur forme est vague et ne peut être déterminée
d'une manière précise, elles appartiendront à la cristallisation
confuse.

Les forces attractives qui sollicitent les molécules d'un minéral, suspendues dans un liquide, ont un certain rapport avec la
figure de ces molécules, et c'est dans ce rapport que consiste la
tendance qu'ont par elles-mêmes les molécules à se réunir conformément aux lois d'une agrégation régulière. Mais pour qu'elles
parviennent à ce but, il faut qu'elles aient le loisir de se chercher, de s'appliquer les unes contre les autres par les faces convenables, et de concourir toutes en même temps à l'harmonie
qui doit naître de leur ensemble. Il faut que le liquide soit dans
un état de repos, que ses propres molécules abandonnent lente-
ment celles du minéral, pour les mettre dans la position la plus
favorable à l'affinité, que la cavité soit assez spacieuse et le
liquide assez abondant pour que les molécules cristallines y
nagent à l'aise et en pleine liberté.

Si ces conditions ne sont pas remplies ; s'il arrive, par exemple,
que le liquide s'évapore rapidement ou qu'il s'y produise de

____

(1) Nous donnerons l'origine de ce nom à l'article du quartz.

l'agitation, ces accidens que l'on peut regarder comme des causes perturbatrices de la cristallisation, dérouteront en quelque sorte les molécules, les obligeront de se précipiter tumultuairement les unes sur les autres; et par une suite nécessaire, altéreront plus ou moins les traits de la forme géométrique qui aurait eu lieu dans le cas d'une agrégation lente et paisible (1).

L'effet de ces sortes de perturbations est souvent d'arrondir les parties qui auroient été anguleuses, de produire des espèces de cylindres au lieu de prismes terminés par des surfaces planes, ou des corps d'une figure sphéroïdale striés intérieurement du centre à la circonférence, au lieu de groupes composés de cristaux saillans. Ainsi les contours et les arrondissemens, qui sont si fréquens dans les animaux et dans les plantes, où ils tiennent à l'organisation et contribuent même à l'élégance des formes, indiquent au contraire, dans les minéraux, un défaut de perfection. La véritable beauté, relativement à ces êtres, est caractérisée par la ligne droite, et c'est avec raison que Romé de l'Isle a

---

(1) Les cristaux qui se sont formés dans un même liquide autour de différens centres d'action plus ou moins rapprochés entre eux, composent des groupes dans lesquels ils sont situés tantôt parallélement les uns aux autres, tantôt en se croisant suivant différentes directions, de manière qu'assez souvent ils paroissent se pénétrer mutuellement. Il arrive encore très-communément qu'ils ne sont saillans que par une de leurs parties, au-dessus de la substance qui leur sert de support. C'est une circonstance heureuse, lorsqu'un cristal ne tient au groupe que par un point, de manière que sa position l'isole en quelque sorte, et permet à sa forme de se développer toute entière aux yeux de l'observateur. Mais la plupart des cristaux qui offrent cet avantage ont été retirés de certaines masses terreuses, où ils étoient réellement solitaires, et au milieu desquelles ils se sont formés à l'époque où ces terres étoient délayées dans un liquide aqueux. On peut concevoir cette formation d'après une expérience de Pelletier, qui ayant mis de l'argile détrempée dans une dissolution d'alun, coupa cette argile par morceaux lorsqu'elle fut desséchée, et trouva dans son intérieur des cristaux d'alun de la grosseur d'un pois. Il en conclut que les molécules cristallines avoient eu la force de déplacer les molécules argileuses, et d'écarter ces obstacles qui s'opposoient à leur réunion. *Mém. et observ. de chimie, t. I, p.* 81.

dit

dit de cette espèce de ligne, qu'elle étoit particulièrement affectée au règne minéral (1).

Mais pour ne parler ici que de la cristallisation proprement dite, il se présente d'abord sur cet objet une considération importante qui achève de faire ressortir les minéraux à côté des êtres organiques. Dans le règne végétal, par exemple, tous les individus de la même espèce semblent avoir été travaillés d'après un modèle commun, c'est-à-dire que leur fleur est composée de parties égales en nombre et semblables par leur figure ; que leurs feuilles ont la même disposition, les mêmes contours, etc. Les diversités ne tiennent qu'à des nuances légères et fugitives ; en sorte qu'on peut dire que, qui a vu un individu, a vu l'espèce entière.

Il en est tout autrement des minéraux. Souvent les cristaux originaires d'une même substance prennent des formes très-différentes, toutes également nettes et exécutées avec une égale précision. La chaux carbonatée, par exemple, prend, suivant les circonstances, la forme d'un rhomboïde ; celle d'un prisme hexaèdre régulier ; celle d'un solide terminé par douze triangles scalènes ; celle d'un autre dodécaèdre dont les faces sont des pentagones, etc. Le fer sulfuré ou la pyrite ferrugineuse produit tantôt des cubes, tantôt des octaèdres réguliers ; ici des dodécaèdres à faces pentagonales ; là des icosaèdres à faces triangulaires, etc.

Il est vrai que parmi les variétés d'une même espèce, souvent une forme plus composée ne diffère d'une forme plus simple que par certaines facettes semblables à celles qui résulteroient des sections faites sur les angles solides ou sur les arêtes de cette dernière (2). La pyrite, par exemple, prend quelquefois la forme

(1) Cristallogr. t. I, p. 94, note 63.

(2) C'étoit cette observation qui avoit fait naître au célèbre Romé de l'Isle l'idée de la méthode des troncatures, pour faire dériver les unes des autres les différentes variétés de formes cristallines qui appartenoient à une même substance.

d'un cube dont les huit angles solides abattus laisseroient à découvert autant de facettes triangulaires ; en sorte que cette forme
peut être considérée comme le passage du cube à l'octaèdre, avec
lequel elle se trouve en rapport par ses huit triangles équilatéraux, qui sont situés comme les faces de ce second solide.

Mais outre que ces passages sont déjà singuliers par eux-
mêmes, en ce qu'ils tiennent à des modifications beaucoup plus
sensibles que ne paroîtroient devoir l'être celles qui distinguent
de simples variétés, on trouve d'une autre part certaines formes
cristallines qui, par une singularité encore plus remarquable, ne
laissent apercevoir aucuns vestiges de parties communes, et
offrent l'apparence d'une métamorphose complète du minéral
dont elles tirent leur origine. Et pour citer un nouvel exemple,
que l'on place l'un à côté de l'autre le prisme hexaèdre régulier
de la chaux carbonatée (*pl. I, fig.* 1), et le dodécaèdre à faces
triangulaires scalènes (*fig.* 6), on aura peine à concevoir comment deux polyèdres si disparates au premier aperçu, viennent
se toucher et pour ainsi dire se confondre dans la cristallisation
d'un même minéral.

Enfin, comme si les résultats de cette opération de la nature
étoient destinés à donner des surprises de tous les genres, tandis
qu'une même substance se prête à tant de transformations, on
rencontre des substances très-différentes qui présentent absolument la même forme. Ainsi la chaux fluatée, la soude muriatée,
le fer sulfuré, le plomb sulfuré, etc. cristallisent en cubes dans
certaines circonstances ; et dans d'autres, les mêmes minéraux,
ainsi que l'alumine sulfatée et le diamant, prennent la forme de
l'octaèdre régulier (1).

C'étoit cette similitude de formes qui, dans un temps où l'étude
de la cristallisation étoit à peine naissante, avoit fait penser au
célèbre Linnæus que les sels devoient être regardés comme les

---

(1) Nous exposerons dans la suite les raisons qui peuvent aider à concevoir
cette ressemblance de configuration entre des minéraux de diverses natures.

générateurs de la cristallisation ; que l'union de tel sel avec telle espèce de pierre étoit une sorte de fécondation, laquelle communiquoit à la pierre la faculté de cristalliser sous la forme particulière au sel, qui faisoit la fonction de principe fécondant (1). Par exemple, le diamant étoit une espèce d'alun, parce qu'il cristallise comme ce sel, et il portoit le nom d'*alumen adamas*, *alun diamant* (2). Ainsi Linnæus croyoit retrouver dans le règne minéral la base du système sexuel dont il avoit tiré un parti si ingénieux relativement à la botanique. On sait que Tournefort en observant les stalactites rameuses de la grotte d'Antiparos, s'étoit imaginé que les pierres végétoient à la manière des plantes. La botanique étoit la passion de ces deux hommes célèbres ; toute la nature leur parloit de leur objet favori.

Linnæus avoit joint à son travail des descriptions et des figures de cristaux aussi fidèles que le comportoit l'état où se trouvoit alors la science, et on peut le regarder à cet égard comme le fondateur de la cristallographie.

Enfin Romé de l'Isle ramena l'étude de la cristallisation à des principes plus exacts et plus conformes à l'observation. Il mit ensemble, autant qu'il lui fut possible, les cristaux qui étoient de la même nature. Parmi les différentes formes relatives à chaque espèce, il en choisit une qui lui parut propre, par sa simplicité, à être regardée comme la forme primitive ; et en la supposant tronquée de différentes manières, il en déduisit les autres formes, et détermina une gradation, une série de passages entre cette

---

(1) *Linnæi Amœnit. Acad.* t. I, p. 466 et suiv.

(2) Le savant auteur de cette classification s'étoit bien aperçu que parmi les corps qu'il associoit dans une même espèce, plusieurs présentoient une forme différente de celle qui étoit le type de l'espèce. Mais il tâchoit de les ramener à cette dernière forme, d'après quelques traits vagues de ressemblance, qu'il saisissoit dans l'aspect extérieur ; et comme on n'avoit observé encore qu'un petit nombre de formes cristallines, la plupart assez simples, ces rapprochemens qui auroient été impraticables dans l'état actuel de nos connoissances, souffroient alors moins de difficultés.

même forme et celle des polyèdres qui paroissoient s'en écarter davantage. Aux descriptions et aux figures qu'il donna des formes cristallines, il joignit les résultats de la mesure mécanique de leurs principaux angles, et il fit voir (ce qui étoit un point essentiel) que ces angles étoient constans dans chaque variété. En un mot, sa cristallographie est le fruit d'un travail immense par son étendue, presque entièrement neuf par son objet, et très-précieux par son utilité.

L'illustre Bergmann, en cherchant à pénétrer jusque dans le mécanisme de la structure des cristaux, considéra les différentes formes relatives à une même substance, comme produites par une superposition de plans tantôt constans et tantôt variables et décroissans, autour d'une même forme primitive. Il fit l'application de cette idée-mère à un petit nombre de formes cristallines, et il la vérifia sur une variété de spath calcaire (1), par des fractures qui lui firent reconnoître la position du noyau ou de la forme primitive, et l'ordre successif des lames qui recouvroient ce noyau. Mais il s'arrêta à ces premiers aperçus, et ne s'occupa ni de déterminer les lois de la structure, ni d'y appliquer le calcul. C'étoit une simple esquisse, tracée comme en passant, du plus beau point de vue de la minéralogie, mais où l'on reconnoît l'habileté de la main qui a travaillé avec tant de succès à perfectionner le tableau de la chimie.

Dans les recherches que j'avois entreprises de mon côté, vers le même temps, sur la structure des cristaux (2), je m'étois proposé de combiner la forme et les dimensions des molécules intégrantes avec des lois d'arrangement simples et régulières, et de

____

(1) C'étoit celle qu'on appeloit *dent de cochon*, et que je nomme *métastatique*.

(2) L'académie des sciences avoit déjà connoissance de mes premiers essais, relativement à cet objet, lorsqu'elle reçut le mémoire de Bergmann, qui me fut communiqué, comme étant propre à m'intéresser, par le rapport qu'il avoit avec mon travail. Bergmann a inséré ce mémoire avec de nouveaux développemens dans le second volume de ses Opuscules, pag. 1 et suiv.

soumettre ces lois au calcul. Ce travail a produit une théorie mathématique, que j'ai réduite en formules analytiques qui représentent tous les cas possibles, et dont l'application aux formes connues conduit à des valeurs d'angles constamment d'accord avec l'observation. Je vais exposer les principes de cette théorie à l'aide du seul raisonnement et de quelques projections qui en faciliteront l'intelligence. Les géomètres pourront en prendre une connoissance plus juste et plus développée, en lisant la partie du calcul qui se trouve séparément dans ce traité.

THÉORIE DE LA STRUCTURE DES CRISTAUX.

Formes primitives.

L'idée de ramener toutes les formes que peut affecter une substance minérale à une même forme primitive, dont les autres soient censées n'être que des modifications, s'est présentée comme d'elle-même aux différens naturalistes qui se sont occupés avec suite de la cristallographie. Ce fut pour l'avoir envisagée sous un faux point de vue, que Linnæus s'égara dans sa distribution méthodique des cristaux. Romé de l'Isle en l'employant avec plus d'art et de justesse, évita les ruptures de rapports naturels qui déparent la méthode du naturaliste suédois. Mais il y avoit de l'arbitraire dans le choix des formes que de l'Isle regardoit comme primitives, en ne consultant que l'aspect extérieur des cristaux, sans avoir égard à leur structure. Bergmann qui avoit si bien saisi le noyau de la chaux carbonatée, en divisant mécaniquement le cristal métastatique, n'avoit pas été aussi heureux relativement à plusieurs autres cristaux, et en particulier à la variété dodécaèdre de la même substance, que l'on appeloit alors *tête de clou.* Il résulteroit de l'explication qu'il donne de la structure de ce cristal, que son noyau auroit des angles tout différens de ceux du véritable ; et Bergmann a même été obligé de supposer que les plans qu'il nomme *fondamentaux* étoient tronqués dans le cas présent, ce qui offrait une nouvelle exception au principe sur lequel étoit basée sa méthode (1).

La division mécanique des minéraux, qui est le seul moyen de reconnoître leur vraie forme primitive, prouve que cette forme est invariable tant que l'on opère sur la même substance, quelque diversifiées, quelque disparates même que soient les formes des cristaux qui appartiennent à cette substance. Deux ou trois exemples serviront à mettre cette vérité dans tout son jour.

Prenez un prisme hexaèdre régulier de chaux carbonatée (*pl. I, fig.* 1 et 2). Si vous essayez de le diviser parallèlement aux arêtes qui forment les contours des bases, vous trouverez que trois de ces arêtes, prises alternativement dans la partie supérieure, par exemple, les arêtes lf, cd, bm, se prêtent à cette division ; et pour réussir de même par rapport à la base inférieure, il faudra choisir non pas les arêtes $l'f'$, $c'd'$, $b'm'$, qui correspondent aux précédentes, mais les arêtes intermédiaires $d'f'$, $b'c'$, $l'm'$.

Les six coupes laisseront à découvert autant de trapèzes. Trois de ceux-ci sont représentés sur la *fig.* 2 ; savoir, les deux qui interceptent les arêtes lf, cd, et sont désignés par $ppoo$, $aakk$, et celui qui intercepte l'arête inférieure $d'f'$, et qui est marqué des lettres $nnii$.

Chacun de ces trapèzes aura un poli et un éclat auquel on reconnoîtra facilement qu'il coïncide avec un des joints naturels dont le prisme est l'assemblage. Vous tenteriez inutilement de diviser le prisme dans tout autre sens. Mais si vous continuez la division parallèlement aux premières coupes, il arrivera que d'une part les surfaces des bases deviendront toujours plus étroites, et que de l'autre les hauteurs des pans iront en diminuant ; et au terme où les bases auront disparu, le prisme se

---

(1) Voyez les remarques que j'ai faites à ce sujet, dans l'essai d'une Théorie sur la structure des cristaux, pag. 90 et suiv.

trouvera changé en un dodécaèdre (*fig.* 3) à faces pentagonales, dont six, tels que $ooiOe, oIkii$, etc. seront les résidus des pans du prisme; et les six autres $EAIoo$, $OA'Kii$, etc. seront le résultat immédiat de la division mécanique (1).

Au-delà de ce même terme, les faces extrêmes conserveront leur figure et leurs dimensions, tandis que les faces latérales perdront sans cesse de leur hauteur, jusqu'à ce que les points o, k, du pentagone $oIkii$ venant à se confondre avec les points i, i, et ainsi des autres points semblablement situés, chaque pentagone se réduise à un simple triangle, comme on le voit *fig.* 4 (2).

Enfin de nouvelles coupes ayant fait disparoître ces triangles, de manière qu'il ne reste plus aucun vestige de la surface du prisme (*fig.* 1), vous aurez le noyau ou la forme primitive, qui sera un rhomboïde obtus (3) (*fig.* 5) dont le grand angle EAI ou EOI est de 101$^{\text{d.}}$ 32′ 13″ (4).

---

(1) On a continué de représenter le prisme hexaèdre circonscrit au solide que l'on en extrait, en le divisant, pour mieux faire concevoir la marche de l'opération.

(2) Les points qui se confondent deux à deux sur cette figure, sont marqués chacun des deux lettres qui servoient à les désigner, lorsqu'ils étoient séparés, comme sur la *fig.* 3.

(3) J'appelle *rhomboïde* un parallélipipède terminé par six rhombes égaux et semblables. Deux des angles solides tels que A, A', opposés entre eux, sont formés par la réunion de trois angles plans égaux. Chacun des six autres est formé par un angle plan égal aux précédens, et par deux angles qui en sont les supplémens. Les points A, A', sont les sommets, et la ligne qui va de l'un à l'autre est l'axe. On suppose toujours le rhomboïde situé de manière que son axe soit vertical. Dans l'une quelconque des faces, telle que $AEOI$, la ligne menée de E en I est la diagonale horizontale, et celle qui va de A en O est la diagonale oblique. Le rhomboïde est obtus ou aigu suivant que l'angle contigu au sommet est lui-même obtus ou aigu.

(4) J'ai observé que chaque trapèze, tel que $ppoo$ (*fig.* 2) mis à découvert par les premières coupes, étoit incliné très-sensiblement de la même quantité, tant sur le résidu $ppdcbm$ de la base que sur le résidu $oof'l'$ du pan adjacent. En partant de cette égalité d'inclinaisons, on en déduit, par le calcul,

L'observation que je viens d'exposer est celle qui a servi à développer mes idées sur la structure des cristaux, et a été comme la clef de la théorie. Elle s'est présentée à l'occasion d'un cristal que le citoyen Defrance avoit eu la complaisance de me donner au moment où il venoit de se détacher d'un groupe que cet amateur éclairé me montroit, et qui faisoit partie de sa collection minéralogique. Le prisme avoit une seule fracture à l'endroit d'une des arêtes situées autour de la base par laquelle il avoit adhéré au reste du groupe. Au lieu de le placer dans ma collection alors naissante, je me mis à essayer de le diviser dans d'autres sens ; et je parvins, après quelques tâtonnemens, à extraire son noyau rhomboïdal, ce qui excita en moi un mouvement de surprise mêlé à l'espérance de ne point en rester à ce premier pas.

Prenons pour second exemple le cristal métastatique (*fig.* 6) dont Bergmann a trouvé le noyau. Vous pouvez obtenir tout d'un coup ce noyau en faisant une première coupe sur les arêtes E O, O I ; une seconde sur les arêtes I K, G K ; une troisième sur G H, E H ; une quatrième sur O I, I K ; une cinquième sur G K, G H ; enfin une sixième sur E H, E O, d'où il suit que les arêtes dont on vient de parler se confondent avec les arêtes latérales de la forme primitive, comme on peut en juger à la seule inspection de la *fig.* 7, qui représente cette forme primitive inscrite dans le dodécaèdre à triangles scalènes.

Il existe beaucoup d'autres variétés de chaux carbonatée dont plusieurs ont des formes très-composées, et toutes recèlent un noyau exactement semblable à celui que nous venons de considérer. Mais s'il est singulier de voir ce noyau sortir des variétés qui s'en écartent le plus par leur configuration, on avoit peut-être encore moins lieu de s'attendre à le retrouver dans celles qui ont elles-mêmes une forme rhomboïdale avec des mesures

---

la valeur des angles, avec la précision des minutes et des secondes, à laquelle les mesures mécaniques ne sont pas capables d'atteindre. Voyez la partie géométrique.

d'angles

différentes. Nous connoissons aujourd'hui cinq de ces rhomboïdes (1), dont l'un est beaucoup plus obtus que le noyau, et les quatre autres ont des sommets toujours plus aigus. Cette gradation dont tous les termes se rapportent à une même espèce de solide, sembleroit d'abord donner quelque couleur à l'opinion que les formes primitives ne sont pas constantes relativement à un même minéral. Mais j'ai reconnu que tous ces rhomboïdes s'accordoient à offrir, par des coupes faites en différens sens, un noyau semblable à celui dont le grand angle est de 101^d· 32′, et ainsi le paradoxe qui naît de la diversité de leurs angles s'éclaircit par le double emploi de la forme rhomboïdale qui sert ici à se déguiser elle-même, et cache des caractères fixes sous des dehors variables.

Choisissons pour exemple, parmi ces différens rhomboïdes, celui dans lequel l'angle au sommet est de 75^d· 31′, 20″, et qui est représenté *fig.* 8, circonscrit à son noyau. Romé de l'Isle l'appeloit *spath calcaire muriatique*, et je le nomme *chaux carbonatée inverse*. Pour diviser mécaniquement ce rhomboïde, il faut diriger les plans coupans parallèlement aux six arêtes extrêmes; savoir, *st, su, sn* d'une part, et *st′, su′, sn′* de l'autre,

---

(1) En commençant par celui qui est obtus, on a les valeurs suivantes pour l'angle plan du sommet.

114^d· 18′ 56″.

87^d· 42′ 30″.

75^d· 31′ 20″.

45^d· 34′ 22″.

37^d· 31′ 4″.

Les minéralogistes n'ont connu pendant long-temps que le premier et le troisième de ces rhomboïdes. On voit par le mémoire de Bergmann, que j'ai déjà cité, que ce savant confondoit le rhomboïde de 114^d· 18′ avec le primitif dans lequel l'angle du sommet est de 101^d·32′. D'une autre part, Romé de l'Isle considéroit celui de 75^d· 31′ comme une seconde forme primitive des spaths calcaires, parce qu'il ne voyoit aucun moyen de le ramener, même par des troncatures, à celui de 101^d· 32′. Voyez l'ouvrage de ce savant sur les Caractères des Minéraux, tableau lithologique.

de manière que ces plans soient également inclinés sur les faces
qu'ils entament. Les premières coupes mettront à découvert six
pentagones r, r, r, r', r', r' (*fig.* 9), parallèles aux faces du noyau;
et il est facile de concevoir qu'en continuant la division toujours
dans le même sens, jusqu'à ce que les résidus des faces du rhomboïde A A$'$ (*fig.* 8) aient disparus, on aura un nouveau rhomboïde qui sera la forme primitive.

Remarquez que les faces de ce dernier rhomboïde s'inclinent
de la même quantité sur l'axe commun, que les arêtes st, su,
sn, etc. auxquelles ces faces sont parallèles. Or, les arêtes dont
il s'agit font avec l'axe de plus grands angles que les diagonales
obliques menées de s en n', de s en t', de s en u'; ou ce qui revient
au même, que les faces $stn'u$, $snt'u$, $stu'n$, d'où l'on conclura
que dans le rhomboïde, extrait par la division mécanique, l'angle
du sommet doit être sensiblement plus ouvert que celui qui lui
correspond dans le rhomboïde divisé. D'après ce qui a été dit
plus haut, ce dernier angle est plus petit que l'autre de 26$^{\text{d.}}$ o$'$ 53$''$.

Essayez de diviser un cristal d'une autre espèce, vous aurez un
noyau différent. Par exemple, un cube de chaux fluatée donnera
un octaèdre régulier que vous parviendrez à extraire en divisant
le cube sur ses huit angles solides, ce qui mettra d'abord à découvert huit triangles équilatéraux, et en poursuivant la division
toujours parallèlement aux premières coupes jusqu'à ce qu'il ne
reste plus rien des faces du cube. Le noyau des cristaux de baryte
sulfatée sera un prisme droit à bases rhombes; celui des cristaux
de chaux phosphatée un prisme hexaèdre régulier; celui du plomb
sulfuré un cube, etc., et chacune de ces formes sera constante
relativement à l'espèce entière; en sorte que ses angles ne subiront aucune variation qui soit appréciable.

A l'égard des cristaux qui se refusent à la division mécanique,
la théorie secondée par certains indices dont nous parlerons dans
la suite, peut conduire à déterminer leurs formes primitives au
moins avec une grande vraisemblance.

Ayant adopté le nom de *forme primitive* pour désigner le

noyau des cristaux, nous appellerons *formes secondaires* celles des variétés qui diffèrent de la forme primitive.

Dans certaines espèces, la cristallisation produit aussi cette dernière forme immédiatement. Il existe, par exemple, des cristaux calcaires qui ne diffèrent en rien du rhomboïde que l'on extrait du prisme hexaèdre régulier et des autres variétés dont nous avons parlé. De plus il arrive aussi souvent que parmi les faces d'un cristal secondaire il y en a qui sont parallèles à celles de la forme primitive. Ainsi, on trouve des cristaux de chaux carbonatée qui sont semblables à celui de la *fig.* 3, et sur lesquels la cristallisation a laissé des plans pentagones tels que A E *o o* I, A E *h h* G, etc. situés comme ceux que l'on met à découvert en divisant le prisme hexaèdre représenté (*fig.* 1). Dans ces sortes de cas, la route est comme tracée d'avance pour arriver au noyau.

On peut définir la forme primitive un solide d'une forme constante engagé symétriquement dans tous les cristaux d'une même espèce, et dont les faces suivent les directions des lames qui composent ces cristaux.

Les formes primitives observées jusqu'ici se réduisent à six ; savoir, le parallélipipède, l'octaèdre, le tétraèdre, le prisme hexaèdre régulier, le dodécaèdre à plans rhombes, tous égaux et semblables, et le dodécaèdre à plans triangulaires, composé de deux pyramides droites réunies base à base.

Formes des molécules intégrantes.

Le noyau d'un cristal n'est pas le dernier terme de sa division mécanique. Il peut toujours être soudivisé parallèlement à ses différentes faces, et quelquefois dans d'autres sens encore. Toute la matière enveloppante est susceptible d'être divisée de même par des coupes parallèles à celles qui ont lieu pour la forme primitive. En raisonnant ici comme nous l'avons fait par rapport à la division mécanique du sel commun, on conclura que la limite de celle que l'on peut opérer dans un cristal quelconque doit donner la forme de la molécule intégrante propre à l'espèce de minéral dont ce cristal est originaire.

Si le noyau est un parallélipipède qui ne puisse être soudivisé que par des coupes parallèles à ses faces, comme cela a lieu pour la chaux carbonatée, il est évident que la molécule intégrante sera semblable à ce noyau lui-même.

Mais il peut arriver que le parallélipipède admette des coupes ultérieures dans d'autres sens que les précédentes. Concevons, par exemple, qu'il soit un rhomboïde A A′ K H (*fig.* 10) divisible à la fois parallèlement aux six rhombes qui le terminent, et à l'aide de plans dont chacun passe par une diagonale oblique A O, par l'axe A′A et par l'arête A′O comprise entre la même diagonale et l'axe. Ces coupes détacheront six tétraèdres que l'on a figurés séparément à l'entour du rhomboïde, dans les positions analogues à celles qu'ils avoient lorsqu'ils étoient réunis en un seul corps, de sorte que l'on suit pour ainsi dire de l'œil l'espèce de décomposition du rhomboïde dont ils proviennent. Or, ces tétraèdres représentent les molécules intégrantes de la substance dont le rhomboïde est la forme primitive. Telle est la structure de la tourmaline.

Prenons une autre substance telle que la chaux phosphatée, dont la forme primitive soit le prisme hexaèdre régulier. Dans ce cas, la molécule sera encore différente du noyau, quoique celui-ci ne puisse être soudivisé que parallèlement à ses faces, c'est-à-dire à ses deux bases et à ses six pans. Cette soudivision conduira à des prismes triangulaires dont l'assemblage compose le prisme total, ainsi qu'il est facile d'en juger par l'inspection de la *fig.* 4o, *pl. V;* on y voit une des bases du prisme partagée en triangles équilatéraux, dont chacun est la base d'un petit prisme triangulaire qui représente la molécule intégrante.

Or nous verrons dans la suite que l'on peut réduire les formes des molécules intégrantes de tous les cristaux aux trois précédentes, qui sont le tétraèdre ou la plus simple des pyramides; le prisme triangulaire ou le plus simple de tous les prismes, et le parallélipipède ou le plus simple des solides qui aient leurs faces parallèles deux à deux. Et puisqu'il faut au moins quatre plans pour circonscrire un espace, il est visible que les trois formes dont il s'agit, dans lesquelles le nombre des faces est successivement de quatre, de cinq et de six, ont encore à cet égard la plus grande simplicité possible. Si ces formes, je le répète, ne sont pas celles des vraies molécules intégrantes employées par la nature, elles méritent du moins d'autant mieux de les remplacer dans nos conceptions, que c'est avec une aussi petite dépense de moyens que nous parvenons à établir une théorie qui embrasse tant de résultats divers.

Plusieurs naturalistes ont pensé que les molécules intégrantes des cristaux étoient de simples lames qui avoient une épaisseur incomparablement moindre que leurs autres dimensions, et non pas de petits solides dont l'épaisseur étoit égale ou au moins proportionnée à leur largeur et longueur. J'ai exposé ailleurs (1) les preuves nombreuses et décisives qui établissent cette dernière opinion, et j'ai démontré de même que les dimensions et les angles de ces molécules étoient invariables dans tous les cristaux originaires d'une même substance. Je ne m'arrêterai point ici à détruire de nouveau les difficultés qui m'ont été opposées, soit parce que j'ai eu la satisfaction de voir que les réponses se présentoient comme d'elles-mêmes à ceux qui possèdent la théorie, soit parce qu'il ne me paroît pas qu'elle ait été bien saisie par le seul auteur qui l'ait attaquée sous le point de vue dont je viens de parler (2).

Mais chaque forme de molécule intégrante varie dans ses dimensions ou dans les mesures de ses angles, suivant qu'elle appartient à une espèce ou à une autre (3). Le parallélipipède est

---

(1) Journal des Mines, n°. 28, p. 3o5 et suiv. Extrait du Traité de Minér. p. 81 et suiv.

(2) Théorie de la Terre, par Lamétherie, seconde édit. t. I, p. 35 et suiv.

(3) L'observation ne fait connoître que les mesures des angles, et non pas le rapport des dimensions; mais la théorie fournit des données pour déterminer ces dernières.

tantôt obliquangle, tantôt rectangle : il offre tantôt la forme du rhomboïde, et tantôt celle du cube qui est la plus parfaite des formes de ce genre. Ici le prisme triangulaire est seulement isocèle ; ailleurs il est équilatéral ; et dans ce dernier cas, le rapport entre sa hauteur et le côté de sa base varie d'une espèce à l'autre. Le tétraèdre subit des diversités analogues.

Il existe cependant des formes de molécules intégrantes, ainsi que des formes primitives qui sont communes à plusieurs substances de diverses natures. Par exemple, la soude muriatée et le fer sulfuré ont l'un et l'autre le cube pour forme primitive. L'octaèdre régulier est celle du rubis et en même temps celle du bismuth natif. Dans ce cas, les molécules élémentaires, quoique différentes de part et d'autre, s'arrangent de manière qu'il en résulte la même configuration extérieure, à peu près comme en géométrie on peut composer un carré de plusieurs manières, par des assortimens de figures qui différeront entre elles dans les divers carrés. D'ailleurs, si l'observation a prouvé que des substances minérales distinguées par leur nature, présentoient quelquefois des cristaux secondaires de la même forme, par exemple, des prismes hexaèdres réguliers avec une diversité de structure qui en supposoit une dans les formes des molécules elles-mêmes, doit-on être surpris qu'il se rencontre aussi dans des espèces différentes, des molécules intégrantes dont les formes semblables par leurs dehors, soient dues à des combinaisons de principes qui peuvent n'avoir entre eux aucun rapport ? Mais ce qui est digne d'attention, c'est que jusqu'ici ces formes communes à plusieurs minéraux soient toujours de celles qui ont un caractère remarquable de simplicité et de régularité, comme le cube, l'octaèdre régulier, le dodécaèdre à plans rhombes tous égaux et semblables, etc. Ces formes sont des espèces de limites auxquelles la cristallisation parvient par différentes routes ; au lieu qu'elle n'a vers les autres formes qui s'écartent de ces limites, qu'une seule direction qui aboutit à telle espèce particulière de minéral.

Lois auxquelles est soumise la structure.

Après avoir déterminé les formes primitives et celles des molécules intégrantes, il restoit à chercher les lois que suivoient ces molécules dans leur arrangement, pour produire ces espèces d'enveloppes régulières qui déguisent une même forme primitive de tant de manières différentes.

Or, l'observation fait voir que cette matière enveloppante est un assemblage de lames qui, en partant de la forme primitive, décroissent en étendue, soit de tous les côtés à la fois, soit seulement dans certaines parties. Ce décroissement se fait par des soustractions régulières d'une ou de plusieurs rangées de molécules intégrantes ; et la théorie en déterminant le nombre de ces rangées, au moyen du calcul, parvient à représenter tous les résultats connus de la cristallisation, et même à anticiper sur les découvertes à venir, et à indiquer les formes qui n'étant encore qu'hypothétiques, pourront s'offrir un jour aux recherches des naturalistes.

Des exemples très-simples serviront à donner une idée des lois auxquelles sont soumises les décroissemens dont il s'agit.

Décroissemens sur les bords.

Soit ss' (*fig.* 11, *pl. II*), un dodécaèdre à plans rhombes. Ce solide que nous avons vu être une des six formes primitives des cristaux, se présente aussi quelquefois comme forme secondaire, et alors il a pour noyau tantôt un cube et tantôt un octaèdre. Supposons que le noyau soit un cube.

Pour extraire ce noyau, il suffit d'enlever successivement les six angles solides composés de quatre plans, tels que s, r, t, etc. par des coupes dirigées dans le sens des petites diagonales. Ces coupes mettront à découvert autant de carrés A E O I, E O O'E', I O O'I' (*fig.* 12), etc. qui seront les faces du cube.

Concevons que chacune de ces faces soutienne une série de lames décroissantes, uniquement composées de molécules cubiques, et dont chacune dépasse la suivante, vers ses quatre bords, d'une quantité égale à une rangée de ces mêmes molécules. Dans la suite nous désignerons les lames décroissantes qui enveloppent le noyau, par le nom de *lames de superposition*. Or il est facile de concevoir que les différentes séries produiront six pyramides quadrangulaires semblables en quelque sorte à des escaliers à quatre côtés, qui reposeront sur les faces du cube. Trois de ces pyramides sont représentées (*fig.* 13) et ont leurs sommets en s, t, r'.

Or il y a six pyramides quadrangulaires; donc on aura vingt-quatre triangles, tels que $O s I$, $O t I$, etc. Mais parce que le décroissement est uniforme depuis s jusqu'en t, et ainsi des autres, les triangles pris deux à deux sont de niveau et forment un rhombe $s O t I$. La surface du solide sera donc composée de douze rhombes égaux et semblables, c'est-à-dire que ce solide aura la même forme que celui qui est l'objet du problême. Cette structure a lieu, quoique d'une manière incomplète, relativement aux cristaux nommés *spaths boraciques*, et l'effet du décroissement dont elle dépend parvient à sa limite dans une substance dont la nature n'est pas encore bien déterminée, et que nous ferons connoître plus particulièrement dans la suite.

Le dodécaèdre que nous considérons ici est représenté par la *fig.* 13, de manière que la marche du décroissement puisse être suivie de l'œil. En examinant la figure avec attention, on verra qu'elle a été tracée dans la supposition où le noyau cubique auroit sur chacun de ses bords 17 arêtes de molécules, d'où il suit qu'il a chacune de ses faces composée de 289 facettes de molécules, et que sa solidité est égale à 4913 molécules. Dans cette même hypothèse, il y a huit lames de superposition dont la dernière se réduit à un simple cube, et dont les bords mesurent des nombres de molécules qui forment la série 15, 13, 11, 9, 7, 5, 3, 1, la différence étant de 2, parce qu'il y a une rangée de soustraite à chaque extrémité.

Maintenant

Maintenant si à cette espèce de maçonnerie grossière, mais qui a l'avantage de parler à l'œil, nous substituons, par la pensée, l'architecture infiniment délicate de la nature, il faudra concevoir le noyau comme étant composé d'un nombre incomparablement plus grand de cubes imperceptibles. Alors le nombre des lames de superposition sera aussi sans comparaison plus grand que dans l'hypothèse précédente. Par une suite nécessaire, les cannelures que forment ces lames par les rentrées et saillies alternatives de leurs bords, seront nulles pour nos sens ; et c'est ce qui a lieu dans les polyèdres que la cristallisation a élaborés à l'aise, sans être ni pressée ni troublée dans sa marche.

Remarquons qu'au lieu de vingt - quatre décroissemens qui agissent deux à deux de part et d'autre de chaque arête, on pourroit se borner à n'en admettre que douze, en considérant chacun des douze autres comme étant la continuation d'un des premiers. Par exemple, on peut supposer que les décroissemens agissent directement vers les quatre bords de la base $AEOI$ (*fig.* 12) et vers ceux de la base inférieure, pour produire les deux pyramides qui ont leurs sommets en s et en s', et que par rapport aux autres faces du cube, ils agissent seulement vers les deux bords II', OO', et vers les bords opposés derrière le cube, pour produire des faces secondaires situées comme $I t I'$, $O t O'$. Dans cette hypothèse, si l'on conçoit que les effets des décroissemens se prolongent de l'autre côté des arêtes qui leur ont servi de lignes de départ, de manière que ces prolongemens en se combinant avec les faces produites par l'action immédiate des décroissemens, circonscrivent un espace, on aura évidemment le même dodécaèdre. Nous verrons dans la suite l'utilité de cette remarque.

Si les lames appliquées sur le cube décroissoient de tous les côtés par deux rangées ou davantage, alors les pyramides étant plus surbaissées, et leurs faces adjacentes ne se trouvant plus deux à deux sur un même plan, le cristal secondaire seroit terminé par 24 triangles distincts.

On appelle *décroissemens en largeur* ceux dans lesquels, ainsi

que dans les précédens, chaque lame n'a que la hauteur d'une
molécule; en sorte que tout leur effet par une, deux, trois rangées, etc. est dans le sens de la largeur. Les *décroissemens en
hauteur* sont ceux où chaque lame ne dépassant la suivante que
d'une rangée dans le sens de la largeur, peut avoir une hauteur
double, triple, quadruple, etc. de celle d'une molécule; ce qui
s'exprime en disant que le décroissement se fait par deux rangées, trois rangées, etc. en hauteur.

Les deux espèces de décroissemens dont nous venons de parler
sont combinés ensemble dans l'exemple suivant qui sera tiré du
fer sulfuré (pyrite ferrugineuse) à douze faces pentagonales
(*fig.* 14).

Cette variété a encore pour noyau un cube, dont la position relativement au dodécaèdre est sensible à la seule inspection de la *fig.* 15. On y voit que les portions surajoutées au
noyau, au lieu d'être des pyramides, comme dans le cas précédent, sont des espèces de coins qui ont pour faces extérieures
deux trapèzes tels que $OIpq$, $AEpq$, et deux triangles isocèles
Epo, AqI.

Concevons que les décroissemens se fassent ici par deux rangées en largeur, entre les arêtes OI et AE, II' et OO', EO
et $E'O'$, et d'une manière semblable sur les carrés opposés, et
qu'en même temps ils se fassent par deux rangées en hauteur entre
les arêtes EO et AI, OI et $O'I'$, OO' et EE', par où l'on voit
que ces décroissemens ont lieu sur les différentes faces du cube,
suivant trois directions qui se croisent à angle droit. Alors le
décroissement par deux rangées en largeur tendant à produire
une face plus inclinée que celle qui résulte du décroissement par
deux rangées en hauteur, chaque pile de lames décroissantes ne
finira plus en pointe, mais en solide cunéiforme (*fig.* 16), c'est-
à-dire qu'elle sera terminée par une arête pq ou tn; et si l'on
compare les directions de ces deux arêtes avec celle de l'arête
rs (*fig.* 14 et 15) qui termine la pile élevée sur la face $EOO'E'$
du noyau, il sera aisé de voir que ces trois arêtes sont perpendi-

culaires entre elles, en conséquence des marches croisées que suivent les décroissemens.

De plus, chaque trapèze tel que Opq I (*fig.* 15 et 16) étant sur le même plan que le triangle Ot I qui appartient à la pile adjacente, l'ensemble de ces deux figures formera un pentagone pOtIq, d'où il suit que le solide sera terminé par douze faces pentagonales égales et semblables, à cause de la forme régulière du noyau et de la symétrie des décroissemens.

Ici se présente une considération importante pour la vérification de la théorie. Si l'on suppose que les différens pentagones qui composent la surface du dodécaèdre se meuvent tous uniformément sur les différentes arêtes du cube comme sur autant de charnières, en sorte par exemple que les deux pentagones ntIs'I$'$, ntOsO$'$ se relèvent ou s'abaissent par les trapèzes ItnI$'$, OtnO$'$, tandis qu'ils s'abaisseront ou se releveront en sens contraire par les triangles Is'I$'$, OsO$'$, on aura une infinité de dodécaèdres différens dont les faces seront aussi des pentagones égaux et semblables. Parmi ces dodécaèdres, les uns seront possibles en vertu de quelque loi de décroissement, et d'autres ne pourront être produits par aucune loi, et seront des solides purement géométriques. Dans chaque dodécaèdre, l'incidence du pentagone ntIs'I$'$ sur le pentagone ntOsO$'$ à l'endroit de l'arête nt laquelle détermine seule tous les autres angles, aura une mesure particulière; et le calcul prouve que dans le cas du décroissement dont nous avons parlé, cette incidence doit être de 126$^{\text{d.}}$ 52$'$ 8$''$. Or, en mesurant celle qui y correspond sur le dodécaèdre du fer sulfuré, on la trouve à peu près de 127 $^{\text{d.}}$; et ainsi l'existence de la loi de décroissement est confirmée par l'accord du calcul avec l'observation.

Ce que nous disons ici a lieu également pour tous les autres résultats de la théorie comparés à ceux de l'observation; d'où l'on doit conclure que la mesure donnée par le calcul est la véritable limite de l'approximation trouvée à l'aide du goniomètre; en sorte que plus la construction de cet instrument a été soignée, plus le cristal lui - même est nettement prononcé, plus enfin l'observateur est exercé, et plus aussi les résultats de part et d'autre approchent d'une parfaite coïncidence.

L'observation déjà faite par rapport au dodécaèdre à plans rhombes s'applique comme d'elle-même au cas présent, c'est-à-dire qu'au lieu de vingt-quatre décroissemens, savoir douze par deux rangées en largeur, et les douze autres par deux rangées en hauteur, on peut se borner à ne considérer que les douze premiers, en supposant que leurs effets s'étendent de l'autre côté des arêtes qui leur servent de lignes de départ.

Donnons un nouvel exemple emprunté de la chaux carbonatée métastatique (*fig. 6, pl. I*). Nous avons vu, en examinant la position du noyau, que les arêtes E O, O I, I K, etc. se confondoient avec les bords inférieurs (1) de ce noyau (*fig. 7*), d'où il suit que ces mêmes bords sont les lignes de départ des décroissemens, qui n'ont lieu ici que par rapport à eux, et sont nuls relativement aux bords supérieurs.

Or il est facile de concevoir que les bords des lames de superposition forment, par leur somme, autant de triangles E s O, I s' O, E s' O, etc. appuyés sur les lignes de départ; et comme ces lignes sont au nombre de six, il y aura douze triangles, six dans la partie supérieure, et autant dans la partie inférieure; et tous ces triangles seront scalènes, à cause de l'obliquité des lignes de départ.

A l'égard des bords supérieurs des lames de superposition, non-seulement ils ne subissent aucun décroissement, mais il est même nécessaire qu'ils se prolongent, en restant toujours contigus à l'axe du cristal, pour que le noyau continue d'être enveloppé vers ses deux sommets, comme dans le cas où il croîtroit sans changer de forme.

---

(1) J'appelle *bords supérieurs* ceux qui sont contigus à chaque sommet, et *bords inférieurs* ceux qui sont opposés aux précédens, quelle que soit la position du rhomboïde dans l'espace.

C'est encore au calcul combiné avec l'observation qu'il appartient de déterminer la loi de décroissement d'où dépend le dodécaèdre. Or, si l'on suppose que cette loi agisse par une rangée, on prouve que dans ce cas les deux faces produites de part et d'autre d'une même arête seroient sur un même plan, et que de plus elles seroient parallèles à l'axe, ce qui ne peut convenir au cas présent. L'hypothèse la plus simple qui se présente ensuite, est celle d'un décroissement par deux rangées en largeur. Or, ici le calcul démontre que le dodécaèdre qui naît de cette loi doit avoir deux propriétés remarquables; l'une est que l'angle obtus SEO de l'une quelconque de ses faces a exactement la même mesure que l'angle obtus du noyau, c'est-à-dire qu'il est de 101^{d} $32'$ $13''$; l'autre consiste en ce que les inclinaisons respectives des faces du dodécaèdre à la rencontre des arêtes les plus saillantes, par exemple l'inclinaison de s1O sur s1K est égale à celle de deux faces adjacentes vers un même sommet du noyau, c'est-à-dire qu'elle est de 104^{d} $28'$ $40''$. Or la mesure mécanique des angles qui conduit aux mêmes égalités, fait connoître que la loi supposée est véritablement la loi de la nature. C'est cette espèce de transport ou de métastase des angles de la forme primitive sur le cristal secondaire qui a suggéré le nom de *métastatique* donné à la variété dont il s'agit.

La *fig.* 17 (*pl. III*) servira à mettre dans tout son jour l'explication que nous venons de donner. Elle ne représente que l'espèce de pyramide supérieure ajoutée au noyau, qui se trouvant ainsi en partie à découvert, permet de saisir plus facilement la marche et les effets du décroissement par deux rangées. Chaque bord de ce noyau a été divisé en dix, d'où il suit que chaque face est un assemblage de cent petits rhombes qui sont les facettes extérieures d'autant de molécules. Cette construction n'exige que huit lames de superposition pour chacune des mêmes faces; et ces lames étant liées entre elles trois à trois dans les endroits qui correspondent aux bords supérieurs du noyau, forment des espèces d'enveloppes décroissantes qui se recouvrent successive-

ment, et dont la dernière est composée de huit petits rhomboïdes.
Si l'on considère la position de la ligne Es qui représente une des
arêtes terminales, composée de la somme de tous les angles solides
qui lui sont contigus, on remarquera que le sommet géométrique s du dodécaèdre est situé un peu au-dessus du sommet
physique s'; mais cette différence est censée nulle, à cause de
son extrême petitesse.

Ce que nous avons dit sur les accroissemens que prennent les
lames de superposition vers leurs bords supérieurs, en continuant
d'envelopper le cristal de ce même côté, est une conséquence
de ce principe général, que les portions de lames situées hors de
la portée des décroissemens s'étendent en se recouvrant mutuellement de manière à éviter les angles rentrans qui paroissent
exclus par la cristallisation, au moins dans les cristaux solitaires (1). Mais on peut faire abstraction de ces variations purement auxiliaires, parce que l'effet des décroissemens détermine
seul la forme du cristal secondaire. Il suffit même de prendre les
décroissemens à leur naissance pour avoir autant de plans qui,
prolongés ensuite par la pensée jusqu'à ce qu'ils se rencontrent,
conduisent à la forme complète du polyèdre qu'ils tendent à
produire; et c'est ainsi que l'on se borne à considérer l'effet initial
des décroissemens, dans le calcul dont la marche est toujours
beaucoup plus simple et plus expéditive que celle du raisonnement.

Cependant il est utile de pouvoir aussi se rendre compte à soi-
même de tous les détails relatifs à la structure d'un cristal, de
manière que si l'on avoit à sa disposition un certain nombre de
petits solides semblables aux molécules, on pût arranger celles-ci
par assises autour d'un noyau donné, dans un ordre conforme à
celui de la nature, et produire ainsi une imitation artificielle de

---

(1) Les angles rentrans, lorsqu'il s'en trouve dans les cristaux, sont des
accidens qui tiennent à des circonstances particulières, dont nous parlerons
dans la suite de cet ouvrage.

la cristallisation. Je vais en conséquence, dans un dernier exemple qui sera tiré de la chaux carbonatée équiaxe, suivre lame par lame la marche progressive des décroissemens, et donner en quelque sorte la synthèse de la structure.

La variété dont il s'agit est un rhomboïde beaucoup plus obtus que le noyau, et dont le grand angle est de 114$^{\rm d}$· 18$'$ 56$''$. La *fig.* 18 la représente circonscrite à son noyau. Pour extraire tout d'un coup celui-ci, il faut faire passer des plans coupans par les diagonales obliques des différentes faces du rhomboïde secondaire. L'une des coupes, par exemple celle qui passe par les diagonales menées de *a* en *t* et de *a* en *u*, et qui intercepte l'angle solide *z*, coïncide avec la face *a b d f* du noyau. Or, il y a six angles solides situés latéralement, savoir *z, c, y,* d'une part, et *t, m, u,* de l'autre. On aura donc six coupes, disposées trois à trois vers chaque sommet, et parce que les angles solides supérieurs alternent avec les inférieurs, les coupes qui les interceptent gardant entre elles la même alternative, se croiseront de manière à former six rhombes qui donneront la surface du noyau.

Pour concevoir la structure du rhomboïde secondaire, reprenons le dodécaèdre à plans rhombes, que nous avons vu être produit en vertu d'un décroissement par une rangée de petits cubes, sur les douze bords d'un noyau cubique. L'effet de ce décroissement en général est de faire naître de part et d'autre de chaque bord, tel que O O$'$ (*fig.* 12), deux faces triangulaires O *r* O$'$, O *t* O$'$, qui se trouvant de niveau, forment un rhombe O *r* O$'$ *t*, dont la petite diagonale est le bord O O$'$, qui a servi de ligne de départ.

Imaginons maintenant que le noyau soit le rhomboïde primitif *a b a$'$ f* (*fig.* 18) de la chaux carbonatée. Concevons de plus que les lames de superposition décroissent par une rangée de petits rhomboïdes semblables à ce noyau, mais seulement sur les trois bords *a b, a f, a n,* qui se réunissent autour du sommet *a*, et sur ceux qui leur correspondent dans la partie inférieure. Alors au lieu de douze rhombes, il ne s'en formera plus que six, dont les petites diagonales se confondront comme dans l'autre cas avec les bords ab, af, an, etc.

Les autres parties des lames de superposition, c'est-à-dire, celles qui étant situées vers les bords inférieurs bd, df, fx, etc. ne participent point aux décroissemens, subiront aussi des variations, mais qui tendront seulement à prolonger les faces produites par ces décroissemens, de manière qu'elles s'entrecoupent. Il en résulte que les lames, au lieu de conserver la figure du rhombe, comme cela arriveroit si le décroissement se faisoit à la fois sur tous les bords, passeront successivement, à mesure qu'elles s'éloigneront du noyau, par la figure du pentagone et par celle du triangle. Le développement de la structure aidera à se faire une idée nette de ces variations.

Soit $abdf$ (*fig.* 19 A) le même rhombe que *fig.* 18, ce que nous dirons de ce rhombe s'appliquera aisément aux cinq autres. Supposons-le divisé comme le représente la *fig.* 19, en 81 rhombes partiels qui seront censés être les facettes extérieures d'autant de molécules, ce qui donne 729 molécules pour la totalité du noyau.

La première lame de superposition qu'il faudra appliquer sur le rhombe $abdf$, sera celle que l'on voit *fig.* 16 B, dans laquelle $U\,l\,Z\,d'$ représente la grande face extérieure, et $C\,U\,l\,h'$, $X\,Z\,l\,h'$, les deux petites faces supérieures. On disposera cette lame par rapport à la face $abdf$ (*fig.* 19 A), de manière que le point h' se confonde avec le point h, le point A' avec le point A, et le point B' avec le point B. On voit d'abord par cet arrangement que les deux rangées supérieures de la face $abdf$ (*fig.* 19 A) renfermées une à une entre les lignes ab, Ah d'une part, et af, Bh de l'autre, restent à découvert, ce qui met en exécution la loi de décroissement par une rangée de molécules.

La lame dont il s'agit est un pentagone qui résulte du retranchement des trois petits rhomboïdes destinés à le compléter vers le bas. Ce retranchement est nécessaire, pour que la lame se prête par sa figure à l'effet du décroissement, ainsi que nous l'expliquerons bientôt.

Les

Les deux rangées de rhomboïdes situées une à une de part et
d'autre des lignes Dd', Ed' (*fig.* B), sont ajoutées, pour que le
noyau soit enveloppé et continue de s'accroître vers les arêtes
bd, fd (*fig.* 19 A) qui correspondent à ces lignes. Ces deux
rangées étant suffisantes pour remplir le vide, on sent qu'il ne
faudroit point en ajouter de pareilles vers les bords adjacens des
lames de superposition appliquées sur les faces voisines. L'opération indiquera d'elle-même ce qui se présente à faire relativement à ces sortes d'additions.

La *fig.* 19 C représente la seconde lame de superposition qui
doit être appliquée sur la précédente, de manière que les points
i', D$'$, E$'$, d se confondent avec ceux qui sont marqués des mêmes
lettres (*fig.* 19 B). Comme le cristal doit prendre un nouvel accroissement vers les bords qui correspondent à Fd', Gd', on conçoit qu'au lieu d'une rangée ajoutée de part et d'autre des lignes
Dd', Ed' (*fig.* 19 B), il a fallu en ajouter deux (*fig.* 19 C) des
deux côtés des lignes Fd', Gd'.

On placera de même successivement les deux lames représentées par les *fig.* 19 D et 19 E, en observant que les lettres marquées d'un accent dans chaque figure, doivent coïncider avec
les mêmes lettres non accentuées dans la figure précédente.

Au-delà du terme qui répond à la *fig.* 19 E, les lames de superposition cessent d'envelopper les arêtes inférieures du cristal,
par leurs bords analogues à ces arêtes, et se réduisent à de simples triangles. C'est ce que l'on concevra, en considérant les lames
représentées par les *fig.* 19 F, 19 G, 19 H, dont les positions sont
déterminées d'après les mêmes conditions que ci-dessus.

Le nombre des rhomboïdes qui composent les différentes lames
allant toujours en diminuant, la dernière lame se réduit à un
simple rhomboïde d' (*fig.* 19 I), qui s'appliquera sur celui que
désigne la même lettre (*fig.* 19 H), et formera le sommet d'un
des angles solides latéraux du rhomboïde secondaire.

On voit maintenant pourquoi les lames de superposition prennent des figures successivement pentagonales et triangulaires en

partant du noyau. Par exemple , toute lame détachée du cristal (*fig.* 18) par une section qui passe entre l'angle *z* et les milieux des lignes *z t, z u*, est nécessairement triangulaire , et a la même structure que P′*t*′R′ (*fig.* 19 G), c'est-à-dire, qu'elle est réellement crénelée par sa base , en sorte que les cannelures imperceptibles qui existent sur le cristal produit par la nature aux endroits des bases de ces sortes de lames, sont sur le prolongement de celles qui proviennent du décroissement vers les bords. Il y a même des cristaux dont la surface, par l'effet d'un travail moins fini de la cristallisation, laisse apercevoir sensiblement des cannelures semblables , qui sillonnent toute l'étendue des faces dans des directions parallèles aux petites diagonales.

Décroissemens sur les angles.

Les décroissemens qui ont des arêtes pour lignes de départ, et que nous nommons *décroissemens sur les bords ,* ne suffisoient pas pour expliquer toutes les diversités de formes que présentent les cristaux secondaires. L'observation et le calcul prouvent qu'il faut encore admettre des décroissemens qui aient des angles pour points de départ, et dont l'action s'exerce parallèlement aux diagonales. Nous les appellerons *décroissemens sur les angles.*

Pour aider à concevoir la méthode que j'ai suivie dans la recherche de ces nouveaux décroissemens, je remarquerai que les mêmes substances qui offrent le dodécaèdre à plans pentagones, originaire du cube, et qui pourroient de même prendre la forme du dodécaèdre à plans rhombes, se rencontrent aussi sous celle de l'octaèdre régulier. Or il semble au premier aperçu qu'il soit possible de ramener la structure de cet octaèdre à un décroissement sur les bords d'un cube ; car si l'on se borne à faire décroître les lames de superposition, seulement sur les bords de deux faces opposées de ce cube, par exemple, sur ceux de la base supérieure A E O I (*fig.* 20) et de l'inférieure A′E′O′I′, on aura en général deux pyramides appliquées sur ces mêmes bases ; et

si l'on suppose de plus que les faces de chaque pyramide se prolongent jusqu'à rencontrer celles de l'autre pyramide, ce qui ne
fait autre chose que continuer l'effet de la loi des décroissemens
dans l'espace situé entre les bases du cube, on parviendra à un
octaèdre, dont les angles varieront suivant que la loi déterminera
un nombre plus ou moins considérable de rangées soustraites.
Mais la théorie démontre qu'il n'y a aucune loi, quelque compliquée qu'on la suppose, qui soit susceptible de donner des
triangles équilatéraux pour les faces de cet octaèdre.

D'une autre part, si l'on divise un octaèdre régulier originaire
du cube, on s'aperçoit que le noyau cubique est situé dans cet
octaèdre, de manière que chacun des six angles solides du premier répond au centre d'une des faces du second, ce qui ne pourroit avoir lieu dans l'hypothèse d'un décroissement sur les bords.
La *fig.* 20 représente cet assortiment, et l'on conçoit à sa seule
inspection que pour obtenir le noyau, il faudroit abattre successivement les six angles solides de l'octaèdre par des coupes perpendiculaires sur les axes qui passent par ces mêmes angles, lesquelles seroient nécessairement parallèles aux faces du cube.

J'ai conclu de la relation de position dont je viens de parler,
jointe à l'impossibilité d'appliquer ici le calcul théorique, que
la loi des décroissemens arrivoit à son but, dans ces sortes de cas,
par une marche différente de celle qui mène aux formes décrites précédemment, et les recherches relatives à cet objet ont
développé un nouvel ordre de faits qui ajoute beaucoup à la
fécondité de la cristallisation et en même temps à celle de la
théorie.

Soit OII'O' (*fig.* 21) une des faces du noyau cubique, soudivisée en une multitude de petits carrés qui seront les bases d'autant de molécules. On peut considérer des rangées ou des files
de molécules dans deux sens différens, savoir dans le sens des
arêtes, comme la rangée désignée par les lettres *a*, *n*, *q*, *r'*, *s'*, etc.
ou dans le sens des diagonales, comme les rangées dont l'une est
désignée par *a*, *b*, *c*, *d*, *e*, *f*, etc. ; l'autre par *n*, *t*, *l*, *m*, *p*,

o, r, s, une troisième par *q, v, k, u, x, y, z,* etc. Voyez la *fig.* 22, qui représente séparément une de ces rangées.

Les molécules des rangées parallèles aux bords se touchent par une de leurs faces, et les rangées elles-mêmes sont simplement juxta-posées. Les molécules des rangées parallèles aux diagonales ne se touchent que par une arête, et les rangées s'engrènent les unes dans les autres. Or il paroît bien prouvé que les lames empilées sur les faces d'un noyau cubique ou autre, décroissent aussi successivement dans plusieurs cas par des soustractions de ces rangées parallèles aux diagonales.

Ici les faces produites en vertu du décroissement ne sont plus simplement sillonnées par des stries, comme dans les décroissemens sur les bords, mais hérissées de pointes qui, étant toutes de niveau, et échappant à l'œil par leur petitesse, s'offrent sous l'aspect d'une surface plane.

Or, si l'on imagine que les lames qui s'appliquent les unes sur les autres, en partant des faces d'un cube, décroissent par une seule rangée sur tous les angles de ces mêmes faces, ce décroissement produira l'octaèdre régulier dont nous avons indiqué la division mécanique.

Pour mieux faire concevoir ce résultat, adoptons encore ici la méthode synthétique, et parcourons la série des lames de superposition, en indiquant les variations auxiliaires qu'elles subissent, et qui secondent l'effet du décroissement auquel tout se rapporte.

Soit A E O I (*fig.* 23 A, *pl. IV*) la base supérieure du noyau soudivisée en quatre-vingt-un petits carrés ou facettes de molécules. Ce que nous dirons relativement à cette base doit s'entendre également des cinq autres faces du cube.

La *fig.* 23 B représente la première lame de superposition, qui doit être placée au-dessus de A E O I (*fig.* 23 A), de manière que le point *e'* réponde au point *e*, le point *a'* au point *a*, le point *o'* au point *o*, et le point *i'* au point *i*. On voit d'abord par cette disposition que les carrés E *e*, A *a*, O *o*, I *i* (*fig.* A) restent à vide, ce qui est l'effet initial de la loi de décroissement indiquée. On voit de plus que les rebords Q V, P N, L C, F G (*fig.* B) dépassent d'une rangée les rebords E A, E O, O I, I A (*fig.* A), comme cela est nécessaire pour que le noyau soit enveloppé vers ces mêmes bords, et que le solide s'accroisse à l'ordinaire dans les parties auxquelles le décroissement ne s'étend pas.

La face supérieure de la seconde lame sera semblable à B K H D (*fig.* 23 C), et il faudra placer cette lame au-dessus de la précédente, de manière que les points e'', a'', i'', o'' répondent aux points e', a', i', o' (*fig.* B), ce qui laisse à vide les carrés qui ont leurs angles extérieurs situés en Q, S, R, P, V, T, M, G, etc. et continue d'effectuer le décroissement par une rangée. On voit encore ici que le solide s'accroît successivement vers les bords analogues à E A, E O, A I, O I (*fig.* A), puisqu'entre B et H, par exemple (*fig.* C), il y a treize carrés, au lieu qu'il n'y en a que onze entre Q V et L C (*fig.* B); mais comme l'effet du décroissement resserre de plus en plus la surface des lames dans le sens des diagonales, il n'est plus besoin que d'ajouter vers les bords non décroissans un seul cube désigné par B, K, H ou D (*fig.* C), au lieu des cinq qui terminent la lame précédente, le long des lignes Q V, P N, L C, F G (*fig.* B).

Les grandes faces des lames de superposition, qui jusqu'alors étoient des octogones Q V G F C L N P (*fig.* B), étant parvenues à la figure du carré B K H D (*fig.* C) (1), décroîtront, passé ce terme, de tous les côtés à la fois, en sorte que la lame suivante aura pour sa grande face supérieure le carré $B'K'H'D'$ (*fig.* D) moindre d'une rangée dans tous les sens que le carré B K H D (*fig.* C); on disposera le premier au-dessus du second, de manière que les points c', f', h', g' (*fig.* D) répondent aux points c, f, h, g (*fig.* C).

---

(1) Dans le cas présent, cette figure a lieu dès la seconde lame de superposition. En prenant un noyau composé d'un plus grand nombre de molécules, il est évident qu'on auroit une limite plus reculée.

Les *fig.* E , F , G , H représentent les quatre lames qui doivent s'élever successivement au-dessus de la précédente, avec cette condition que les lettres semblables se correspondent comme ci-dessus. La dernière lame se réduira à un simple cube désigné par z' (*fig.* I), et qui doit reposer sur celui qu'indique la même lettre (*fig.* H).

Il suit de tout ce qui vient d'être dit que les lames de superposition appliquées sur la base E A I O (*fig.* A), produisent par l'ensemble de leurs bords décroissans quatre faces qui, en partant des points E , A , I , O, s'inclinent les unes vers les autres sous la forme d'un sommet pyramidal.

Remarquons maintenant que les bords dont il s'agit ont des longueurs qui commencent par augmenter, comme on peut en juger par l'inspection des *fig.* B et C, puis vont en diminuant, ainsi qu'on en jugera par les figures suivantes. Il résulte de là que les faces produites par ces mêmes bords vont en s'élargissant depuis leur naissance jusqu'à un certain terme, passé lequel elles se retrécissent ; de sorte qu'elles forment un assemblage de deux triangles réunis base à base, c'est-à-dire un quadrilatère. On voit (*fig.* 24) un de ces quadrilatères dans lequel l'angle inférieur o se confond avec l'angle O du noyau (*fig.* 20), et la diagonale tx représente le bord H K (*fig.* 23 C) de la lame B K H D, qui est la plus étendue dans le sens de ce même bord. Et comme le nombre des lames de superposition qui produisent le triangle tox (*fig.* 24) est moindre que celui des lames d'où résulte le triangle tsx, puisqu'il n'y a ici qu'une seule lame qui précède la lame B K H D (*fig.* C), tandis qu'il y en a six qui la suivent jusqu'au cube z (*fig.* I) inclusivement, le triangle tsx (*fig.* 24) composé de la somme des bords de ces dernières lames aura beaucoup plus de hauteur que le triangle inférieur tox, ainsi que l'exprime la figure.

La surface du solide secondaire sera donc formée de vingt-quatre quadrilatères, disposés trois à trois autour de chaque angle solide du noyau ; mais comme dans les décroissemens par

une simple rangée sur tous les bords, les faces produites de part
et d'autre de chaque bord se trouvent sur un même plan, ainsi
dans les décroissemens par une rangée sur tous les angles, les
faces qui naissent des trois côtés de chaque angle solide tel que O
(*fig.* 20) sont de niveau, en sorte qu'elles n'en forment qu'une
seule ; et puisque le cube a huit angles solides composés chacun
de trois angles plans, le cristal secondaire aura huit faces, qui,
à cause de la régularité du noyau, seront des triangles équilatéraux, c'est-à-dire, que le cristal secondaire sera un octaèdre
régulier. Un de ces triangles est représenté (*fig.* 26) de manière
à faire juger au simple coup d'œil de l'assortiment des cubes qui
concourent à le former.

Ce niveau des faces produites par des soustractions d'une rangée de part et d'autre d'une même arête, ou autour d'un même
angle solide, est un résultat général de la cristallisation qui a
lieu pour une forme primitive quelconque.

Le cas que nous venons de considérer, et qui a lieu dans la
soude muriatée, le fer sulfuré, le plomb sulfuré, etc. nous offre
un nouvel exemple d'une forme qui, étant primitive dans certaines espèces, fait dans d'autres la fonction de forme secondaire. La théorie trace ainsi la limite qui sépare des objets que
l'œil seroit tenté de confondre.

Si les décroissemens n'avoient pas leur effet complet, c'est-à-
dire, s'arrêtoient en deçà du terme où les faces qu'ils produisent
tendent à se réunir en pointe, il resteroit sur le cristal secondaire
des faces parallèles à celles du noyau. Le premier auroit alors
quatorze faces, savoir six disposées comme celles d'un cube, et
huit situées comme celles d'un octaèdre régulier. Rien n'est si
commun dans les cristaux de fer sulfuré, que cette modification
à laquelle nous donnons le nom de *fer sulfuré cubo-octaèdre.*

Ici revient la remarque que nous avons faite à l'égard des décroissemens sur les bords. Si l'on se borne à considérer l'effet
immédiat des décroissemens sur les angles de deux faces opposées, par exemple, sur ceux des bases $AEOI$, $A'E'O'I'$ (*fig.* 20),

et si l'on imagine ensuite que les huit faces auxquelles ces décroissemens donnent naissance se prolongent entre les bases
jusqu'au point de s'entrecouper, le résultat sera toujours un
octaèdre régulier, en supposant que les décroissemens parviennent à leur limite.

Si la loi de ces décroissemens suivoit une marche plus rapide,
c'est-à-dire, s'il y avoit plus d'une rangée de soustraite, alors
les trois trapézoïdes *stox, mtor, nrox* (*fig.* 25) qui se formeroient autour d'un même angle solide, ne seroient plus sur
un plan unique ; ils s'inclineroient les uns vers les autres, et le
solide secondaire auroit vingt-quatre faces qui seroient aussi des
trapézoïdes, mais d'une autre mesure d'angles.

L'analcime trapézoïdal a une structure de ce genre, qui dépend
d'un décroissement par deux rangées sur tous les angles du cube
primitif. La forme qui en résulte est tout-à-fait semblable
à celle du grenat trapézoïdal ; mais cette ressemblance n'est
qu'extérieure, et cache une forme primitive toute différente
de celle du grenat, cette dernière étant le dodécaèdre à plans
rhombes.

Choisissons maintenant pour forme primitive le rhomboïde
représenté par la *fig.* 27, qui diffère du cube en ce qu'il est un
peu aigu.

Supposons que les lames qui s'appliquent sur toutes les faces
de ce rhomboïde décroissent seulement sur les angles contigus
aux sommets A, O′, et que ce décroissement ait lieu par deux rangées. Alors au lieu de vingt-quatre faces, il ne s'en formera
plus que six ; et si on les conçoit prolongées jusqu'à ce qu'elles
se rencontrent, elles composeront la surface d'un rhomboïde
très-obtus qui sera la forme secondaire.

La *fig.* 28 représente ce dernier rhomboïde avec son noyau.
On y voit que ses sommets A, O′ se confondent avec ceux du
rhomboïde primitif, qui sont les termes de départ des décroissemens, et que chacune de ses faces, telle que A *e o i*, correspond
à l'une des faces A E O I du noyau, de manière que la diagonale

qui

qui passe par les points c, i, est parallèle à celle qui va de E en I et a seulement une position plus relevée.

L'observation fait voir que ce résultat est réalisé par la cristallisation dans une variété du fer oligiste qui porte le nom de *fer oligiste binaire*.

Les décroissemens qui ont lieu sur l'angle soit supérieur, soit inférieur, sont susceptibles de plusieurs variations sur lesquelles il est à propos d'entrer dans quelques détails. Je vais essayer de représenter ces variations à l'aide d'une méthode graphique qui en facilitera l'intelligence.

Soit $G\,g$ (*fig.* 29) un rhomboïde quelconque qui ait ses sommets en S et s, soit $S\,g''\,s\,G''$ (*fig.* 30) un quadrilatère pris sur les diagonales obliques $S\,g''$, $G''s$ de deux faces opposées, et sur les arêtes SG'', $s\,g''$ comprises entre ces diagonales. Ce quadrilatère que j'appelle la *coupe principale* du rhomboïde est ici soudivisé en une multitude de petits quadrilatères semblables qui représentent les coupes principales d'autant de molécules; soit enfin $S\,G\,g''\,G'$ (*fig.* 31) la même face que *fig.* 29, soudivisée en facettes de molécules. Si l'on suppose que l'angle g'' subisse un décroissement par une simple rangée, le petit rhomboïde qui répond à $n\,o\,g''z$ sur la première lame de superposition se trouvera soustrait, d'où il suit que le bord de cette lame aura la direction $o\,z$, et que la distance entre l'angle g'' qui est le terme de départ du décroissement et le même bord sera mesurée par une demi-diagonale oblique $g''r$ de molécule.

Si le décroissement se fait par deux rangées, auquel cas le bord de la première lame de superposition correspondra à $c\,d$, la distance dont il s'agit sera mesurée par une diagonale oblique entière $g''n$ de molécule. De là nous conclurons qu'en général dans les décroissemens sur les bords la distance entre une lame et la suivante, qui est la même que celle entre le point de départ et le bord de la première lame, équivaut à autant de demi-diagonales de molécule qu'il y a de rangées soustraites; au lieu que dans les décroissemens sur les bords la distance entre deux lames

consécutives renferme un nombre de largeurs entières de molécule égal au nombre de rangées soustraites.

Cela posé, concevons un décroissement par deux rangées sur
l'angle g''. Dans ce cas, le quadrilatère *n e a p* (*fig.* 3o) étant une
coupe faite sur la première lame de superposition (1), le bord
décroissant de cette lame coïncidera avec la petite arête *e n ,*
puisque $g''n$ est la même diagonale que *fig.* 31. Donc si l'on mène
la droite $g''e h$, elle se trouvera couchée sur la face produite par
le décroissement. Or dans ce cas, $g h$ est parallèle à l'axe $S s$, ainsi
qu'on le démontre à l'aide de la géométrie ; d'où il suit que les
faces secondaires sont disposées comme les pans d'un prisme.

Si le décroissement suivoit une marche plus rapide, comme
s'il avoit lieu par quatre rangées, auquel cas le bord de la première lame de superposition coïncideroit avec la ligne *y q*, alors
la ligne $g''q S'$ indiqueroit la position des faces produites par le
décroissement ; d'où l'on voit qu'elles se releveroient au-dessus
de celles du noyau, et composeroient la surface d'un rhomboïde
plus aigu que ce noyau.

Si au contraire le décroissement avoit lieu en hauteur, alors
la ligne $u g''s'$ que nous supposons indiquer la position des faces
produites, se rejeteroit vers la partie inférieure de l'axe ; d'où
l'on conclura que dans ce cas les faces du cristal secondaire, qui
seroit toujours un rhomboïde, se trouveroient situées en sens
contraire de celles du noyau, c'est-à-dire qu'elles seroient tournées vers les arêtes de celui-ci.

L'hypothèse d'un décroissement par deux rangées en hauteur
donne ici un résultat remarquable, qui consiste en ce que le
rhomboïde secondaire est absolument semblable au noyau. Nous
verrons, en parlant de certaines variétés du quartz et de la tourmaline, qu'en se bornant à considérer certaines facettes prises

---

(1) Nous faisons ici abstraction de la manière dont cette coupe est terminée
par sa partie supérieure *a p*, et nous ne considérons que la partie située vers
l'angle g''.

parmi celles qui les terminent, et en supposant ces facettes prolongées jusqu'à s'entrecouper, on auroit une de ces imitations de
la forme primitive donnée par une loi de décroissement.

Passons à l'angle supérieur S, et supposons d'abord une seule
rangée de soustraite. Si du milieu t de la diagonale oblique Sp,
on élève tx parallèle et égale à pa, cette ligne sera couchée sur
le bord de la première lame de superposition, puisque la distance
entre l'angle S et ce bord est égale à une demi-diagonale oblique
de molécule. La ligne Sxh se confondra donc avec la face produite qui sera perpendiculaire à l'axe.

Un décroissement plus rapide, tel que celui qui auroit lieu par
deux rangées en largeur, donneroit des faces inclinées comme
la ligne Sai, c'est-à-dire que le cristal secondaire seroit un
rhomboïde tourné comme le noyau et plus obtus. Ce cas est celui
du fer oligiste binaire dont nous avons parlé plus haut.

Enfin le décroissement se fait-il en hauteur ? Alors les faces
produites dont une est censée correspondre à la ligne KSm, se
rejeteront de l'autre côté de l'axe, d'où il est facile de voir qu'elles
regarderont les arêtes du noyau, en sorte que le rhomboïde
secondaire aura une position renversée par rapport à celle de ce
noyau.

La cristallisation offre des exemples de ces différens résultats.
Ceux qui ont rapport aux deux limites données par les positions
parallèles ou perpendiculaires à l'axe, sont constans, c'est-à-
dire qu'ils ont lieu pour tous les rhomboïdes primitifs possibles.
Dans les autres cas, l'inclinaison des faces produites par un même
décroissement varie suivant les angles du rhomboïde primitif.

Les stries et cannelures qui sillonnent les faces des cristaux
secondaires, lorsque l'opération de la nature n'a pas atteint le
degré de fini et de perfection dont elle est susceptible, indiquent
souvent, par leurs directions, celles que suivent les bords des
lames de superposition; et ces accidens qui confirment la théorie
dans les corps divisibles mécaniquement, peuvent aussi faire
entrevoir la marche de la cristallisation et le sens des lames

composantes dans ceux qui se refusent à la division mécanique , et aider à saisir , par l'analogie , la forme et la position du noyau qui échappent à l'observation. Cependant on ne doit user qu'avec réserve des indices qui se tirent de ces accidens, puisqu'il arrive quelquefois que la surface même du noyau est striée. Cette singularité paroît être l'effet d'un décroissement ébauché qui éprouve de si grandes intermittences, que les faces qui en résultent coïncident sensiblement avec les faces primitives. De même il n'est pas impossible que les faces d'un cristal secondaire aient des stries dans un sens différent de celui qui devroit résulter de la marche des décroissemens. Mais il y a des cas, tels que celui de certains grenats à 24 trapézoïdes, où les stries sont si parlantes qu'elles décèlent visiblement le mécanisme de la structure.

Décroissemens mixtes.

On appelle ainsi les décroissemens dans lesquels les nombres de rangées soustraites en largeur et en hauteur, donnent des rapports dont les deux termes surpassent l'unité. Tels sont les décroissemens qui ont lieu par deux rangées en largeur, et par trois rangées en hauteur, ou par trois rangées en largeur et deux en hauteur, etc. On voit que leur théorie peut être facilement ramenée à celle des décroissemens où il n'y a qu'une seule rangée de soustraite dans l'un des deux sens.

Décroissemens intermédiaires.

Nous avons vu que dans le cas d'un décroissement par une rangée autour d'un même angle solide O (*fig.* 20), les trois faces produites étoient toujours de niveau, et qu'alors on pouvoit se borner à considérer l'effet du décroissement par rapport à l'un des angles plans qui concouroient à la formation de l'angle solide, en supposant que cet effet se prolongeât au-dessus des faces voisines. Dans ce cas, les décroissemens qui ont lieu sur ces

dernières faces sont censés intervenir subsidiairement, pour favo-
riser l'action du décroissement principal.

En général, toutes les fois qu'un angle solide de la forme primitive subit des décroissemens qui tendent à faire naître une
facette à sa place, quelle que soit la loi de celui auquel on rapporte la production de cette facette, il y a toujours des décroissemens auxiliaires dont le concours est nécessaire pour que la
facette dont il s'agit soit prolongée convenablement.

Or, lorsque ce décroissement que l'on considère de préférence
a lieu par deux rangées ou un plus grand nombre, les décroissemens auxiliaires qui font continuité avec lui, suivent une loi
toute particulière dont la considération est l'objet de cet article.

Soit A A' (*fig.* 32) un parallélipipède quelconque qui subisse
un décroissement par deux rangées sur l'angle E O I de sa base
A E O I. Il est évident que les bords des lames de superposition
auront des directions bc, rs (1), parallèles à la diagonale qui
va de E en I, et tellement situées qu'il y aura sur les côtés O E,
O I, deux arêtes de molécules comprises soit entre le terme de
départ O et bc, soit entre bc et rs. Mais comme nous l'avons
dit, les lames appliquées sur les faces adjacentes I O A' K,
E O A' H, subissent aussi des variations ou des décroissemens
auxiliaires qui continuent l'effet du décroissement sur l'angle
E O I. Or, telles sont ici ces variations, que les bords des lames
empilées sur la face I O A'K ont les directions cg, st, et que
ceux des lames qui s'élèvent sur la face E O A'H sont alignés
comme bg, rt. Car puisque le bord inférieur de la première lame

______

(1) Il faut concevoir que les soustractions qui sont ici représentées sur le
quadrilatère A E O I, ont lieu successivement sur les différentes lames de superposition. Les distances entre chacune de ces lames et la suivante étant les
mêmes que celle qui existe entre les lignes bc, rs, et toutes les autres semblablement situées, on peut, pour plus grande commodité, rapporter tout, comme
nous le faisons ici, au quadrilatère A E O I, comme à une espèce d'échelle qui
donne les mesures des soustractions opérées par le décroissement sur les lames
correspondantes.

appliquée sur AEOI coïncide avec *bc*, et que la hauteur de cette lame répond à une arête de molécule, on concevra avec un peu d'attention que le plan *bcg* qui, d'une part, coïncide aussi avec *bc*, et de l'autre s'écarte de la base AEOI d'une quantité mesurée par une arête O*g* de molécule, est nécessairement parallèle à la face produite par le décroissement. Il en est de même du plan *rts*, d'où il suit que si l'on supprime la partie située au-dessus de *rts*, on aura un solide sur lequel la facette *rts* représentera l'effet du décroissement que nous considérons.

Observons maintenant que les directions *c g*, *s t* (*fig.* 32) des lames appliquées sur la face IOA′K (et il en faut dire autant de la face EOA′H) en vertu du décroissement auxiliaire, ne sont plus parallèles ni à l'arête ni à la diagonale, mais comprises entre l'une et l'autre. A plus forte raison le défaut de parallélisme aura-t-il lieu, si l'on suppose que le décroissement sur l'angle EOI de la base se fasse par trois, quatre rangées, etc. Ce sont les décroissemens de ce genre que nous appelons *intermédiaires*, et l'on conçoit qu'ils peuvent se rapporter à une infinité de directions différentes, suivant qu'ils s'écartent plus ou moins de l'une ou l'autre de leurs limites, qui sont le parallélisme avec les arêtes, et le parallélisme avec les diagonales.

Dans les cas semblables à celui de la *fig.* 32, on évite l'espèce de complication qui naîtroit de la considération immédiate de ces décroissemens intermédiaires, en les supposant renfermés dans le décroissement principal. Mais il existe certains cristaux dans lesquels les trois décroissemens considérés autour d'un même angle solide sont tous intermédiaires. On choisit alors le plus simple pour le principal, en regardant les deux autres comme auxiliaires.

La *fig.* 33 représente un cas de ce genre : *cn* qui est le bord de la première des lames appliquées sur AEOI, se trouve située de manière que sur le côté OI il y a trois arêtes de molécules soustraites, et que sur le côté OE il n'y en a qu'une. *np* qui est le bord de la première des lames appliquées sur IOA′K, indique trois arêtes de molécules soustraites le long de OI, et deux le long de O A′; cp qui est le bord de la première des lames empilées sur EOA′H, détermine une soustraction de deux arêtes sur O A′ et d'une seule sur OE.

Maintenant il est facile de voir que les choses se passent, relativement aux différentes faces situées autour de l'angle O, comme si les molécules qui composent les lames de superposition étant liées invariablement plusieurs ensemble, formoient d'autres molécules d'un ordre plus élevé, et comme si les soustractions se faisoient par des rangées de ces dernières molécules. Ainsi, il y aura sur la base AEOI un décroissement de molécules triples par deux rangées en hauteur, puisque d'une part le quadrilatère $cOnz$, qui représente la base d'une molécule composée, équivaut à trois bases de molécules simples, et que la ligne Op qui correspond à la hauteur d'une lame de superposition renferme deux arêtes de molécules simples. On concevra de même que le décroissement relatif à la face EOA′H se fait par trois rangées en hauteur de molécules doubles, à cause que $cOpx$ renferme deux bases de molécules simples, et que On est égale à trois arêtes de molécules simples. Enfin, dans le décroissement qui agit sur IO A′K, il y a soustraction d'une seule rangée de molécules triples dans un sens et doubles dans l'autre.

Entre ces trois décroissemens, celui qu'il paroîtroit le plus naturel d'adopter comme principal, est le second qui a lieu sur la face EOA′H, parce que c'est celui dont la direction s'écarte le moins de celle de la diagonale qui va de A′ en E; ou si l'on veut, parce qu'il se fait par des molécules doubles, et par conséquent moins composées que celles qui sont soustraites en vertu des deux autres décroissemens. Il est vrai que sa mesure dans le sens de la hauteur est plus grande que celle des autres décroissemens. Mais on doit moins faire attention à cet élément qui lui est commun avec les décroissemens ordinaires, qu'aux différences qui l'en séparent.

Donnons maintenant quelques exemples de décroissemens

intermédiaires. Soit O I l'O' (*fig.* 34) une des faces d'un noyau cubique. Concevons un décroissement qui ait lieu sur tous les angles par des soustractions de molécules doubles. Dans ce cas, les bords des lames de superposition seront dirigés comme les lignes *d n, k m, a b, e h,* etc. dans l'hypothèse d'une seule rangée soustraite.

Soit E I' (*fig.* 35) le noyau cubique. Supposons que les décroissemens se fassent parallèlement aux lignes *k m, l m, k r, l r,* toujours par des soustractions de molécules doubles, mais de manière qu'il y ait trois rangées de soustraites dans le sens de la largeur et deux dans celui de la hauteur, auquel cas les décroissemens seront à la fois intermédiaires et mixtes. Supposons de plus que les bords des lames de superposition, considérés sur les trois faces situées autour d'un même angle solide O, aient des directions croisées; en sorte que par rapport à la face O I l'O', le plus grand nombre d'arêtes de molécules soit soustrait sur le côté O I; que par rapport à la face E O O'E', il le soit sur le côté O O'; et que par rapport à la face E A I O, il le soit sur le côté E O.

L'effet de ces divers décroissemens sera de faire naître autour de chaque angle solide trois faces qui seront situées de biais par rapport à celles du noyau; et parce que le cube a huit angles solides, le cristal secondaire aura vingt-quatre faces qui tendront à se réunir quatre à quatre, en forme de sommet pyramidal, au-dessus de chaque face du noyau. Mais si l'on suppose que le décroissement n'atteigne pas sa limite, il restera six faces parallèles à celles du noyau, et l'on aura le polyèdre à trente faces, ou le triacontaèdre représenté *fig.* 36.

En comparant cette figure avec la 35ᵉ, on concevra facilement que les faces *k m l r, k' m' l' r', k'' m'' l'' r''* (*fig.* 36) qui répondent à celles du noyau, doivent être des rhombes, et parce que le nombre d'arêtes de molécules soustraites le long de E O (*fig.* 35) est double de celui d'arêtes soustraites le long de O I, et ainsi des autres côtés; la grande diagonale du rhombe sera double de la petite, et l'angle obtus sera de 126ᵈ: 52' 8'', ce qui est la mesure

de

de l'incidence des faces du dodécaèdre à douze pentagones (*fig.* 14) aux endroits des arètes tn, pq, etc.

A l'égard des faces $ml'r'o$, $or'k''r''$, etc. (*fig.* 36) produites par le décroissement, elles seront des trapézoïdes tous egaux et semblables; et si l'on prend pour exemple le trapézoïde $ml'r'o$, on aura l'angle m de $57^{d.}$ $0'$ $50''$, l'angle o de $116^{d.}$ $6'$ $13''$, l'angle l' de $111^{d.}$ $50'$ $44''$, et l'angle r' de $75^{d.}$ $2'$ $13''$.

Cette forme est celle d'une des variétés du fer sulfuré. La géométrie a aussi son triacontaèdre, dont toutes les faces sont des rhombes égaux et semblables. Ce solide jouit de plusieurs propriétés intéressantes qui seront démontrées dans la partie du calcul.

Supposons maintenant des décroissemens intermédiaires vers les deux angles latéraux G, G' (*fig.* 31) des faces d'un rhomboïde, et toujours par des rangées de molécules doubles, c'est-à-dire parallèlement aux lignes um, xy, $u'm'$, $x'y'$. Il est visible que ces décroissemens produiront au-dessus de chaque rhombe primitif, tel que $SGg''G'$, deux faces qui en partant des angles G, G', convergeront l'une vers l'autre, et iront se réunir sur une arête commune située au-dessus de la diagonale Sg'', mais inclinée à cette diagonale. On aura donc, pour le résultat complet du décroissement, douze faces disposées six à six vers chaque sommet.

La *fig.* 37 représente un de ces solides, qui résulte d'un décroissement par une simple rangée de molécules doubles, en sorte que les bords des lames de superposition gardent entre eux les mèmes distances que sur la *fig.* 31. Ce solide est circonscrit à son noyau, qui est celui de la chaux carbonatée; aba' (*fig.* 37) indique le sens d'une coupe qui seroit parallèle à la face $SGg''G'$, et qui est indiquée par les mêmes lettres (*fig.* 31), et l'on conçoit aisément que les bords de cette coupe doivent être alignés comme ceux d'une même lame de superposition. La chaux carbonatée paradoxale, trouvée par le citoyen Tonnellier, est semblable à ce dodécaèdre, abstraction faite de quelques facettes additionnelles.

<table>
<tr><td>Tome I.</td><td>G</td></tr>
</table>

On voit ici que le noyau ne touche le cristal secondaire que par ses angles latéraux, qui sont situés sur les arêtes B*S'*, D*s'*, C*s'*, etc. Au lieu que dans la chaux carbonatée métastatique, qui est un dodécaèdre du même genre, c'est-à-dire à faces triangulaires scalènes, les arêtes latérales du noyau se confondent avec celles qui correspondent à BC, CD, DF, etc.

Ceci nous conduit à une hypothèse qui mettra en évidence une propriété remarquable du dodécaèdre paradoxal. Si l'on imagine six plans coupans qui passent l'un par les points C, D, F; un second par les points B, C, D; un troisième par les points G, B, *h*, etc. ce qui est une manière de diviser le cristal, analogue à celle que l'on emploie pour extraire le noyau du métastatique, on obtiendra aussi un rhomboïde, mais qui n'existera qu'en conception, puisque le cristal ne se prête point à cette sorte de division. Or le calcul démontre que ce rhomboïde est semblable à celui de la chaux carbonatée inverse, dont l'angle au sommet est de $75^{d.}$ $31'$ $20''$.

De plus, si l'on considère ce rhomboïde comme un noyau fictif, on trouve que le dodécaèdre pourroit être à son égard une forme secondaire, qui résulteroit d'un décroissement par trois rangées sur les bords inférieurs.

Reprenons le véritable noyau, et concevons que le décroissement intermédiaire au lieu de se faire par une rangée de molécules doubles, comme dans le solide paradoxal, ait lieu par cinq rangées en largeur et quatre en hauteur. Alors le cristal secondaire devient semblable au métastatique lui-même; et si jamais ce résultat se rencontroit dans la nature, l'œil y seroit d'autant plus facilement trompé, que le noyau hypothétique s'offriroit sous l'apparence d'un noyau réel.

On voit par ces détails, auxquels je pourrois donner beaucoup plus d'étendue, que les lois intermédiaires dont l'existence est d'ailleurs bornée jusqu'ici à un assez petit nombre de cas, produisent des formes aussi simples que celles qui naissent des lois ordinaires, et que leur théorie conduit même à des résultats qui mériteroient d'être suivis et développés comme simple objet de curiosité.

Formes secondaires composées.

Nous appelons *formes secondaires simples* celles qui proviennent d'une loi unique de décroissement dont l'effet masque le noyau, qui ne touche leur surface que par certains points ou certaines arêtes, et *formes secondaires composées* celles qui proviennent de plusieurs lois simultanées de décroissement, ou d'une seule loi qui n'a pas atteint sa limite ; en sorte qu'il reste des faces parallèles à celles du noyau, et qui concourent avec les faces produites par le décroissement pour modifier la forme du cristal secondaire.

Supposons, par exemple, que la loi qui donne l'octaèdre originaire du cube (*fig.* 20, *pl. III*) se combine avec celle d'où résulte le dodécaèdre à faces pentagonales (*fig.* 15, *pl. II*). La première fera naître huit faces qui auront pour centres les angles solides du noyau ; et il est aisé de voir que chacune de ces faces, celle par exemple dont le centre coïncide avec l'angle solide O (*fig.* 14 et 15), sera parallèle au triangle équilatéral dont les côtés passeroient par les points p, s, t. De même la face dont le centre se confondra avec l'angle O' sera parallèle au triangle équilatéral dont les côtés passeroient par les points s, n, p'; mais la seconde loi produit des faces situées comme les pentagones coupés par les côtés des triangles $p\,s\,t$, $s\,n\,p'$. Or les sections de ces triangles sur le pentagone $t\,O\,s\,O'\,n$ réduisent celui-ci en un triangle isocèle qui a pour base la ligne $t\,n$, et dont les deux autres côtés passent, l'un par les points t, s, l'autre par les points n, s. Il en est de même des autres pentagones, d'où il suit que le solide secondaire sera un icosaèdre terminé par huit triangles équilatéraux et douze triangles isocèles.

La *fig.* 38, *pl. V*, représente cet icosaèdre marqué de lettres dont la correspondance avec celles des *fig.* 14 et 15 rend sensible à l'œil la relation entre les deux solides; mais cet icosaèdre a des dimensions beaucoup plus grandes que celles de l'icosaèdre que l'on obtiendroit artificiellement, en faisant des sections sur les huit angles solides du dodécaèdre de la *fig.* 14, qui se confondent avec ceux du noyau. Cette augmentation de dimensions étoit nécessaire pour conserver au noyau un volume constant. Eclaircissons ceci par un plus ample développement.

Si l'on vouloit obtenir le noyau de l'icosaèdre de la *fig.* 38, il est évident qu'il faudroit diriger les plans coupans parallèlement aux arétes $r\,s$, $t\,n$, $p\,q$, etc. (*fig.* 14 et 38), de manière qu'ils fussent également inclinés sur les faces dont elles forment la jonction. Ces plans passeroient en même temps sur les triangles équilatéraux $p\,s\,t$, $s\,n\,p'$, etc. et l'on auroit le noyau, lorsqu'ils se rencontreroient tous aux endroits des centres des triangles équilatéraux.

Il suit de là que le noyau dont les arétes O I, O E, etc. (*fig.* 15) étoient à découvert sur le dodécaèdre, est au contraire entièrement engagé dans l'icosaèdre (*fig.* 38), excepté par ses angles solides, qui ne sont que des points, et qui se confondent, comme nous l'avons dit, avec les centres des triangles équilatéraux. Cela posé, pour se faire une idée nette de la structure de l'icosaèdre, il faut concevoir que les lames qui s'appliquent d'abord sur le noyau, jusqu'à un certain terme, décroissent seulement par leurs angles, comme si le solide secondaire devait être simplement un octaèdre. Au‑delà de ce terme, le décroissement sur les angles continuant toujours, il en survient un nouveau qui se combine avec lui, et qui étant relatif au dodécaèdre produit les douze triangles isocèles. De cette manière, on conçoit comment le noyau est renfermé tout entier dans le dodécaèdre, à la réserve des angles solides, parce que les premières lames de superposition, qui ne décroissoient que sur leurs angles, continuoient d'envelopper ce noyau par les portions de leurs bords auxquelles le décroissement ne s'étendoit pas. Il est quelquefois nécessaire de supposer ainsi différentes époques aux divers dé‑

croissemens qui concourent à la production d'une forme secondaire composée, lorsqu'on veut se rendre à soi-même un compte
détaillé du mécanisme de la structure.

D'après cet exposé, la distance entre les centres de deux triangles équilatéraux voisins, tels que pts, qts' (*fig.* 38), doit être
égale à l'arête correspondante OI du noyau (*fig.* 15), ce qui est
sensible à la seule inspection des deux figures.

Le résultat que nous venons de développer a lieu par rapport
à une variété de fer sulfuré. Les naturalistes qui, dans un temps
où l'on ne s'occupoit pas encore des lois de la structure, étoient
portés à faire de la cristallisation une espèce de géomètre qui
opéroit à notre manière, confondoient son icosaèdre et son dodécaèdre avec ceux qu'on nomme *réguliers*, et dont le premier est
terminé par vingt triangles équilatéraux, et l'autre par douze
pentagones qui ont tous leurs côtés égaux. Mais la théorie prouve
que ni l'un ni l'autre ne sont possibles en minéralogie. Ainsi, des
cinq solides réguliers, savoir le cube, l'octaèdre, le tétraèdre,
le dodécaèdre et l'icosaèdre, la nature ne produit, et n'est même
susceptible de produire que les trois premiers ; et parmi une
infinité d'approximations différentes qu'elle pourroit offrir à
l'égard des deux autres, elle s'arrête à celle qui dépend des lois
les plus simples de décroissemens, en sorte que son dodécaèdre
et son icosaèdre sont réellement ce qu'il y a de plus parfait et
de plus régulier dans les principes de sa géométrie.

Citons un nouvel exemple tiré du prisme hexaèdre régulier
de la chaux carbonatée. D'après ce que nous avons dit (page 14)
sur la manière de diviser mécaniquement ce polyèdre, il est aisé
de concevoir que son noyau rhomboïdal A A' (*fig.* 5) a ses angles
solides latéraux E, O, I, K, G, H situés au milieu des pans du
prisme $mdm'd'$, d'où il suit que ces angles sont les points de
départ des décroissemens qui ont produit les mêmes pans.

Ces décroissemens agissent à la fois sur les trois angles plans
EOI, EOA', IOA' qui concourent à la formation d'un même
angle solide O ; mais en appliquant ici l'observation faite par rap-

port au dodécaèdre à faces pentagonales (page 28), et plus spécialement à l'octaèdre régulier (page 40), nous pouvons nous
borner à considérer le décroissement relatif à un seul des trois
angles dont il s'agit, en supposant que la face qui en résulte se
prolonge sur les deux rhombes adjacens à celui auquel appartient cet angle.

Cela posé, convenons de rapporter tout aux six angles E O I,
E H G , I K G , H G K , O I K , H E O , dont les trois premiers
regardent le sommet A , et les trois autres le sommet A'. Si nous
supposons un décroissement par deux rangées de molécules
rhomboïdales sur ces différens angles, il en naîtra six faces qui
seront parallèles à l'axe, comme nous l'avons déjà fait voir.

Les lames de superposition en même temps qu'elles décroîtront vers leurs angles inférieurs, s'étendront au contraire par
leurs parties supérieures, de manière à rester toujours contiguës
à l'axe, dont la longueur ira elle-même en augmentant. De plus,
les facettes produites par le décroissement s'accroîtront graduellement ; et au terme où elles se toucheront , on aura le solide
A A' (*fig.* 4), où chacune de ces facettes, telle que *o* O *o*, est
désignée par la même lettre que l'angle O (*fig.* 5), auquel elle
se rapporte , et qui est maintenant situé vers le milieu du triangle *o* O *o* (*fig.* 4), puisqu'il est comme le point commun autour
duquel les trois décroissemens ont agi.

A mesure que de nouvelles lames s'appliquent ensuite sur les
précédentes, les points *o, o* s'élèvent, le point O s'abaisse ; en
sorte qu'à une certaine époque, on aura le solide représenté *fig.* 3,
où les faces produites par le décroissement sont devenues des
pentagones tels que *o o i* O *e.*

Les choses étant dans cet état, supposons un second décroissement qui concoure avec le premier, et qui se fasse par une simple
rangée sur l'angle supérieur E A I (*fig.* 5), et sur son opposé
H A'K , toujours avec la condition que la face qui en résultera
de part et d'autre se prolonge sur les deux rhombes adjacens à
celui auquel appartient l'angle E A I ou H A'K. L'effet de ce

décroissement sera de faire naître deux faces perpendiculaires
à l'axe ; et lorsqu'il aura atteint le point où ces mêmes faces en-
trecouperont les six faces parallèles à l'axe, qui ont le premier
décroissement pour générateur, le solide secondaire sera terminé, et s'offrira sous la forme du prisme hexaèdre régulier
(*fig.* 1 et 2) (1).

Nous avons déjà dit que ce résultat étoit général, quelle que
fût la mesure des angles du rhomboïde primitif.

On voit maintenant pourquoi, dans la division mécanique du
prisme, la coupe *ppoo* (*fig.* 2) a ses côtés *pp, oo* parallèles
entre eux et en même temps à la diagonale horizontale qui va
de E en I (*fig.* 5), puisque les deux décroissemens ayant lieu l'un
sur l'angle EOI, l'autre sur l'angle EAI, les lames de superposition doivent avoir leurs bords tournés vers cette même diagonale.

Dans le cas que nous venons de considérer, et qui est le plus
ordinaire, l'axe du cristal secondaire est plus long que celui du
noyau ; en sorte que ce noyau ayant ses angles latéraux contigus
aux pans du prisme, ses sommets sont engagés dans l'intérieur
à une certaine distance au-dessous des centres des bases. Si l'on
supposoit que les deux décroissemens eussent la même époque,
alors l'axe du prisme étant égal à celui du noyau, les angles latéraux et les sommets de celui-ci seroient tangens les uns aux
pans, et les autres aux bases du prisme. Enfin, si le décroissement sur les angles supérieurs du noyau avoit une époque antérieure à celle de l'autre, ce qui est l'inverse du premier cas, les
sommets du noyau seroient encore contigus aux bases du prisme,
tandis que ses angles latéraux seroient placés à l'intérieur, entre
les pans et l'axe. C'est ce qui a lieu dans certains cristaux dont le
prisme est très-court, et ressemble à une lame hexagonale.

----

(1) Nous ne prétendons pas exposer ici la manière dont le cristal a été formé,
mais seulement la manière dont il est composé. Nous verrons dans la suite
comment on peut concevoir que la marche de la cristallisation se combine avec
l'ordre de la structure.

Terminons par un exemple tiré de la chaux carbonatée analogique, représentée *fig.* 39, *pl. V*. Cette variété a sa furface composée de vingt-quatre trapézoïdes, dont six verticaux, tels que $d\,a\,b\,c$, $d\,a'b'c'$, etc.; douze autres, tels que $c'p\,a\,d$, $c'\,p\,a''b'$, etc disposés six à six de part et d'autre des précédens, et six terminaux, tels que $p\,a\,p'\,s$, disposés trois à trois autour de chaque sommet.

Les premiers trapézoïdes résultent de la même loi qui donne les six pans du prisme hexaèdre régulier (*fig.* 1); les seconds sont dus à la loi qui donne la chaux carbonatée métastatique (*fig.* 6, 7 et 17). En comparant la *fig.* 39 avec la *fig.* 6, on voit que les faces verticales coupent celles du cristal métastatique, de manière qu'elles interceptent les angles solides latéraux E, O, I, K, etc. (*fig.* 6 et 7). Enfin les faces terminales proviennent d'un décroissement semblable à celui qui produit la chaux carbonatée équiaxe (*fig.* 18).

On ne peut s'empêcher d'être agréablement surpris, lorsque l'on soumet au calcul la forme de ce polyèdre, de voir se présenter successivement les rapports de ses différentes parties, soit entre elles, soit avec celles de plusieurs autres cristaux.

1°. Dans chaque trapézoïde vertical $a\,b\,c\,d$ (*fig.* 39 A), le triangle supérieur $b\,a\,d$ est équilatéral, et sa hauteur $a\,n$ est double de la hauteur $c\,n$ du triangle inférieur.

2°. Dans chaque trapézoïde terminal $p\,s\,p''a''$ (*fig.* 39 B), le triangle supérieur $p\,s\,p''$ est semblable à la moitié d'une des faces du rhomboïde équiaxe, par une suite de la loi des décroissemens; et l'inférieur $p\,a''p''$, est semblable à la moitié d'une des faces du rhomboïde inverse, ce qui provient de la manière dont le plan du trapézoïde est coupé par les plans des faces adjacentes. Il en résulte que les hauteurs $a''r$, $s\,r$ des triangles qui soudivisent ce trapézoïde sont aussi entre elles dans le rapport de deux à un, comme dans le trapézoïde $a\,b\,c\,d$ (*fig.* 39 A).

3°. Dans chaque trapézoïde intermédiaire $c'p\,a\,d$ (*fig.* 39 C), le triangle $p\,a\,d$ est égal et semblable au quart PAD (*fig.* 49 D)

du

du rhombe primitif D P D′ P′; en sorte que l'angle *a* (*fig.* 39 C)
est droit, l'angle *d p a* de 50ᵈ· 46′ 6″, moitié de l'angle D P D′
(*fig.* 39 D), et l'angle *a d p* (*fig.* 39 C) de 39ᵈ· 13′ 54″, moitié
de l'angle P D P′ (*fig.* 39 D).

4°. L'incidence de *c′ p a d* (*fig.* 39) sur *a′ b′ c′ d*, est exactement
de 135ᵈ·, supplément de la moitié de l'angle droit.

5°. L'incidence de *p s p″ a″* sur *c′ p a″ b′* est de 129ᵈ· 13′ 54″,
supplément de 50ᵈ· 46′ 6″, qui est la moitié de l'angle primitif
D P D′ (*fig.* 39 D).

6°. Enfin le polyèdre partage avec la variété métastatique la
propriété en vertu de laquelle les incidences mutuelles des faces
qui correspondent sur cette variété aux trapézoïdes *c′ p a d*,
c′ p a″ b′, sont égales à celles des rhombes de la forme primitive.
Ce sont ces différens rapports qui ont suggéré le nom d'*analogique* donné au polyèdre dont il s'agit.

On voit maintenant à quoi tiennent toutes les différentes métamorphoses sous lesquelles se présente la forme primitive dans les
cristaux secondaires, soit simples, soit composés. Tantôt les
décroissemens se font à la fois sur tous les bords, comme dans le
dodécaèdre à plans rhombes, cité plus haut, ou sur tous les
angles, comme dans l'octaèdre originaire du cube. Tantôt ils
n'ont lieu que sur certains bords ou sur certains angles. Tantôt
il y a uniformité entre eux, de manière que c'est une seule loi
par une, deux, trois rangées, etc. qui agit sur différens bords ou
sur différens angles, ainsi qu'on l'observe encore dans les solides
dont nous parlions tout à l'heure. Tantôt la loi varie d'un bord à
l'autre, ou d'un angle à l'autre; et c'est ce qui arrive, surtout
lorsque le noyau n'a pas une forme symétrique, comme lorsqu'il
est un parallélipipède dont les faces diffèrent par leurs inclinaisons respectives, ou par les mesures de leurs angles. Dans certains cas, les décroissemens sur les bords concourent avec les
décroissemens sur les angles, pour produire une même forme
cristalline. Il arrive aussi quelquefois qu'un même bord ou un
même angle subit plusieurs lois de décroissement qui se succèdent

l'une à l'autre. Enfin il y a une multitude de cas où le cristal secondaire conserve des faces parallèles à celles de la forme primitive, et qui se combinent avec les faces produites par les décroissemens, pour modifier la figure de ce cristal.

Si au milieu de cette diversité de lois, tantôt solitaires et tantôt marchant pour ainsi dire par groupes autour d'une même forme primitive, le nombre des rangées soustraites étoit lui-même très-variable; si, par exemple, il y avoit des décroissemens par vingt, trente, quarante rangées ou davantage, comme cela est possible en conception, la multitude des formes qui pourroient exister dans chaque espèce de minéral seroit capable d'accabler l'imagination, et l'étude de la cristallographie offriroit un labyrinthe immense dont malgré le fil de la théorie on auroit peine à sortir. Mais la force qui produit les soustractions paroît avoir une action très-limitée. Le plus souvent ces soustractions se font par une ou deux rangées de molécules. Je n'en ai point trouvé qui allassent au-delà de six rangées (1); mais telle est la fécondité qui s'allie avec cette simplicité, qu'en se bornant aux décroissemens par une, deux, trois et quatre rangées, et en faisant abstraction de ceux qui sont mixtes ou intermédiaires, on trouve

---

(1) On rencontre, quoique très-rarement, des décroissemens mixtes qui ont lieu suivant des rapports tels que 4 est à 9, ou 3 est à 8, l'un des deux termes désignant le nombre de rangées soustraites en largeur, et l'autre le nombre de rangées soustraites en hauteur ; et tels sont jusqu'ici les rapports de ce genre, qu'il suffit d'augmenter ou de diminuer d'une unité l'un des deux termes, pour que le décroissement rentre dans les cas les plus ordinaires. Par exemple, si dans le premier des rapports qui viennent d'être cités, on retranche une unité de 9, et si l'on ajoute une unité à 3, dans le second, chaque rapport devient $\frac{4}{8}$ ou $\frac{4}{7}$. Il en résulte que la mesure absolue des décroissemens dont il s'agit n'excède point celle des décroissemens ordinaires. Par exemple, $\frac{4}{8}$ et $\frac{4}{7}$ sont moindres l'un et l'autre que $\frac{1}{2}$ qui exprime un décroissement simple. Or il me semble qu'un décroissement doit être estimé d'après la valeur absolue du rapport qui le représente, et non d'après celle des termes de ce rapport considérés indépendamment l'un de l'autre.

que le rhomboïde est susceptible de huit millions trois cent
quatre-vingt-huit mille six cent quatre variétés de cristallisation.
Sans doute que parmi les circonstances qui peuvent déterminer
la production de toutes ces variétés, il en est beaucoup qui ne
se rencontrent pas dans la nature. Mais il y a tout lieu de croire
que les découvertes en ce genre se multiplieront encore pendant
long-temps, à mesure que le goût de la minéralogie continuera
de se répandre, puisqu'à peine a-t-on observé jusqu'ici quarante-
huit variétés distinctes dans l'espèce de la chaux carbonatée, la
plus riche de toutes en formes cristallines, du moins à en juger
par l'état actuel de nos connoissances.

Pour avoir une idée encore plus juste de la puissance de la
cristallisation, il faut joindre à cette facilité qu'elle a de faire
naître tant de formes diverses, en partant d'une forme unique,
celle d'arriver à une même forme par différentes structures. Le
dodécaèdre rhomboïdal, par exemple, que nous avons obtenu
en combinant des molécules cubiques, existe dans le grenat, avec
une structure composée de petits tétraèdres à faces triangulaires
isocèles, ainsi que nous le verrons à l'article de cette substance
minérale, et je l'ai retrouvé dans l'espèce de la chaux fluatée, où
il est aussi un assemblage de tétraèdres, mais réguliers, dont les
faces sont des triangles équilatéraux. Il y a plus : c'est qu'il est
possible que des molécules similaires, soumises à des lois variées,
présentent un résultat identique. Ainsi le prisme hexaèdre régulier qui, dans la chaux carbonatée, existe ordinairement en vertu
d'un décroissement sur l'angle inférieur, y provient quelquefois
d'un décroissement sur les bords adjacens à cet angle. Nous avons
vu la forme primitive copiée pour ainsi dire par une loi de décroissement. Un noyau même fictif substitué au véritable par la
pensée, donneroit un dodécaèdre tout semblable à celui de la
chaux carbonatée paradoxale, à l'aide d'une loi plus simple que
celle qui a réellement lieu (1). Dans les espèces surtout où la

____

(1) Je ferai voir dans la partie géométrique qu'il est toujours possible de

forme primitive a un certain caractère de symétrie, comme lorsqu'elle est un rhomboïde, les analogies et les propriétés se présentent de toutes parts. Il semble que la géométrie ne puisse toucher à aucun terme de la série innombrable des possibles, sans
y laisser l'empreinte de quelque vérité intéressante.

Des formes secondaires, dont les molécules diffèrent du parallélipipède.

C'est un caractère commun à toutes les formes primitives d'être
divisibles parallèlement à leurs différentes faces. Dans le parallélipipède, cette division, lorsqu'elle n'est jointe à aucune autre
qui puisse avoir lieu dans des sens différens, conduit évidemment
à une forme de molécule semblable au noyau. Dans le prisme
hexaèdre régulier, elle donne pour molécule un prisme triangulaire équilatéral, ainsi que nous l'avons déjà vu ailleurs. Dans
l'octaèdre, elle paroît tendre vers des molécules de deux formes
différentes, dont les unes seroient des tétraèdres et les autres des
octaèdres. Cette espèce de structure mixte a lieu également pour
le tétraèdre. Mais toutes les raisons de probabilité se réunissent,
pour donner l'exclusion à l'octaèdre, et faire adopter de préférence le tétraèdre, comme étant dans ces sortes de cas la véritable
molécule intégrante. Nous renvoyons les détails qui concernent
cet objet à l'article de la *Chaux fluatée*, que l'on peut consulter.

Si l'on divise de même le dodécaèdre à plans rhombes, les
molécules seront, sans aucune équivoque, des tétraèdres à faces
triangulaires isocèles, égales et semblables entre elles. Tout ce
qui a rapport à ce mode de structure se trouve exposé à l'article
du *Grenat*.

A l'égard du dodécaèdre à plans triangulaires isocèles, on ne

---

substituer hypothétiquement au vrai noyau une forme secondaire choisie à
volonté, de manière que les autres formes deviennent secondaires à leur tour
par rapport à ce noyau supposé.

peut extraire les molécules dont il est l'assemblage, qu'en le divisant dans des sens différens de ceux qui seroient parallèles aux faces. Les plans coupans dans ce cas doivent passer par l'axe et par les arêtes contiguës aux sommets, d'où résultent pour molécules des tétraèdres irréguliers. Ce point de théorie sera traité à l'article du *Quartz*, et expliqué d'une manière plus approfondie dans la partie de calcul.

Les autres formes primitives se soudivisent aussi quelquefois dans des directions qui ne sont point parallèles à leurs faces. Nous en avons déjà eu un exemple relativement au rhomboïde de la tourmaline, dont la soudivision, suivant des plans qui passent par l'axe et par les diagonales obliques, donne le résultat représenté *fig.* 10, où l'on voit que les molécules sont des tétraèdres. L'observation prouve encore que le prisme oblique quadrangulaire qui est le noyau du pyroxène, a des joints naturels situés parallèlement à un plan qui passeroit par les petites diagonales de ses bases, d'où l'on conclud que ses molécules sont des prismes triangulaires.

Je n'insisterai pas plus long-temps sur ces modes de division qui seront exposés avec plus de développement aux articles des substances qui les présentent ; mais je ne dois pas omettre de parler d'un résultat qui sert à lier la cristallisation des substances dont la molécule est le tétraèdre ou le prisme triangulaire, avec celle des substances qui ont pour formes primitives de simples assemblages de parallélipipèdes élémentaires.

Cette liaison consiste en ce que les molécules tétraèdres ou prismatiques sont toujours tellement assorties dans l'intérieur de la forme primitive et des cristaux secondaires, qu'en les prenant par petits groupes de deux, quatre, six ou huit, elles composent des parallélipipèdes, en sorte que les rangées soustraites par l'effet des décroissemens ne sont autre chose que des sommes de ces parallélipipèdes.

Pour mieux concevoir comment cela peut être, imaginons pour un instant que les petits rhomboïdes qui représentent les molécules de la chaux carbonatée soient divisibles en tétraèdres, comme nous l'avons vu par rapport aux rhomboïdes qui appartiennent à la tourmaline. Cette vue ne changera rien aux explications que nous avons données des différentes formes secondaires dont la chaux carbonatée est susceptible, c'est-à-dire, que pour déterminer ces formes, à l'aide de la théorie, on pourra toujours se borner à considérer des décroissemens par une ou plusieurs rangées de molécules rhomboïdales.

Ce qui n'est qu'une hypothèse à l'égard de la chaux carbonatée, se change en réalité lorsqu'il s'agit de la tourmaline. Quoique les rhomboïdes auxquels conduit d'abord la division mécanique des cristaux de cette substance se résolvent ultérieurement en tétraèdres, les décroissemens qui donnent les formes secondaires se font par des soustractions de ces rhomboïdes semblables à la forme primitive ; en sorte qu'on peut supposer, dans les calculs relatifs à la détermination de ces formes, que les tétraèdres qui représentent les vraies molécules soient liés entre eux d'une manière invariable dans chaque rhomboïde.

Citons encore un exemple tiré d'une structure très-simple, qui est celle des cristaux dont la forme primitive est le prisme hexaèdre régulier. Soit toujours A D (*fig.* 40) une des bases de ce prisme soudivisée en petits triangles, qui soient les bases d'autant de molécules. Il est évident que deux triangles quelconques voisins de l'autre, tels que A*p i,* A O*i,* composent un rhombe, et par conséquent les deux prismes auxquels ils appartiennent forment par leur réunion un prisme à bases rhombes, qui est une des espèces de parallélipipède.

Imaginons maintenant que les prismes triangulaires qui sont les élémens de ces parallélipipèdes, soient liés invariablement entre eux. On pourra substituer à l'assortiment représenté *fig.* 40 celui de la *fig.* 41, uniquement composé de rhombes qui seront les bases d'autant de parallélipipèdes.

Or, si nous supposons une série de lames empilées sur l'hexagone A B C D F G, et qui subissent, par exemple, sur leurs différens bords des soustractions d'une rangée de parallélipipèdes semblables à ceux dont il s'agit ici, ces bords seront successivement alignés comme les côtés des hexagones *ilmnrh*, *kuxyge*, etc.; d'où l'on voit que la quantité dont chaque lame dépassera la suivante sera une somme de parallélipipèdes ou de prismes à bases rhombes, et il est facile de juger que le résultat du décroissement, en supposant que celui-ci atteigne sa limite, sera une pyramide droite hexaèdre, qui aura pour base l'hexagone A B C D F G.

Toutes les autres formes primitives différentes du parallélipipède donnent des résultats analogues. On pourroit même substituer à chacune de ces formes un noyau semblable aux petits parallélipipèdes, qui sont des assemblages de tétraèdres ou de prismes triangulaires, et l'on parviendroit également à expliquer les formes secondaires par des lois de décroissement rapportées à ce noyau, qui seroit aussi donné par la division mécanique. Nous en userons de cette manière à l'égard du quartz, parce que dans ce cas la substitution du parallélipipède au dodécaèdre bipyramidal conduit à des décroissemens plus simples pour certaines variétés (1).

---

(1) On connoît des cristaux dont la division mécanique donne d'abord un prisme à bases rhombes, qui ont des angles différens de 120^d· et 60^d· Ce prisme peut être ensuite soudivisé dans le sens d'une des diagonales de ses bases, d'où il résulte que l'on pourroit aussi extraire immédiatement du cristal secondaire un prisme hexaèdre, mais qui ne seroit pas régulier. Dans ces sortes de cas, nous adopterons le prisme à bases rhombes pour noyau, parce que cette forme, outre qu'elle est plus simple, a un caractère de régularité qui manque à l'autre, et qui consiste dans l'égalité et la similitude de ses faces latérales.

Mais il se présente ici une considération que nous ne devons pas omettre. Soit A B C D (*fig.* 42) la base supérieure d'un des prismes dont nous venons de parler. Imaginons pour un instant que ce prisme ne puisse être soudivisé que parallèlement à ses quatre pans et à ses deux bases. L'assortiment des petits rhombes situés de part et d'autre du rhombe A B C D représentera l'effet d'un décroissement par une rangée sur les deux arêtes longitudinales terminées par les points A et C; et il est visible que ce décroissement produira

Je donnerai le nom de *molécules soustractives* à ces parallélipipèdes composés de tétraèdres ou de prismes triangulaires, et
dont les rangées mesurent la quantité du décroissement qu'éprouvent les lames de superposition appliquées sur les faces de la
forme primitive.

On voit par ce qui précède, qu'à parler exactement, la théorie
ne laisseroit pas de marcher vers son but principal, en s'arrêtant
aux parallélipipèdes que donne d'abord la division mécanique
des cristaux, et l'espèce d'anatomie que subissent ensuite ces
parallélipipèdes, lorsqu'on essaie de remonter jusqu'à la véritable
forme de la molécule intégrante, est un pas ultérieur, sans lequel
l'observation plutôt que la théorie laisseroit quelque chose à désirer. Le parallélipipède représente ici l'unité, à laquelle viennent
aboutir tous les résultats de la théorie ; et peu importe qu'il y
ait ou non, au-delà de cette unité, des fractions formées de ses
soudivisions.

On voit en même temps qu'au moyen de cette conformité entre

---

pour forme secondaire un prisme hexaèdre, dont la base est représentée par
$B'l m D' r h$.

Maintenant si l'on conçoit que le prisme rhomboïdal qui a pour base $ABCD$,
puisse être soudivisé dans le sens de la diagonale BD, en deux prismes triangulaires, tous les petits prismes rhomboïdaux dont il est l'assemblage étant
susceptibles de la même division, on pourra supposer que les vacuoles qui
existoient entre l et m d'une part, et entre h et r de l'autre, dans l'hypothèse
du décroissement, soient remplis par des prismes triangulaires, auquel cas le
prisme hexaèdre sera donné immédiatement sans aucun décroissement. Cependant nous ne laisserons pas de considérer les faces qui seront dans ce cas comme
étant produites en vertu d'un décroissement par une rangée, parce qu'alors la
forme du cristal secondaire est uniquement composée de petits prismes rhomboïdaux semblables à la forme primitive, comme cela auroit lieu si le décroissement se faisoit par deux rangées ou davantage, en sorte que ce n'est ici qu'un
cas particulier qui paroît devoir être assimilé à tous les autres, pour l'uniformité des lois de structure. Le même raisonnement s'applique à des formes
primitives différentes du parallélipipède, ainsi que nous le verrons dans la
suite de ce traité.

les

les résultats donnés par les diverses formes de molécules intégrantes, la théorie a l'avantage de pouvoir généraliser son objet,
en enchaînant à un fait unique cette multitude de faits qui, par
leur diversité, sembloient peu susceptibles de concourir en un
point commun.

Différence entre la structure et l'accroissement.

Dans le développement de la théorie qui précède, nous avons
supposé que les lames composantes des cristaux originaires d'une
même espèce partoient d'un noyau commun, en subissant des
décroissemens soumis à certaines lois d'où dépendoient les formes
de ces cristaux. Mais ce n'est ici qu'une conception propre à nous
faire apercevoir plus facilement les rapports mutuels des formes
dont il s'agit. A proprement parler, un cristal n'est dans sa totalité qu'un groupe régulier de molécules similaires. Il ne commence pas par un noyau d'une grosseur proportionnée au volume
qu'il doit acquérir, ou ce qui revient au même, par un noyau
égal à celui que l'on extrait à l'aide de la division mécanique ; et
les lames qui recouvrent ce noyau ne se sont pas appliquées successivement les unes sur les autres, dans le même ordre où les
considère la théorie. La preuve en est que parmi les cristaux de
différentes dimensions qui souvent se trouvent attachés à un même
support, ceux qu'on ne peut distinguer qu'avec le microscope
sont aussi complets que les plus volumineux, d'où il suit qu'ils
ont la même structure, c'est-à-dire qu'ils renferment déjà un
petit noyau proportionné à leur diamètre, et enveloppé par le
nombre de lames décroissantes nécessaire pour que le polyèdre
soit pourvu de toutes ses faces. On ne voit point ces divers passages de la forme primitive aux formes secondaires, qui devroient
avoir lieu, si la cristallisation construisoit, comme par assises,
les espèces de pyramides surajoutées au noyau, en allant de la
base au sommet (1).

----

(1) Ceci n'est vrai cependant qu'en général ; car il arrive quelquefois, dans

Il faut donc concevoir que dès le premier instant, un cristal
semblable, par exemple, au dodécaèdre à plans rhombes dérivé
du cube (*fig.* 11 *et* 12) est déjà un très-petit dodécaèdre qui contient un noyau cubique assorti à sa petitesse, et que dans les instans suivans, cette espèce d'embryon s'accroît, sans changer de
forme, par de nouvelles couches qui l'enveloppent de toutes
parts, de manière que le noyau s'accroît de son côté, en conservant toujours le même rapport avec le cristal entier.

Rendons cette idée sensible par une construction relative au
dodécaèdre dont nous venons de parler, et représentée à l'aide
d'une figure plane. Ce que nous dirons de cette figure peut aisément s'appliquer à un solide, puisqu'on peut toujours concevoir
une figure plane comme une coupe faite dans un solide. Soit donc
$t s z s'$ (*fig.* 43 A) un assortiment de petits carrés, dans lequel le
carré B N D G, composé de 49 carrés partiels représente la coupe
du noyau (1), et les carrés extrêmes t, p, i ; B, f, c, s, c, h, etc.
l'espèce d'escalier formé par les lames de superposition. On peut
concevoir que l'assortiment ait commencé par le carré B N D G,
et que différentes files de petits carrés se soient ensuite appliquées
sur chacun des côtés du carré central, par exemple, sur le côté
B N, d'abord les cinq carrés compris entre f et h, ensuite les trois
carrés renfermés entre c et e, puis le carré s. Cette marche répond
à celle qui auroit lieu, si le dodécaèdre commençoit par un cube
proportionné à son volume, et qui s'accrût ensuite par une addition de lames continûment décroissantes.

Mais d'une autre part, on peut imaginer que l'assortiment ait

---

la cristallisation artificielle, (et il est très-probable qu'on en peut dire autant
de celle des corps naturels), qu'une forme qui étoit parvenue à un certain
degré d'accroissement, subit tout à coup des variations, par l'effet de quelque
circonstance particulière.

(1) Cette coupe est celle qui passeroit par les points s, s' (*fig.* 11) du dodécaèdre, et par les milieux des arêtes E O, A I, etc. du noyau. Ainsi le point B
(*fig.* 43) est censé situé à égale distance entre les points E, O (*fig.* 11), le
point N à égale distance entre les points A, I, etc.

été d'abord semblable à celui qu'on voit (*fig.* 43 C), dans lequel le carré BNDG n'est composé que de 9 molécules, et ne porte sur chacun de ses côtés qu'un seul carré s, t, s', z. Si l'on ramène par la pensée cet assortiment au solide dont il est la coupe, on jugera aisément que ce solide avoit pour noyau un cube composé de 27 molécules, et dont chaque face composée de 9 carrés, portoit sur celui du milieu un petit cube, de manière que déjà le décroissement par une rangée s'annonçoit dans ce dodécaèdre initial.

Cet assortiment, au moyen d'une application de nouveaux carrés, sera devenu celui de la *fig.* 43 B, où le carré central BNDG est formé de 25 petits carrés, et porte sur chacun de ses côtés une file de trois carrés, plus un carré terminal s, t, s' ou z. Ici nous avons déjà deux lames de superposition, au lieu d'une seule. Enfin par une application ultérieure, l'assortiment de la *fig.* 43 B, se sera changé en celui de la *fig.* 43 A, où l'on voit trois lames de superposition. Ces différens passages dont on est libre de continuer la série aussi loin qu'on le voudra, donneront une idée de la manière dont les cristaux secondaires peuvent augmenter de volume, en conservant leur forme, d'où l'on peut juger que la structure se combine avec cette augmentation de volume, en sorte que la loi suivant laquelle toutes les lames appliquées sur le noyau parvenu à ses plus grandes dimensions, décroissent successivement, étoit déjà comme ébauchée dans le cristal naissant.

Il reste de grands pas à faire pour terminer la théorie de la cristallisation. Nous n'avons donné que les lois de la structure des cristaux, et il faudroit pouvoir dévoiler celles de leur formation. L'affinité des molécules les unes pour les autres, la nature du liquide dans lequel s'opère la cristallisation, son degré de densité, sa température et les autres circonstances semblables, seroient autant d'élémens que l'on feroit entrer dans le calcul, et la solution du problème détermineroit la loi de décroissement qui doit avoir lieu dans chaque cas particulier, en vertu des mêmes circonstances, et la forme du cristal secondaire qui résulteroit de cette loi.

On conçoit bien, en général, que des molécules pierreuses, métalliques ou autres, suspendues dans un liquide, et disposées à se réunir, pour former un cristal, sont attirées en même temps les unes par les autres et par les molécules même du liquide, et c'est parce que leur affinité mutuelle l'emporte sur celle du liquide que leur réunion s'opère. Or l'attraction du liquide varie en raison des circonstances dont nous avons parlé, et ainsi sa différence avec l'attraction mutuelle des molécules qui est toujours la même, doit subir aussi des variations qui influent sur la diversité des formes cristallines. Et s'il y a dans le liquide des matières hétérogènes, elles agiront de leur côté pour modifier l'action du liquide sur les véritables molécules. Il semble qu'on en ait la preuve dans certains cristaux d'axinite dont une partie est colorée en violet par le manganèse et l'autre en vert par la chlorite. La première présente des facettes additionnelles, que l'on n'observe pas sur la seconde, qui d'ailleurs est plus régulièrement conformée, et n'a point sa surface striée, comme la partie violette.

Une portion surabondante de quelqu'un des principes essentiels, qui seroit, comme l'on dit *en excès*, pourroit avoir aussi une influence sur la forme du cristal, en joignant son action particulière à celle du liquide. Car on ne peut guères douter qu'il n'y ait par rapport à chaque substance une proportion fixe de principes, qui constitue sa véritable nature, en sorte que tout ce qui excède la limite donnée par cette proportion doit être regardé comme accidentel et assimilé à une substance hétérogène.

Mais ce ne sont ici que de légers aperçus, auxquels je me dispenserai d'en ajouter d'autres, qui ne feroient de même qu'effleurer la question. Nos connoissances ont de nouveaux progrès à faire, avant que la géométrie ait les données nécessaires pour soumettre à une théorie précise et rigoureuse les forces combinées des différens agens qui concourent à la cristallisation, et remonter des faits déjà établis à d'autres faits plus généraux et

plus voisins des véritables causes qui dépendent immédiatement
de la volonté de l'Être suprême. C'est une mine féconde, dont
l'exploitation est seulement commencée, et qui attend des temps
plus favorables et des mains plus savantes pour en suivre la
veine à une plus grande profondeur.

Des cristaux dont une moitié est renversée, et de ceux qui
paroissent se pénétrer.

Nous avons considéré jusqu'ici la cristallisation, comme im-
primant à ses résultats le caractère de la plus grande perfection
possible, et ne produisant que des formes isolées et exemptes de
tout ce qui pourroit en altérer la pureté et la symétrie. Il nous
reste à parler de certains accidens qui, sous une apparence d'écarts
et d'anomalies, cachent encore une tendance vers les mêmes lois
auxquelles est soumise la structure, lorsque rien n'en dérange la
marche et n'en trouble l'harmonie.

Dans les cristaux ordinaires, les faces adjacentes forment toujours entre elles des angles saillans et jamais des angles rentrans.
Mais il existe aussi des formes cristallines qui présentent de ces
derniers angles, et Romé de l'Isle a observé le premier que cet
effet avoit lieu, lorsqu'une des deux moitiés d'un cristal étoit à
l'égard de l'autre dans une position renversée (1). Un exemple
très-simple fera concevoir ce renversement.

Supposons que B*d* (*fig.* 44) représente un prisme oblique à
bases rhombes, situé de manière que les pans A D *d a*, C D *d c*, etc.
soient verticaux, que B, D soient les angles aigus de la base, et
que celle-ci aille en s'élevant de A vers C. Supposons de plus que
le prisme soit coupé en deux moitiés, à l'aide d'un plan qui passeroit par les diagonales menées de B en D et de *b* en *d*, et que la
moitié située à gauche restant fixe, l'autre moitié se renverse sans
cesser d'être appliquée à la première. Le cristal s'offrira sous

____

(1) Cristal. t. I, introd. p. 93.

l'aspect qu'on voit *fig* 45, où le triangle *b′d′c′* qui étoit une des moitiés de la base inférieure (*fig.* 44), est situé maintenant dans la partie supérieure (*fig.* 45) et fait un angle saillant avec le triangle fixe ABD, tandis que le triangle BDC (*fig.* 45) qui étoit une des moitiés de la base supérieure (*fig.* 44) se trouve transporté dans la partie inférieure (*fig.* 45), et fait un angle rentrant avec le triangle fixe *a b d.*

On conçoit aisément que le plan de jonction DB *b d* des deux moitiés de rhomboïde est situé comme une face produite en vertu d'un décroissement par une rangée sur l'une ou sur l'autre des arêtes A*a*, C*c*, (*fig.* 44), et ainsi la manière dont ces deux moitiés se réunissent est en rapport avec la structure.

Maintenant si l'on imagine une forme secondaire qui ait pour noyau le même prisme, et si l'on suppose qu'elle ait été coupée dans le sens du plan DB *b d*, et qu'une de ses moitiés se renverse, en sorte que la moitié de noyau qui lui correspond prenne la même position que dans le cas précédent, l'assortiment pourra être tel, qu'il y ait encore un angle rentrant d'une part et un angle saillant de l'autre, lesquels résulteront des incidences mutuelles des faces produites par les décroissemens.

Dans certains cas le plan de jonction sur lequel se réunissent les deux moitiés du cristal est situé parallèlement à l'une des faces du noyau, et l'assortiment ne laisse pas de présenter un angle rentrant opposé à un angle saillant.

J'ai donné à ces renversemens le nom d'*hémitropie* qui signifie *à demi-retourné* (1), et j'appelle *cristaux hémitropes* ceux qui les subissent. Ils semblent indiquer une polarité dans les molécules intégrantes, ainsi que je l'exposerai plus en détail à l'article du spinelle. On trouvera aussi, aux articles du feld-spath, du pyroxène, de l'étain oxydé, etc. des exemples remarquables d'hémitropie.

---

(1) Romé de l'Isle les nommoit *macles*. Mais ce nom se trouvant déjà appliqué à une espèce de minéral très-commun, j'ai cru devoir en éviter le double emploi.

Un autre accident qui est extrêmement commun, c'est la manière dont les cristaux groupés s'engagent les uns dans les autres (1). Cette espèce de pénétration apparente est sujette à tant de diversités, que souvent parmi les cristaux d'un même groupe, on ne trouve pas deux positions relatives qui se ressemblent. Il faut en excepter la staurotide, dont les prismes, ainsi que nous le verrons, ont leur jonction limitée à deux cas particuliers, que nous ferons connoître en traitant de la cristallisation de cette substance.

Mais quoiqu'en général les positions des cristaux groupés soient infiniment variables, on trouve, en examinant la chose de près, qu'elles sont soumises à certaines lois toujours analogues à celles de la structure ; et que ces cristaux, au lieu de se précipiter tumultuairement les uns sur les autres, ont en quelque sorte concerté leur arrangement.

Choisissons encore ici un exemple très-simple. Soit AC' (*fig.* 46) un cube, et M N r une facette triangulaire équilatérale produite à la place de l'angle A, en vertu d'un décroissement par une rangée tout autour de ce même angle. Supposons un second cube modifié de la même manière et accolé au premier par la facette qui résulte du décroissement indiqué. On aura l'assortiment représenté par la *fig.* 47.

Maintenant on peut concevoir que l'un des deux cubes, celui, par exemple, qui est placé en dessous, s'accroisse dans toutes ses dimensions, excepté aux endroits où l'autre lui fait obstacle. A mesure que cet accroissement deviendra plus considérable, le cube supérieur s'engagera de plus en plus dans l'inférieur, et il pourra même finir par être entièrement masqué. On observe effectivement des cristaux enfoncés dans d'autres à toutes sortes de profondeurs, mais qui ont toujours un plan de jonction situé comme une face produite par un décroissement, en sorte que les

---

(1) On se sert quelquefois du mot de *druse*, dérivé de l'allemand, pour désigner un groupe de cristaux.

deux structures suivent leur marche ordinaire, chacune de son
côté, jusqu'à ce même plan, qui leur sert comme de limite respective. J'ai divisé des cubes de chaux fluatée engagés l'un dans
l'autre, et j'ai remarqué que les lames de chacun s'étendoient sans
interruption, jusqu'à ce qu'elles se trouvassent arrêtées tout à
coup par le plan commun de jonction.

L'exemple que je viens de citer est relatif à une loi très-simple
et très-régulière de décroissement. Mais souvent les lois qui déterminent le plan de jonction s'écartent plus ou moins de cette
simplicité, et il y en a qui sont assez extraordinaires.

Lorsque deux prismes se croisent vers le milieu de leurs axes,
il y a deux plans de jonction, qui se réunissent, en se croisant
eux-mêmes sur une ligne commune, ainsi que nous le verrons à
l'article de la staurotide, et l'un et l'autre de ces plans ont aussi
des positions analogues à celles qui seroient déterminées immédiatement par des lois de décroissemens.

Au reste, je ne présente ici que les résultats d'un assez petit
nombre d'observations particulières. Je me propose de reprendre
dans la suite ce sujet que je n'ai fait encore qu'effleurer, et de
donner un plus grand développement à la théorie dont je le crois
susceptible.

DES SIGNES REPRÉSENTATIFS DES CRISTAUX.

Les rapports qui servent à lier les différens cristaux originaires
d'une même substance avec une forme primitive commune sont
fondés, ainsi que nous l'avons vu, sur des lois de structure, dont
l'effet est de déterminer le nombre et l'assortiment des plans qui
composent la surface de chaque cristal. Par une suite nécessaire,
le naturaliste qui s'est familiarisé avec la marche de ces lois, n'a
souvent besoin que d'avoir sous les yeux la forme primitive et
l'exposé des décroissemens que subissent ses angles ou ses arêtes,
pour se représenter le polyèdre qui en résulte, et voir en quelque
sorte

sorte par la pensée s'opérer la métamorphose du noyau dont ce polyèdre dérive.

Ces considérations m'ont fait naître l'idée de traduire dans une langue très-abrégée, analogue à celle de l'analyse algébrique, l'énoncé des diverses lois qui déterminent les cristaux secondaires, et de composer ainsi des espèces de formules représentatives de ces mêmes cristaux. Il suffit, pour y parvenir, de désigner par des lettres les angles et les arêtes de la forme primitive, et de faire accompagner ces lettres de chiffres qui indiquent les lois de décroissemens que subissent tels angles et telles arêtes, et dont le résultat est telle forme secondaire. J'ai tâché d'assujétir l'arrangement des lettres à une marche réglée, qui fût en rapport avec l'ordre alphabétique, en sorte que cet arrangement se présentât comme de lui-même.

Au moyen de cette attention et de quelques autres qui concernent la manière de poser les chiffres, il ne faudra, ce me semble, que quelques instans pour avoir la clef de la méthode; et les principes qui doivent servir de règle, pour en faire l'application, resteront aisément empreints dans la mémoire.

Lorsque l'on aura ainsi tracé et réuni dans un espace très-resserré les différentes formules qui seront comme les images théoriques des cristaux relatifs à une même substance, il sera également facile de les comparer, soit entre elles, soit avec la forme primitive qui aura aussi son expression, de suivre les passages des formes plus simples aux plus composées, de distinguer ce qu'elles auront de commun et ce qui sera particulier à chacune d'elles; en un mot de saisir comme d'un coup d'œil la diversité des détails et l'unité de l'ensemble.

Supposons que la *fig.* 48 représente un parallélipipède obliquangle dont les faces aient des angles de différentes mesures, et qui soit la forme primitive d'une espèce particulière de minéral, telle que le feld-spath (1).

---

(1) Le parallélipipède est censé être représenté de manière que l'angle BAC

Ayant adopté les voyelles pour désigner en général les angles
solides, placez les quatre premières A, E, I, O, aux quatre angles
de la base supérieure, en suivant l'ordre alphabétique et en
même temps celui de l'écriture ordinaire, qui est de commencer
par le haut et d'aller de gauche à droite, voyez la *fig.* 49, où les
alignemens des lettres sont rendus sensibles à l'œil.

Ayant adopté les consonnes pour distinguer en général les
arêtes, placez, d'après la même règle, les six premières B, C, D
F, G, H, sur les milieux des côtés de la base supérieure (*fig.* 48)
et sur les deux arêtes longitudinales de la face latérale qui se
présente la première de droite à gauche.

Enfin placez sur les milieux de la base supérieure et des deux
faces latérales situées en avant, les trois lettres P, M, T, qui sont
les initiales des syllabes dont est formé le mot primitif.

Chacun des quatre angles solides, ou des six bords désignés
par des lettres, est susceptible dans le cas présent, à cause de la
forme irrégulière du parallélipipède, de subir des lois particulières de décroissemens; car soit A *p* (*fig.* 5o) le même parallélipipède. Si l'on compare les deux angles solides diamétralement
opposés O, *r*, il est facile de voir qu'il y a égalité entre les angles
plans qui les composent, pris deux à deux, savoir 1º. entre EOI
et *s r u;* 2º. entre EO*p* et *u r* A; 3º. entre IO*p* et *s r* A. Il en
résulte que parmi les angles plans qui se réunissent trois à trois
autour des angles solides A, O, il n'y en a que deux qui soient
égaux, savoir EOI, IAE, comme étant opposés sur un même
parallélogramme; mais l'angle EO*p* est le supplément de l'angle
I A *r*, et l'angle IO*p* celui de EA*r*. De même les angles solides I, *s*
sont composés d'angles plans égaux deux à deux; mais parmi les
angles plans qui forment les angles solides E, I, il n'y a que AIO
et AEO qui soient égaux. De là il suit que l'angle solide O étant
dans un cas différent de celui où se trouve l'angle solide A, et

---

qui est le plus éloigné de l'observateur soit un des angles obtus de la base
supérieure.

la même différence ayant lieu à l'égard des angles solides I, E, chacun de ces angles est, relativement à la cristallisation, comme indépendant de celui qui lui correspond diagonalement. Enfin les arêtes C et D, B et F, G et H (*fig.* 48), comparées chacune à chacune, ne sont pas non plus dans le même cas, parce que les deux plans qui se réunissent sur l'une ne font pas entre eux le même angle que ceux qui ont l'autre pour ligne de jonction. C'est entre ces mêmes arêtes et celles qui leur sont diamétralement opposées, par exemple entre A I et *p s* (*fig.* 5o), entre A E et *p u*, etc. qu'il y a égalité parfaite.

On voit par là pourquoi les quatre angles solides autour de la base supérieure, ainsi que les quatre bords de cette base et les deux bords longitudinaux qui se présentent en avant sont marqués chacun d'une lettre particulière. Mais comme les lois de décroissement agissent avec la plus grande symétrie possible, du moins pour l'ordinaire, tout ce qui a lieu sur un des angles solides ou des bords désignés, se répète sur l'angle ou le bord diamétralement opposé, parmi ceux qui sont restés à vide. D'après cela, il n'étoit nécessaire que de désigner le nombre d'angles solides ou d'arêtes qui subissent des décroissemens réellement distincts, parce que ces décroissemens renferment implicitement ceux qui ont lieu sur les angles ou les bords analogues.

On est cependant quelquefois obligé d'indiquer aussi ces derniers angles ou ces derniers bords. Alors on se servira des petites lettres qui portent les mêmes noms que les lettres majuscules employées sur la *fig.* 48, c'est-à-dire que *p* (*fig.* 5o) sera désigné par *a*, *s p* par *c*, *p u* par *b*, etc. Mais il ne sera que rarement nécessaire de marquer ces petites lettres sur la figure; il suffira de les faire entrer dans le signe du cristal, parce qu'on rapportera aisément par la pensée chacune d'elles à sa place.

Pour indiquer les effets des décroissemens par une, deux, trois rangées ou davantage, en largeur, on emploiera les chiffres 1, 2, 3, 4, etc. de la manière qui sera exposée dans un instant ; et pour indiquer les effets des décroissemens par deux, trois rangées, etc. en hauteur, on prendra les fractions $\frac{1}{2}, \frac{1}{3}, \frac{1}{4}$, etc.

Les trois lettres P, M, T, serviront à désigner soit la forme du noyau sans aucune modification, lorsqu'elles composeront seules le signe du cristal, soit les faces qui seroient parallèles à celles du noyau, dans le cas où les décroissemens n'atteindroient pas leur limite, et alors ces lettres seront combinées, dans le signe du cristal, avec celles qui auront rapport aux angles ou aux bords sur lesquels les décroissemens agiront.

Supposons d'abord, pour plus grande simplicité, qu'un des angles solides tels que O soit intercepté par une seule facette additionnelle. Le décroissement auquel on rapporte la production de cette facette (voyez p. 53) peut avoir lieu, soit sur la base P, soit sur le pan T qui est à la droite de l'observateur, soit sur le pan M situé à sa gauche.

Dans le premier cas, on placera le chiffre indicateur en dessus de la lettre; dans le second on donnera au chiffre la place d'un exposant ordinaire, à la droite et vers le haut de la lettre; et l'on indiquera le troisième cas, en plaçant le chiffre à la gauche et de même vers le haut de la lettre.

Ainsi $\overset{2}{O}$ exprimera l'effet d'un décroissement par deux rangées en largeur, parallèlement à la diagonale de la base P, qui passe par l'angle E ; O^3 l'effet d'un décroissement par trois rangées en largeur, parallèlement à la diagonale de la face T, qui passe par l'angle I, et ^4O l'effet d'un décroissement par quatre rangées, parallèlement à la diagonale de la face M, qui passe par l'angle E.

Lorsque le décroissement a rapport à quelqu'un des trois autres angles solides I, A, E, l'observateur est censé tourner autour du cristal, jusqu'à ce qu'il se trouve placé vis à-vis de cet angle, comme il l'étoit naturellement vis-à-vis de l'angle O, dans le cas dont nous venons de parler; ou ce qui revient au même, il est censé faire tourner le cristal, jusqu'à ce que l'angle solide qu'il considère se trouve en face de lui, et c'est relativement à cette position que tel décroissement est dit avoir lieu vers la droite ou vers la gauche.

Par exemple, s'il s'agit de l'angle solide A, le signe A^2 représentera l'effet d'un décroissement par deux rangées sur la face A E s r (*fig.* 5o), ou sur celle qui est opposée à T (*fig.* 48), et ^{3}A représentera l'effet d'un décroissement par trois rangées sur la face A I u r (*fig.* 5o), ou sur celle qui est opposée à M (*fig.* 48). Nous verrons dans la suite l'avantage de cette manière de s'orienter, relativement à l'uniformité de la méthode.

Quant aux décroissemens sur les arêtes, on exprimera ceux qui se font vers le contour BCFD de la base, par un nombre placé en dessus ou en dessous de la lettre, suivant que leur effet aura lieu en montant ou en descendant, à partir de l'arête à laquelle ils se rapporteront; et ceux qui sont relatifs aux arêtes longitudinales G, H, seront indiqués par un exposant placé soit à la droite soit à la gauche de la lettre, suivant qu'ils auront lieu dans un sens ou dans l'autre.

Ainsi $\overset{2}{D}$ exprimera un décroissement par deux rangées, en allant de D vers C; $\overset{3}{C}$ un décroissement par trois rangées, en allant de C vers D; $\underset{}{D}$ un décroissement par deux rangées, en descendant sur la face M; ^{3}II un décroissement par trois rangées, en allant de II vers G; ^{4}G un décroissement par quatre rangées, en allant de G vers l'arête opposée à II, etc.

Dans le cas où l'on seroit obligé de désigner, au moyen d'une petite lettre telle que d, un décroissement sur l'arête u r (*fig.* 5o) opposée à celle qui porte la lettre majuscule D (*fig.* 48), on supposeroit le cristal retourné de bas en haut. Ainsi $\overset{2}{d}$ exprimeroit un décroissement par deux rangées en montant au-dessus de la base inférieure p, comme $\overset{2}{D}$ en exprimeroit un qui est ascendant sur la base supérieure P. Par la même raison c exprimeroit un décroissement par trois rangées, en allant de sp (*fig.* 5o) vers EO.

Si le même angle solide ou la même arête subit plusieurs décroissemens successifs du même côté, ou plusieurs décroissemens qui aient lieu de différens côtés, on répétera autant de fois la lettre indicative, en faisant varier les chiffres conformément à la diversité des décroissemens. Ainsi $\overset{2}{\underset{3}{D}} D$ désignera deux décroissemens sur l'arête D, l'un par deux rangées en montant sur la base P, l'autre par trois rangées en descendant sur la face M. $^2H\,^4H$ désignera deux décroissemens, l'un par deux rangées, l'autre par quatre, à la gauche de l'arête H, etc.

S'il y a des décroissemens mixtes, on les indiquera d'après les mêmes principes, en employant les fractions $\frac{2}{3}$, $\frac{3}{2}$, etc. qui les représentent, et dont le numérateur se rapporte au décroissement en largeur, et le dénominateur au décroissement en hauteur.

Reste à trouver une manière de représenter les décroissemens intermédiaires. Un exemple fera concevoir celle que nous avons adoptée. Soit A E O I (*fig.* 5r) la même face que *fig.* 48. Supposons un décroissement par une rangée de molécules doubles, suivant des lignes parallèles à xy, de manière que Oy mesure des lignes doubles d'une arête de molécule, et Ox des lignes simplement égales à cette arête. On indiquera ainsi ce décroissement ($\overset{1}{O}D^1F^2$). La parenthèse fait connoître d'abord que le décroissement est intermédiaire; $\overset{1}{O}$ indique qu'il a lieu par une rangée sur l'angle marqué de la même lettre, et qu'il se rapporte à la base A E O I (*fig.* 48). D^1F^2 indiquent que pour une seule arête de molécule soustraite le long du côté D, il y a deux arêtes soustraites le long du côté F.

Il est utile d'avoir un langage pour énoncer ces différens signes, de manière qu'ils puissent être écrits facilement sous la dictée. On énoncera les signes O^2, ^3O, en disant, O *deux à droite ;* O *trois à gauche ;* pour énoncer $\overset{2}{O}, \underset{4}{O}$, on dira O *sous deux,*

O *sur quatre ;* enfin le signe ($\overset{\iota}{O} D^{\iota} F^{2}$) s'énoncera ainsi , *en parenthèse , O sous un, D un, F deux.*

Donnons un exemple de la combinaison de ces différens signes, dans l'expression d'une forme cristalline composée. Mais il faut auparavant déterminer l'ordre suivant lequel doivent être arrangées les lettres qui concourent à une même expression. Or si l'on adoptoit l'ordre alphabétique, il en résulteroit une sorte de confusion dans le tableau que présente la formule. Il paroît plus naturel de se conformer à l'ordre qui dirigeroit un observateur dans la description même du cristal, c'est-à-dire de commencer par le prisme ou par la partie moyenne, et d'indiquer ses différentes faces comme elles s'offrent successivement à l'œil, puis de passer aux faces du sommet ou de la pyramide. Ceci s'éclaircira par les divers exemples que nous citerons dans le cours de cet article.

Supposons maintenant que la *fig.* 52 représente la variété de feldspath nommée *bibinaire,* dont la forme primitive se voit *fig.* 48. Dans cette variété, le pan *l* (*fig.* 52) résulte d'un décroissement par deux rangées sur l'arête G (*fig.* 48), en allant vers H ; le pan M (*fig.* 52) répond à celui qui est marqué de la même lettre (*fig.* 48), et qui n'est caché qu'en partie par l'effet du décroissement. Le pan T (*fig.* 52) est parallèle à T (*fig.* 48) ; le pentagone *x* (*fig.* 52) provient d'un décroissement par deux rangées sur l'angle I (*fig.* 48), parallèlement à la diagonale qui va de A en O ; enfin comme ce décroissement n'atteint pas non plus sa limite, le sommet porte un second pentagone P (*fig.* 52), parallèle à la base P (*fig.* 48). Toute cette description peut être traduite ainsi en cinq lettres $G^{2} M T \overset{2}{I} P$.

Je m'étois borné d'abord à donner les expressions pures et simples des signes indicatifs, semblables à celles qu'on vient de voir. Mais j'ai senti dans la suite qu'on ne sauroit prendre trop de précautions, pour écarter de ce langage extrêmement concis tout ce qu'il pourroit offrir d'énigmatique, et que dans le cas

surtout où la forme étoit composée d'un grand nombre de
facettes, ce qui entraînoit nécessairement une complication proportionnelle dans l'expression du signe, les commençans seroient
embarrassés de faire le rapprochement entre l'un et l'autre. Pour
obvier à cette difficulté, j'ai cru devoir placer sous les différentes
lettres qui composent le signe, celles qui leur correspondent sur
la figure. Au moyen de cette addition, le signe du feld – spath
bibinaire se présente comme il suit, $\overset{}{G^2}\,\underset{l}{M}\,\underset{M}{T}\,\overset{2}{\underset{T}{I}}\,\underset{x}{\vphantom{I}}\,\underset{P}{P}$. C'est ainsi que
j'en userai dans le cours de cet ouvrage, à l'égard de toutes les
formes cristallines, en joignant à chaque signe une espèce de
guide qui servira à s'y retrouver, quelque compliqué qu'il puisse
être.

Passons aux parallélipipèdes d'une forme plus régulière, et
considérons d'abord les cas où ils diffèrent du rhomboïde. On
supposera que chacun d'eux n'est autre chose que celui de la
fig. 48, dont la forme a varié de manière à devenir plus symétrique. Par une suite de cette variation, certains angles solides ou
saillans, qui étoient différens sur le premier parallélipipède sont
devenus égaux. Tout ce qui a lieu sur l'un se répète sur l'autre,
et ils doivent être par conséquent marqués de la même lettre.
C'est ainsi qu'en algèbre, certaines solutions générales se simplifient dans les cas particuliers où une quantité qu'on avoit d'abord
supposée différente d'une autre lui devient égale.

Concevons, par exemple, que la forme primitive soit un prisme
droit, qui ait pour bases des parallélogrammes obliquangles,
dont un côté soit plus long que l'autre. On aura (*fig.* 48) O $=$ A,
I $=$ E, etc. On substituera donc de part et d'autre la seconde
lettre à la première, comme on le voit sur la *fig.* 53.

En continuant de parcourir les diverses modifications du parallélipipède, on les verra passer par différens degrés de simplicité,
qui détermineront de nouvelles égalités entre les lettres indica-
tives de leurs angles et de leurs bords, et l'on aura successivement,

Pour

Pour le prisme oblique à bases rhombes, l'expression représentée *fig.* 54.

Pour le prisme droit à bases rectangles, celle qu'on voit *fig.* 55.

Pour le prisme droit à bases rhombes, celle de la *fig.* 56.

Pour le prisme droit à bases carrées, celle de la *fig.* 57, *pl. VII.*

Enfin pour le cube, celle de la *fig.* 58. Ici l'on n'a désigné que la base supérieure par des lettres, parce que l'on peut appliquer à l'une quelconque des autres faces, ce qui a lieu par rapport à cette base.

On suivra pour toutes ces différentes formes primitives une méthode de chiffrer analogue à celle que nous avons adoptée pour le parallélogramme obliquangle de la *fig.* 48, en se dispensant de répéter les lettres de même nom chiffrées de la même manière.

Un exemple fera concevoir cette méthode. La *fig.* 59 représente la variété la plus ordinaire de la cymophane, dont le noyau est un parallélipipède rectangle tel qu'on le voit *fig.* 55. Le signe

du cristal secondaire sera $\mathrm{M\,T^2G\,G^2\overset{1}{B}\,A^{\frac{1}{2}\frac{1}{2}}A}$. J'ai nommé cette
$$\mathrm{M\,T\quad s\quad i\quad o}$$
variété *cymophane annulaire.*

Pour mieux saisir la marche qui a conduit à l'expression précédente, indiquons tous les angles et toutes les arêtes par autant de lettres particulières, comme si le parallélipipède étoit obli-

quangle. Voyez la *fig.* 60. Le signe deviendra $\mathrm{M\,T^2G\,H^2\overset{1}{B}\,F\,E^{\frac{1}{2}\frac{1}{2}}O}$. Mais en comparant la *fig.* 60 avec la *fig.* 55, on voit que $\mathrm{H=G}$, $\mathrm{F=B, O=A}$, etc. donc substituant à la place des premières lettres

leurs valeurs, on aura $\mathrm{M\,T^2G\,G^2\overset{1}{B}\,B\,A^{\frac{1}{2}\frac{1}{2}}A}$, qui revient à l'expression indiquée ci-dessus, en supprimant la répétition inutile

de $\overset{1}{\mathrm{B}}$.

Il résulte de ce qui précède qu'il faut éviter de confondre par exemple $^2\mathrm{GG^2}$ avec $\mathrm{G^2\,^2G}$. Le premier signe indique des décroissemens qui se font sur la face T (*fig.* 55), et sur celle qui lui

est opposée, en allant des arêtes G vers celles qui leur correspondent derrière le parallélipipède ; le second désigne des décroissemens qui se font sur la face M, en allant à la rencontre
l'un de l'autre. Si les deux décroissemens avoient lieu simultanément leur signe représentatif seroit $^2G^2$.

Dans les signes précédens, chaque lettre telle que ^2G ou G^2
ne peut être appliquée qu'à une seule arête située comme cette
lettre elle – même, à droite ou à gauche. Mais $^2G^2$ s'applique
indifféremment à l'une et à l'autre arête ; c'est pourquoi il est
inutile de répéter cette lettre.

Donnons un nouvel exemple tiré de la topaze distique (*fig.* 61).
Si nous supposons que la *fig.* 56 représente la forme primitive qui
est un prisme droit à bases rhombes, nous aurons pour le signe
de la variété dont il s'agit $^3G^3M\overset{2}{B}\overset{3}{B}\overset{1}{E}\overset{2}{E}P$.
$$\underset{o\quad M\quad r\quad s\quad z\quad u\ P}{}$$

Dans ce signe, la quantité $^3G^3$ indique deux faces distinctes
qui se sont formées de part et d'autre de chaque arête G (*fig.* 56).
Mais il n'est pas nécessaire de placer deux lettres sous ce signe,
parce que toutes les faces situées de la même manière étant désignées par la même lettre sur la figure, il suffit d'indiquer que
le signe $^3G^3$ se rapporte aux faces marquées de la lettre *o*, ce qui
exige seulement que cette lettre soit écrite une fois sous le signe.

On conclura aisément des mêmes principes que le dodécaèdre
à plans rhombes originaire du cube (*fig.* 58) (p. 37) s'exprime
par cette seule lettre $\overset{1}{B}B$, que l'octaèdre originaire du même
noyau a pour signe $\overset{1}{A}\,{}^1A^1$, etc.

Le rhomboïde, en le supposant placé sous l'aspect le plus
naturel, c'est - à - dire de manière que les deux angles solides
composés de trois angles plans égaux soient sur un même axe
vertical, n'a pas proprement de bases, mais seulement deux sommets, qui sont les extrémités de l'axe. On désignera ses angles et
ses arêtes comme on le voit (*fig.* 62). La lettre *e* fait connoître

que l'angle qui la porte est semblable à celui qui est marqué de
la même lettre majuscule ; de sorte que si tous les angles latéraux
avoient leurs indications exprimées, les trois qui sont le plus près
du sommet supérieur porteroient la lettre E ; et lestrois qui avoi-
sinent le sommet inférieur, et qui sont diamétralement opposés
aux premiers, auroient e pour lettre indicative (page 75).

Comme le rhomboïde a ses six faces égales et semblables, il
n'est besoin que de considérer les décroissemens relatifs à l'une
des faces, comme celle qui sur la figure porte la lettre P, parce
que tous les autres ne sont que la réplique de ceux-ci. Cela posé,
1°. les décroissemens qui partent de l'angle supérieur A ou du
bord supérieur B auront leur chiffre indicateur placé en dessous
de la lettre A ou B ; 2°. ceux qui partent des angles latéraux E,
auront leur chiffre situé de côté, vers le haut de la même lettre ;
3°. à l'égard de ceux qui partent de l'angle inférieur e, ou du
bord inférieur D, le chiffre destiné à les exprimer sera placé en
dessus de la lettre e ou D.

Supposons, par exemple, que la *fig.* 63 représente la chaux
carbonatée analogique (p. 56) ; on aura le signe suivant $e\,\overset{2}{D}\,\overset{2}{\underset{1}{B}}$,
$$c \quad r \quad g$$
dont l'interprétation est facile, d'après la combinaison des lettres
qui indiquent les faces, avec celles qui expriment les décroissemens dont ces mêmes faces sont le résultat.

Ce qui vient d'être dit relativement au parallélipipède s'applique comme de soi-même aux autres formes primitives. Nous
allons les parcourir successivement.

La *fig.* 64 représente l'expression de l'octaèdre à triangles scalènes ; la *fig.* 65 celle de l'octaèdre à triangles isocèles, et la *fig.* 66
celle de l'octaèdre régulier.

Pour placer les chiffres qui accompagnent les lettres, on se
conformera à ce qui a été dit relativement au rhomboïde. Ainsi
fig. 65, on mettra le chiffre en dessous pour les décroissemens
qui partent de l'angle A ou de l'arête B ; en dessus pour ceux

qui partent de l'arête D, et à côté pour ceux qui partent de l'angle E.

Si l'on vouloit désigner le résultat d'un décroissement par une rangée sur tous les angles de l'octaèdre régulier (*fig.* 66), on écriroit A 'A'; et pour indiquer le résultat d'un décroissement par une rangée sur tous les bords, on écriroit B B. Le premier de ces décroissemens produit un cube, et le second un dodécaèdre à plans rhombes.

Dans quelques espèces, comme la potasse nitratée, l'octaèdre primitif dont la surface est composée de huit triangles isocèles semblables quatre à quatre, doit avoir la position représentée *fig.* 67, pour que les cristaux secondaires soient dans l'attitude la plus naturelle, c'est-à-dire que les arêtes à la jonction des deux pyramides qui composent l'octaèdre doivent être les unes dans le sens vertical, comme F, les autres dans le sens horizontal, comme B. En comparant la *fig.* 67 avec la *fig.* 68, où l'on a agi, en plaçant les lettres, comme si tous les angles et toutes les arêtes avoient des fonctions particulières, on concevra aisément la distribution adoptée *fig.* 67, et ramenée à la symétrie de la véritable forme primitive. Car dans le cas présent, on a E = A, D = C, G = F.

On placera le chiffre indicateur en dessous de la lettre, pour les décroissemens qui partent de B; à côté ou en dessous, pour ceux qui partent de A, selon que leur effet se rapportera au triangle A I A, ou au triangle A I F; en dessus ou en dessous, pour ceux qui partent de C, suivant que leur effet aura lieu de même sur le premier triangle ou sur le second; à côté, pour les décroissemens qui partent de F; en dessus et en même temps en dessous, ou des deux côtés, pour les décroissemens qui partent de I, suivant que leur effet sera dirigé vers B, ou vers F.

Le tétraèdre étant toujours régulier, lorsqu'il devient forme primitive, son expression sera représentée *fig.* 69. Pour indiquer, par exemple, un décroissement par trois rangées sur tous les bords, on mettra $B\,\overset{3}{B}$; et pour en désigner un par deux rangées sur tous les angles, on mettra $\overset{3}{A}{}^{2}\underset{2}{A}{}^{2}$, comme dans le cas de l'octaèdre régulier.

Un simple coup d'œil jeté sur la *fig.* 70 suffit pour faire concevoir la désignation du prisme hexaèdre régulier, dans les cas ordinaires; et quant à la manière de placer les chiffres, nous ne nous y arrêterons pas, parce qu'elle se déduit aisément de celle que nous avons adoptée pour les prismes quadrangulaires.

Mais il arrive quelquefois que trois des angles solides pris alternativement sont remplacés par des facettes, tandis que les angles intermédiaires restent intacts. Dans ce cas, l'expression du prisme sera celle que l'on voit *fig.* 71.

Dans le dodécaèdre rhomboïdal (*fig.* 72 , *pl. VIII*), chaque angle solide composé de trois plans peut être assimilé à un sommet de rhomboïde obtus; et ainsi l'on se bornera à chiffrer une seule face, comme le représente la figure.

Jusqu'ici nous ne sommes point dans le cas d'employer le signe du dodécaèdre à plans triangulaires isocèles, parce qu'il est plus naturel d'y substituer, comme forme primitive, le rhomboïde dont il dérive, et qui donne des lois plus simples de décroissement.

Il reste à faire connoître le moyen de représenter un cas particulier qui a lieu dans quelques cristaux, où les parties opposées à celles qui subissent certaines lois de décroissement restent intactes, ou sont modifiées par des lois différentes. Ce cas concerne spécialement les tourmalines, et il est facile alors d'indiquer la différence au moyen des zéros. Par exemple, dans la tourmaline équidifférente représentée *fig.* 74, et dont on voit le noyau rhomboïdal (*fig.* 73), le prisme qui est ennéagone a six de ses pans, savoir *s*, *s* (*fig.* 74) produits par des soustractions d'une rangée sur les arêtes D, D (*fig.* 73); et les trois autres, tels que l, par des soustractions de deux rangées seulement sur les trois angles e. De plus le sommet inférieur a simplement trois faces parallèles à celles du noyau, tandis que sur le sommet supérieur les trois arêtes B sont remplacées chacune par une facette n, n (*fig.* 74), en vertu d'un décroissement qui n'atteint pas sa limite. Voici le signe représentatif de cette forme.

$$\begin{array}{cccccc}
1 & & 2 & & 2.0 & \\
\mathrm{D} & c & \mathrm{E} & \mathrm{P} & \mathrm{B} & b \\
s & l & \overset{1}{\mathrm{P}} & \overset{1.0}{n} & &
\end{array}$$

Les quantités $\overset{2.0}{\mathrm{E}}$, $\underset{1.0}{b}$ font connoître, l'une que les angles E (*fig.* 73) opposés à e ne subissent aucun décroissement; l'autre, que les arêtes opposées à B restent pareillement intactes.

Si ces arêtes subissoient une loi différente qui donnât lieu, par exemple, à des soustractions de deux rangées, le signe deviendroit

$$\begin{array}{cccccc}
1 & & 2 & & 2.0 & \\
\mathrm{D} & e & \mathrm{E} & \mathrm{P} & \mathrm{B} & b \\
 & & 1 & 2 & &
\end{array}$$

D'après cela, on est censé être convenu que les décroissemens représentés par une lettre majuscule accompagnée d'un chiffre quelconque, ne renfermeroient implicitement des décroissemens semblables représentés par la petite lettre de même nom, ou réciproquement, c'est-à-dire par exemple que $\overset{2}{\mathrm{B}}$ ne renfermeroit implicitement $\underset{2}{b}$, ou *vice versa*, que quand la seconde lettre n'entreroit pas dans l'expression du signe avec un chiffre différent, ou ne porteroit pas le même chiffre accompagné d'un zéro. Dans le premier cas, chacune des deux lettres exprime un décroissement qui est particulier à l'arête ou à l'angle qu'elle indique; dans le second, celle qui est affectée d'un zéro, fait connoître que l'angle ou le bord auquel elle se rapporte exclusivement, ne subit aucun décroissement. Ainsi dans le signe

$$\begin{array}{cccccc}
1 & & 2 & & 2.0 & \\
\mathrm{D} & e & \mathrm{E} & \mathrm{P} & \mathrm{B} & b \\
 & & 1 & 2 & 1 &
\end{array}$$

B exprime un décroissement par une rangée qui n'a lieu que sur les arêtes contiguës au sommet supérieur A (*fig.* 73); b indique un décroissement par deux rangées qui n'agit de même que sur les arêtes contiguës au sommet inférieur; enfin les quantités $\overset{2}{c}$ et $\overset{2.0}{E}$ doivent être aussi considérées indépendamment l'une de l'autre; la première comme exprimant un décroissement par deux rangées sur les angles c seulement, et la seconde comme indiquant zéro de décroissement sur les angles E opposés aux précédens.

Je me suis étendu sur l'exposition des principes de la méthode, pour ne rien laisser à désirer, s'il étoit possible, de ce qui pouvoit aider à en bien concevoir l'artifice, et mettre un observateur à portée de représenter sur le champ un cristal secondaire d'une forme donnée. Mais si quelqu'un se bornoit à la simple intelligence des signes qu'emploie la méthode, et ne demandoit qu'à savoir les lire, sans prétendre à l'art de les écrire, il ne lui faudroit que quelques règles simples et faciles à saisir que nous allons exposer ici succinctement; elles formeront comme le résumé de tous les détails qui précèdent.

1°. Toute voyelle employée dans le signe d'un cristal désigne l'angle solide marqué de la même voyelle sur la figure qui représente le noyau; et toute consonne indique l'arête qui porte cette même consonne, ou la face dont elle occupe le milieu.

2°. Chaque voyelle ou chaque consonne est accompagnée d'un chiffre dont la valeur ainsi que la position indique la loi de décroissement que subit l'angle ou le bord correspondant. Il faut excepter les trois consonnes P, M, T, dont chacune, lorsqu'elle fait partie du signe d'un cristal, indique que ce cristal a des faces parallèles à celle qui porte cette même lettre.

3°. Chaque lettre comprise dans le signe d'un cristal est sous-entendue avec le chiffre qui l'accompagne, sur tous les angles ou tous les bords qui font la même fonction que celui qui sur la figure est marqué immédiatement de la lettre dont il s'agit.

4°. Tout nombre joint à une lettre indique un décroissement dont l'angle ou le bord marqué de cette lettre est le terme de départ. Si le nombre est entier, il indique combien il y a de rangées soustraites en largeur, avec la condition que chaque lame

n'ait que l'épaisseur d'un molécule; si le nombre est fraction-
naire, le numérateur fait connoître combien il y a de rangées
soustraites en largeur, et le dénominateur combien il y en a de
soustraites en hauteur.

5°. Suivant que le nombre est placé au-dessous ou au-dessus
de la lettre qu'il accompagne, il indique que le décroissement
descend (1) ou monte, en partant de l'angle ou du bord marqué
de cette lettre. S'il est placé vers le haut, et à droite ou à gauche
de la lettre, il désigne un décroissement qui a lieu dans le sens
latéral, à droite ou à gauche de l'angle qui porte la même lettre.

6°. Lorsqu'une lettre se trouve écrite deux fois de suite avec le
même chiffre placé de deux côtés différens, comme $^2G\,G^2$, ou
$G^{2\,2}G$; $^2A\,A^2$, ou $A^{2\,2}A$, les deux bords ou les deux angles qu'elle
désigne doivent être considérés sur la figure, d'après les mêmes
positions relatives, c'est-à-dire, par exemple, que dans le signe
$^2G\,G^2$, la quantité ^2G indique l'effet du décroissement sur le bord
G situé à gauche, et la quantité G^2 l'effet du décroissement sur
le bord situé à droite.

7°. Lorsqu'une lettre porte le même chiffre répété à droite et
à gauche, comme $^3G^3$, elle s'applique indifféremment à l'une
quelconque des arêtes G qu'elle désigne. Il en est de même des
lettres qui appartiennent aux angles.

8°. La parenthèse telle ($\overset{3}{O}\,D^1\,F^2$), désigne un décroissement
intermédiaire. La lettre O exprime d'abord que le décroissement
a lieu par trois rangées sur l'angle $\overset{3}{O}$, et que son effet est ascendant. D^1F^2 font connoître que pour une arête de molécule soustraite le long du côté marqué D, il y a deux arêtes soustraites le
long du côté marqué F.

---

(1) Il ne s'agit ici que de la marche générale des décroissemens, à laquelle
se rapportent les cas particuliers, qui paroissent faire exception. Par exemple,
si le décroissement se faisoit par une rangée sur l'angle au sommet d'un rhomboïde, alors la face produite seroit horizontale (p. 42 et 43). Mais ce décroissement rentre dans ceux qui sont descendans, et dont il est comme la limite.

9°.

9°. Toute petite lettre comprise dans le signe d'un cristal indique l'angle ou le bord diamétralement opposé à celui qui porte la lettre majuscule de même nom sur la figure, où la petite lettre dont il s'agit est omise comme superflue. Il faut excepter la lettre *e* qui se trouve toujours employée sur la figure du rhomboïde, et qui indique, suivant le principe, l'angle opposé à celui qui porte la lettre E.

10°. Lorsqu'un signe renferme deux lettres de même nom, l'une majuscule, l'autre petite, avec différens chiffres, les deux bords ou les deux angles opposés auxquels répondent ces lettres, sont censés subir chacun exclusivement la loi de décroissement indiquée par le chiffre ajouté à la lettre.

11°. Toute lettre soit majuscule, soit petite, marquée d'un chiffre qui a un zéro à sa suite, fait connoître que le décroissement indiqué par ce chiffre est nul sur l'angle ou sur le bord particulier auquel cette lettre se rapporte.

Nous avons omis les applications qui seroient nécessaires pour l'intelligence de ces règles, si elles étoient présentées de premier abord, parce qu'elles se trouvent déjà dans l'exposition développée que nous avons donnée précédemment des principes de la méthode, et dont la lecture est censée avoir précédé celle de ces mêmes règles.

DE LA CRISTALLISATION INDÉTERMINABLE.

Lorsque les molécules cristallines disséminées dans un liquide, éprouvent des obstacles qui gênent leur tendance à se réunir conformément aux lois de leur affinité mutuelle, les formes qui résultent de leur aggrégation n'ont plus cette régularité qui se prête à une détermination exacte et précise. Leurs arêtes s'oblitèrent; leurs faces se courbent; leurs pyramides s'aiguisent. De là les cristaux *lenticulaires*, ou qui imitent la forme d'une lentille; *cylindroïdes*, ou dont le prisme est arrondi; *aciculaires*, ou semblables à des aiguilles, etc.

Tome I.   M

Si une multitude de petits cristaux indéterminables sont si étroitement liés entre eux qu'ils ne forment plus qu'un seul corps, on considère alors ce corps comme un être particulier, et de là les substances que l'on nomme *striées*, *fibreuses*, etc. et qui sont formées par la réunion d'une infinité d'aiguilles cristallines, tantôt parallèles, tantôt divergentes, tantôt croisées suivant différentes directions.

Enfin on a donné le nom d'*amorphes* aux substances qui offrent comme le dernier degré de la cristallisation confuse, et dont la forme vague et indéfinissable est comme muette pour l'œil de l'observateur.

DES CONCRÉTIONS.

La formation des corps dont nous avons parlé jusqu'ici, surtout des cristaux proprement dits, ne dépend essentiellement que de deux conditions, dont l'une est que les molécules de ces corps soient à l'état de molécules intégrantes, et l'autre qu'elles soient tenues en suspension dans un liquide susceptible de les abandonner à l'attraction qui les sollicite les unes vers les autres. Du reste tout est censé se passer de la même manière, que si la force de gravité étant nulle, le liquide n'étoit coercé par les parois d'aucune matière environnante, et comme si le cristal lui-même restoit isolé dans le liquide, sans avoir besoin d'être soutenu.

Il n'en est pas de même des corps que nous allons maintenant considérer. Les modifications qu'ils présentent sont dues à certaines circonstances locales, telles que des points d'attache, des supports ou des espèces de moules, qui influent sur leur forme. Nous réunissons toutes ces modifications sous la dénomination commune de *concrétions*, qui dans l'acception ordinaire signifie *une substance congelée ou figée*.

Mais pour fixer d'une manière plus précise les idées, à cet égard, nous entendrons par *concrétions*, les différens corps dont l'aspect dépend, au moins en partie, de ce que leurs molécules *se* sont trouvées en contact avec d'autres corps. Donnons une idée des diverses circonstances qui contribuent à faire varier cet aspect.

1. Stalactites.

L'eau qui s'infiltre dans les fissures des pierres situées à la voûte des cavités souterraines, ou qui suinte à travers le tissu lâche et poreux de cette voûte, arrive à la surface, en charriant des molécules pierreuses qui se sont unies à elle d'une manière quelconque. Les gouttes qui restent suspendues pendant un certain temps à la voûte, éprouvent un desséchement qui commence par la surface extérieure ; et les molécules pierreuses dont le liquide se dessaisit exerçant leur attraction les unes sur les autres, et attirées en même temps par la paroi dont elles sont voisines, forment en cet endroit un tube initial, ou une espèce de petit anneau. Ce rudiment de tube s'accroît et s'allonge par l'intermède des autres gouttes, qui arrivent à la suite de la première, en conduisant de nouvelles molécules que l'orifice du tube attire à son tour. Quelquefois ce tube conserve la forme d'un cylindre creux, de peu d'épaisseur et semblable à un tuyau de plume. Mais souvent il grossit et s'enveloppe de couches concentriques, dont la matière est fournie par le liquide qui descend le long de la surface extérieure. Il devient alors un cylindre épais ou un cône ; et quelquefois les molécules charriées par les gouttes qui coulent aussi dans l'intérieur de son canal, finissent par l'obstruer entièrement. Ces différentes modifications sont surtout sensibles dans les corps qui appartiennent à la chaux carbonatée.

Mais une partie du liquide, en tombant de la voûte sur le sol, y forme d'autres dépôts composés de couches ordinairement ondées, ou des protubérances, des extensions, dont les figures varient à l'infini. Enfin le liquide qui coule le long des parois latérales donne naissance à des corps dont on pourroit comparer la forme à celle d'une nappe d'eau congelée.

On a appelé *stalactites*, les corps qui se forment à la voûte de la cavité; et *stalagmites* ceux dont la formation est due à la chute du liquide sur le sol. Il est d'autant plus convenable de nommer les uns et les autres *stalactites*, qu'on est quelquefois embarrassé pour distinguer celui des deux modes de formation qui a eu lieu par rapport à certains corps transportés hors de leur lieu natal.

2. *Incrustations.*

Dans les concrétions précédentes, l'aggrégation des molécules dépend plus particulièrement de l'évaporation du liquide qui les a charriées. D'autres concrétions que l'on a nommées *incrustations*, *tufs* et *sinters*, proviennent d'une espèce de précipitation des molécules d'abord suspendues dans le liquide. Celles - ci tantôt se déposent à la surface de différens corps organiques, surtout de ceux qui appartiennent au règne végétal, et tantôt revêtent l'intérieur de certains corps, tels que les tuyaux de conduite.

Lorsque le liquide s'introduit dans une cavité souterraine, peu spacieuse, où il puisse séjourner, les molécules pierreuses incrustent les parois de cette cavité, qui est communément d'une forme arrondie, et finissent quelquefois par la tapisser de cristaux. C'est ce que l'on a nommé *géode*. Il y a de ces corps qui renferment un noyau solide et mobile, ou une matière terreuse pulvérulente (1); tels sont entre autres certains silex engagés dans les carrières de marne. Enfin quelquefois la géode se remplit entièrement d'une matière que l'on distingue à l'œil de celle qui compose la géode elle-même.

Il peut arriver aussi qu'une substance incruste des cristaux d'une nature différente, en se moulant sur leur surface. On connoît, par exemple, des cristaux de chaux carbonatée métastatique

---

(1) C'est probablement de là qu'est venu le nom de *géode*, c'est-à-dire *corps qui renferme de la terre.*

incrustés de quartz, et quelquefois l'enveloppe quartzeuse reste vide, après s'être séparée des cristaux qu'elle masquoit.

3. *Pseudomorphoses.*

Il existe un troisième ordre de concrétions, que nous appellerons *pseudomorphoses*, c'est-à-dire *corps qui ont une figure fausse et trompeuse*, parce que les substances qui appartiennent à cet ordre présentent d'une manière très-reconnoissable des formes étrangères qu'elles ont en quelque sorte dérobées à d'autres corps qui les avoient reçues de la nature.

Lorsque le type de cette transformation apparente est un coquillage, il arrive assez souvent que la coquille recouvre encore en tout ou en partie la substance qui s'est comme moulée dans son intérieur (1); et alors rien ne paroît plus simple que l'explication du fait, par l'intromission d'un liquide chargé de molécules pierreuses dans la cavité de la coquille; et cette observation conduit à expliquer de même la formation des espèces de noyaux modelés en coquilles, que l'on rencontre isolés et dénués de toute enveloppe.

Quelquefois la coquille elle-même a été pénétrée par une autre matière, ordinairement siliceuse, qui s'est substituée à la substance cartilagineuse dont cette coquille étoit en partie composée (2); et il peut arriver, dans ce même cas, que l'intérieur de la coquille reste vide. Ce n'est plus alors proprement une pseudomorphose. C'est un fossile qui est devenu simplement plus pierreux qu'il n'étoit auparavant.

Cette dernière espèce de modification a lieu également pour

______

(1) De l'Isle, Cristal. t. II, p. 161.

(2) On sait que les coquilles, ainsi que les os des animaux, sont formés de deux substances; l'une calcaire, qui n'est pas susceptible de pourriture; l'autre cartilagineuse, membraneuse ou charnue, qui peut être détruite par la fermentation.

les os et autres parties solides d'animaux, qui se trouvent en-
fouies dans le sein de la terre, c'est-à-dire qu'elles peuvent passer
à l'état entièrement pierreux, à l'aide d'une substance qui remplace leur portion cartilagineuse.

Il ne peut pas en être des productions végétales comme des
coquillages. Elles n'ont point de test ou d'enveloppe, qui puisse
persister après la destruction de la substance intérieure, et servir
de moule à une matière pierreuse ou autre, pour recevoir l'empreinte de leur forme. Si l'on supposoit qu'une de ces productions, telle qu'une portion de branche d'arbre, fût entièrement
détruite, en sorte que la cavité qu'elle occupoit dans le sein de
la terre restât vide, on pourroit concevoir qu'une matière pierreuse vînt ensuite remplir cette cavité et s'y modeler. Alors le
nouveau corps ressembleroit extérieurement à une branche
d'arbre; il auroit des apparences de nœuds et de rugosités; mais
son intérieur n'offriroit aucune trace d'organisation, et il ne
seroit, pour ainsi dire, que la statue de la production végétale
qu'il auroit remplacée.

Ce qu'on appelle communément *bois pétrifié* est une imitation
bien plus fidèle du véritable bois. On y distingue sur la coupe
transversale l'apparence des couches concentriques qui, dans
l'arbre vivant, provenoient de l'accroissement en épaisseur; tous
les principaux linéamens de l'organisation y sont conservés, au
point qu'ils servent quelquefois à faire reconnoître l'espèce à
laquelle appartenoit l'arbre qui a subi la pétrification.

Parmi les différentes explications que l'on a données de ce
phénomène, celle qui paroît être le plus généralement admise,
quoiqu'elle ne soit pas exempte de difficultés, consiste à supposer que la matière pierreuse se substitue à la substance végétale, à mesure que celle-ci se décompose (1); et parce que le

---

(1) Voyez le développement de cette explication par Mongès le jeune,
dans le Journal de Physique, 1781, p. 255 et suiv. Voyez aussi ce qu'en dit
Daubenton, dans les Leçons de l'école normale, t. III, p. 393 et suiv.

remplacement se fait successivement et comme de molécule à molécule, les parties pierreuses, en s'arrangeant dans les places restées vides par la retraite des parties ligneuses, et en se moulant dans les mêmes cavités, prennent l'empreinte de l'organisation végétale, et en copient exactement les traits.

Le règne minéral a aussi ses pseudomorphoses. On trouve quelques substances de ce règne sous des formes cristallines qui ne sont qu'empruntées, et il est assez probable, qu'au moins dans certains cas, la nouvelle substance s'est substituée graduellement à celle qui lui a cédé la place, comme on pense que cela a lieu pour le bois pétrifié.

Les différens corps pseudomorphiques impriment leur forme dans la matière qui les enveloppe, et souvent aussi l'empreinte sert de loge à une substance organique qui est simplement à l'état de fossile, ou qui n'a reçu qu'un certain degré d'altération. C'est ce qui a lieu spécialement à l'égard des fougères et autres plantes de la même famille, dont la forme s'est moulée sur une matière schisteuse, ainsi que nous l'exposerons plus en détail dans la suite.

On a nommé en général *pétrifications* toutes les substances diversement modifiées dont nous venons de parler, même celles qui présentent seulement des empreintes d'animaux ou de végétaux. Le célèbre Daubenton n'applique ce nom qu'aux corps qui, dans leur état naturel, étant en partie pierreux et en partie cartilagineux, tels que les coquilles, sont devenus entièrement pierreux.

Comme nous ne nous proposons que de citer quelques exemples des modifications dont il s'agit, et non pas de les réunir méthodiquement dans une même vue, ainsi que l'ont fait plusieurs auteurs, nous nous bornerons à en énoncer quelques-unes, en parlant des substances qui en ont fourni la matière secondaire, et nous en adapterons la nomenclature à cette manière de les classer.

Nous ne devons pas omettre qu'il y a aussi des pseudomor-

phoses qui proviennent de la substitution d'un métal à la place
d'un corps organique. Le fer sulfuré offre plusieurs exemples de
cette sorte de métallisation.

En résumant tout ce qui précède, on peut définir ainsi les
différentes concrétions dont nous avons donné la description.

La *stalactite* est une concrétion composée de couches successives d'une forme circulaire ou ondulée, qui est l'effet du
desséchement.

L'*incrustation* est une concrétion en forme de croûte appliquée sur la surface ou à l'intérieur d'un corps. On peut y rapporter la *géode*, qui est une concrétion en forme d'enveloppe
sphérique, ou à peu près, tantôt vide et tantôt renfermant un
noyau.

La *pseudomorphose* est une concrétion douée d'une forme
étrangère à sa substance, et qu'elle doit à ce que ses molécules
remplissent un espace occupé précédemment par un corps de
cette même forme.

DES MÉTHODES MINÉRALOGIQUES.

Toutes les productions de la nature, considérées sous le point
de vue où elle nous les offre immédiatement, forment un tableau
compliqué d'une multitude de détails, au milieu desquels l'œil
se perd, au premier abord, et voit tout à la fois sans rien distinguer.

Dans la vue de faciliter l'étude de ce tableau, on a imaginé ,
par rapport à la minéralogie, comme on l'avoit fait à l'égard
de la zoologie et de la botanique, des distributions méthodiques
des êtres qui s'y trouvent rassemblés; on a déplacé ses différentes
parties, par la pensée, pour en composer une sorte de tableau
factice, auquel on pût ensuite comparer le premier, et qui lui
servît comme d'explication.

Pour le peu que l'on réfléchisse sur la marche de ces arrangemens méthodiques, on s'aperçoit aisément qu'ils sont fondés sur

la

la faculté qu'a l'esprit humain d'envisager, dans un objet, certaines qualités, en faisant abstraction des autres, et de s'élever par degrés des idées particulières aux idées générales.

Ainsi, lorsqu'en nommant un chêne, j'ai en vue tel chêne déterminé, que je montre au doigt, je ne fais aucune abstraction; je considère dans l'être que je nomme toutes les qualités qui peuvent lui convenir; en un mot je désigne un *individu*, c'est-à-dire un être qui a une existence particulière. Mais si en prononçant le mot de *chêne*, je n'ai pas plus en vue tel chêne que tel autre, alors je fais abstraction de l'existence particulière; je désigne en général une collection d'individus semblables dans toutes leurs parties, et cette collection est ce qu'on appelle une *espèce*.

Le sens dans lequel je viens de prendre le mot de chêne (*quercus*), est celui que tout le monde y attache dans le langage ordinaire. Or, en comparant les individus de l'espèce dont il s'agit avec ceux d'une autre espèce à laquelle on a donné le nom d'*yeuse* (*ilex*), je remarque que ceux-ci ont les organes de la fleur semblablement conformés, et que leurs fruits sont de même des glands, mais qu'ils en diffèrent à plusieurs égards, et spécialement par la forme et par la consistance des feuilles, qui dans les premiers sont larges, molles, terminées par des lobes arrondis; et dans les seconds étroites, roides et dentées en leurs bords. Je puis donc fixer uniquement mon attention sur la ressemblance de la fleur et du fruit dans les individus des deux espèces, en écartant, par la pensée, toutes les parties qui diffèrent; et pour assortir la nomenclature à cette ressemblance qui seule occupe mon esprit, j'étendrai le nom de *chêne* à l'ensemble des deux espèces. Ramenant ensuite ma pensée sur les différences que j'avois laissées de côté, j'en tiendrai compte dans le langage, en distinguant par le nom de *chêne commun* les individus de la première espèce, et par celui de *chêne vert* ceux de la seconde. J'aurai alors un genre, dont le chêne commun et le chêne vert seront deux espèces.

Par une nouvelle abstraction, je puis ne considérer dans les deux chênes que leur grandeur, leur consistance ligneuse, la faculté qu'ils ont de vivre pendant un certain nombre d'années; et observant que beaucoup d'espèces de productions, différentes des chênes, ont pareillement une grande consistance et sont très-vivaces, tandis qu'une multitude d'autres espèces ont leur tige beaucoup plus basse, plus souple, et ne durent qu'une année ou deux, je réunirai dans une même conception les premières sous le nom d'*arbres*, et je désignerai en commun toutes les autres par le nom d'*herbes*. J'aurai ainsi deux grandes classes (1), dont chacune pourra être soudivisée en un certain nombre de genres, qui seront des groupes d'espèces. Enfin si je n'ai plus égard qu'à la faculté qu'ont tous ces êtres de végéter et de se nourrir des sucs de la terre, je les comprendrai sous la dénomination générale de *plante*, et je serai parvenu ainsi par une série d'idées toujours plus abstraites, au point de vue le plus élevé du règne végétal.

Les langues humaines offrent une foule d'exemples de pareilles abstractions qu'un esprit d'analyse naturel a suggérées même au vulgaire; et c'est en se dirigeant d'après la même gradation de vues, que les savans ont formé leurs systèmes et leurs méthodes. Seulement ils ont assujéti ces arrangemens méthodiques à des principes plus exacts et plus raisonnés; ils en ont multiplié les divisions et les soudivisions, et les ont en quelque sorte motivées par l'indication des caractères propres aux êtres que contient chaque division.

On voit, par ce qui précède, qu'à mesure qu'on remonte dans la suite des abstractions, on lie ensemble un plus grand nombre d'êtres d'après le rapport ou le caractère analogue au degré de l'abstraction. Ainsi l'idée qu'exprime le mot d'*arbre* embrasse incomparablement plus de plantes que celle qui est attachée au

---

(1) Je ne prétends pas ici établir des limites rigoureuses entre les divisions des êtres, mais seulement faire concevoir la marche des idées, par des exemples tirés d'objets familiers.

mot de *chêne*, et celle-ci a une plus grande extension que l'idée qu'offre à l'esprit le nom de *chêne vert*. Réciproquement, chaque abstraction d'un degré inférieur resserre dans un plus petit espace, le nombre des êtres auxquels elle s'étend. Que fait donc la méthode? Elle divise et soudivise successivement l'ensemble des êtres, d'après leurs divers caractères ou rapports; en sorte qu'à chaque division, tous les caractères énoncés dans les divisions précédentes étant censés subsister encore, la méthode ajoute l'expression d'un nouveau caractère, d'un nouveau trait de ressemblance, qui détache les êtres renfermés dans cette division. Plus la somme des rapports augmente, et plus au contraire le nombre des êtres auxquels conviennent ces rapports va en diminuant; et quand cette somme est la plus grande possible, quand elle s'étend à toutes les faces des êtres qu'elle réunit, chacun de ces êtres est censé représenter tous les autres, et l'on dit que ces êtres sont de la même espèce.

D'une autre part, à mesure que le degré de l'abstraction s'élève, le nombre des soudivisions qui répondent à ce degré va en diminuant; et c'étoit cette manière d'envisager l'ordre méthodique que l'illustre Bâcon avoit en vue, lorsqu'il comparoit la nature à une pyramide, dont la base étoit occupée par les individus en nombre presque infini; au-dessus de cette base s'élevoient les espèces formées de la réunion des individus, et qui s'étendoient par conséquent sur un espace moins large que la base : venoient ensuite successivement les genres composés d'espèces, puis d'autres genres supérieurs, (ce qui répond à nos ordres et à nos classes), jusqu'à ce que la nature après s'être rétrécie de plus en plus, se terminât à un point ou à l'unité (1).

On a pu voir encore que le caractère qui servoit à lier entre elles les productions d'une même division les distinguoit de celles

---

(1) Bâcon, *de Augment. scient.* t. II, c. 15. Voyez l'ouvrage qui a pour titre le Christianisme de François Bâcon, Paris, an 7, t. I, p. 1.

d'une autre division. De là et de tout ce qui précède résultent deux avantages marqués de la méthode. Le premier est de nous faire connoître les objets non-seulement en eux-mêmes, mais aussi par comparaison, chacun d'eux étant tellement placé dans la méthode qu'il tourne en quelque sorte vers les autres le côté par lequel il leur ressemble, et présente en sens opposé celui par lequel il en est distingué. Le second avantage est qu'après nous être exercés à faire des applications de la méthode à un certain nombre d'objets déjà connus, nous pouvons parvenir à connoître même celui qui seroit nouveau pour nous, en consultant successivement les caractères qui accompagnent chaque division, et en nous en servant comme pour interroger cet objet, et apprendre de lui-même la place qu'il occupe dans la méthode.

La série des divisions et soudivisions, dans les distributions minéralogiques, est à peu près la même que dans celles qui concernent les êtres organiques. Cette série, prise en descendant du général au particulier, donne la gradation suivante: classes, ordres, genres, espèces, variétés. Mais il y a une différence sensible entre les méthodes de part et d'autre, relativement à la manière dont on y envisage les êtres, ou au choix des moyens employés pour classer ces êtres et les caractériser.

Ainsi en botanique, on nomme *espèce* la succession des plantes qui se reproduisent l'une l'autre. En minéralogie, il n'y a ni reproduction, ni espèce, si l'on prend ce dernier terme à la rigueur. Rien n'empêche cependant de suivre l'exemple de Linnæus, de Bergmann et de plusieurs autres naturalistes célèbres, en appliquant le nom d'*espèce*, dans un sens plus lâche, à un assemblage d'êtres inorganiques qui ont un fonds commun, et dont les différences doivent être regardées comme purement accidentelles.

Mais ceci nous conduit à une question importante, à laquelle il ne me paroît pas que l'on ait fait jusqu'ici assez d'attention. En quoi consiste dans le cas présent le type de l'espèce, et quand est-ce que l'on est fondé à regarder plusieurs minéraux comme

appartenant à une même espèce (1) ? Il semble d'abord que la
base de ce rapprochement soit la composition chimique ; en sorte
que la véritable notion de l'espèce consiste à concevoir un assemblage de minéraux formés des mêmes principes unis entre eux
suivant les mêmes rapports. Mais on va voir combien cette idée
est susceptible de restriction, et à quel point même on s'écarte-
roit du but, dans une multitude de circonstances, en la prenant
pour guide, dans la réunion des variétés qui doivent porter un
même nom spécifique.

Pour me faire mieux entendre, je prends un exemple tiré du
feld-spath. M. Kirwan auquel nous sommes redevables d'un
traité de minéralogie, où ce savant célèbre a fait concourir au
développement de la science, les caractères extérieurs des minéraux avec les résultats de ses propres recherches et de celles des
autres chimistes sur la composition de ces corps, cite treize analyses de la substance dont il s'agit (2), auxquelles il faut en
ajouter une quatorzième faite par le citoyen Vauquelin. Or non-
seulement les produits varient entre eux par les proportions des
mêmes principes, mais il y a tel principe qui se trouve en quantité sensible dans certains produits et qui est nul dans les autres.
Ainsi M. Kirwan a retiré d'un feld-spath rougeâtre onze pour
cent de baryte et huit de magnésie ; tandis que le résultat obtenu
par Wiegleb sur un autre feld-spath de couleur rouge, n'a
donné ni l'une ni l'autre de ces terres, mais seulement de la silice
et de l'alumine, avec une petite quantité d'oxide de fer et d'acide
fluorique. Vauquelin a trouvé environ un septième de potasse

---

(1) Je reviendrai plus bas sur les raisons qui m'ont porté à appliquer ce mot
plutôt que celui de *genre*, aux différens êtres qui dans la langue reçue parmi
les naturalistes ont un nom commun, comme celui de *topaze*, d'*émeraude*,
de *grenat*, etc. ou s'il s'agit d'une substance acidifère, celui de *chaux carbonatée*, de *baryte sulfatée*, etc. Il me suffit pour le présent d'indiquer celle
des divisions et soudivisions de la méthode à laquelle je rapporte la dénomination d'*espèce*.

(2) Elements of Mineralogy, seconde édition, t. I, p. 319 et suiv.

dans le feld-spath nommé *adulaire*, et dans le feld-spath vert de Sibérie, et aucune autre analyse n'a offert cet alkali. De plus, cet habile chimiste n'a reconnu ni magnésie ni baryte dans le même minéral.

M. Kirwan conclud des différentes analyses qu'il a citées, que tout composé de silice et d'alumine, (la silice étant dominante), auxquelles se joindra une moindre proportion de chaux et de magnésie, ou de chaux, de magnésie et de baryte, mais suffisante pour rendre le tout fusible à un degré de chaleur qui n'excède pas le 140ᵉ, pourra former un feld-spath, et qu'on ne devra pas hésiter à lui donner ce nom, si en même temps il présente un tissu lamelleux. Mais il ajoute que le fer paroît être ici un principe accidentel.

Je n'observe pas que cette règle établie par M. Kirwan laisse quelque chose à désirer du côté de la simplicité et de la précision; que malgré les efforts de l'auteur pour la rendre générale, au risque de la surcharger de conditions, déjà elle ne s'applique plus au résultat de l'analyse faite par le citoyen Vauquelin, du feld-spath connu sous le nom d'*adulaire ;* qu'enfin si l'on entre-prenoit de donner de semblables règles pour tous les minéraux, il en résulteroit une complication au milieu de laquelle il seroit difficile de se reconnoître ; et qu'il arriveroit même très-proba-blement qu'une règle qui auroit pour objet telle espèce parti-culière, s'appliqueroit à peu près aussi bien à une espèce toute différente.

Je n'examine pas non plus si toutes les analyses dont parle M. Kirwan méritent une égale confiance. Mais on peut du moins en conclure qu'elles indiquent des différences sensibles de com-position entre les morceaux analysés. Je pourrois produire d'autres exemples d'un minéral dont les diverses analyses faites par des mains habiles ont donné des produits différens, et nous verrons bientôt que cela doit nécessairement avoir lieu dans une multitude de circonstances.

Maintenant je reviens, et je demande sur quel fondement

M. Kirwan donne le nom de *feld-spath* aux divers morceaux
qui ont été le sujet des analyses citées. Ce rapprochement n'est
sûrement pas basé sur les résultats de ces analyses, puisqu'on
seroit plutôt porté à inférer des différences qu'ils ont offertes,
que plusieurs au moins des substances auxquelles ils se rapportent
constituent des espèces distinctes. En un mot il est visible que
M. Kirwan a supposé tacitement qu'abstraction faite de l'analyse,
on avoit regardé les substances dont il s'agit comme des feld-
spaths.

En lisant ce que les naturalistes ont écrit sur ce minéral, on
voit que sa notion étoit déterminée d'après un certain ensemble
de caractères, tels qu'une dureté capable de produire des étincelles par le choc du briquet; un tissu feuilleté joint à une manière de se casser en fragmens rhomboïdaux ; une pesanteur
spécifique d'environ 2 , 5; une fusibilité en émail blanc, etc.

Mais ces caractères sont la plupart variables jusqu'à un certain point ; et cette variation peut même s'étendre assez loin,
dans certains cas, par une suite de celle que subissent les substances composantes. Ce sont autant de moyens utiles pour aider
à reconnoître les corps qui appartiennent à une même espèce ;
mais outre qu'ils n'offrent point à l'esprit une idée assez simple
et assez précise de ce qui constitue cette espèce, leurs résultats
ne sont pas toujours propres à tracer la limite qui sépare une
espèce d'une autre; et c'est pour s'être borné à les consulter, que
l'on a confondu le pyroxène avec l'amphibole, la chabasie avec
la mésotype, et ainsi de plusieurs autres rapprochemens dont le
vice deviendra sensible d'après ce que nous dirons aux articles
respectifs des substances auxquelles ils se rapportent.

Il existe un caractère beaucoup plus solide et plus propre, par
son invariabilité, à servir de point de ralliement aux différens
corps qui appartiennent à une même espèce. C'est celui qui se
tire de la forme exacte de la molécule intégrante, parce que cette
forme subsiste, sans aucune altération sensible, indépendamment
de toutes les causes qui peuvent faire varier les autres caractères.

Ainsi, pour ne point quitter l'exemple du feld - spath, tel est, dans cette substance, l'assortiment des joints naturels, que la molécule qui en résulte est un parallélipipède obliquangle dans lequel les trois angles plans qui concourent à la formation d'un même angle solide font entre eux un premier angle de 90^d, un second de 120^d, et un troisième de 111^d et demi ; et ces angles seront constamment les mêmes dans les morceaux diversement cristallisés, dans ceux qui donneront, par l'analyse, de la baryte ou de la potasse, comme dans ceux qui n'en offriront aucun vestige.

Et non-seulement on peut évaluer, par l'observation combinée avec la théorie, les angles de la molécule intégrante, mais on parvient même à connoître les rapports entre ses dimensions, et il en résulte une forme géométrique parfaitement déterminée, qui est la même dans tous les individus de l'espèce, et qui offre comme un point fixe au milieu des oscillations de tous les autres caractères, en sorte qu'on peut même dire qu'en général les corps de chaque espèce se touchent de plus près dans les résultats de la théorie relative à leur structure que dans ceux de l'analyse chimique.

Je ne prétends pas élever le caractère dont je viens de parler au-dessus de sa véritable valeur. Je me suis même défié de la prédilection que je devois naturellement avoir pour ce caractère qui tient à une branche de la minéralogie, que j'ai cultivée avec un soin particulier. Mais cette défiance ne doit pas m'empêcher d'énoncer une vérité que je crois utile au progrès de la science ; c'est que ce caractère emprunté de la structure doit avoir une grande influence dans la distinction des espèces, et que l'on se prive, en le négligeant, d'un des moyens les plus avantageux pour la formation d'une méthode exacte et régulière.

On pourroit m'objecter que la détermination de la molécule intégrante d'un corps est souvent une opération délicate, qui exige des tâtonnemens, et suppose de plus des connoissances de calcul que tout le monde n'a pas acquises. Mais l'analyse chimique à aussi ses difficultés, et n'est pas l'affaire d'un moment. Il faut beaucoup d'art pour employer les agens les plus propres à saisir et à coërcer des principes invisibles, impatiens, pour ainsi dire, de s'échapper à l'insu du chimiste ; pour que l'opération ne dérobe rien au résultat de ce qui lui appartient, et n'y mette rien de ce qui lui est étranger ; et ce n'est quelquefois qu'en y revenant à plusieurs reprises, que l'on parvient à former le tableau fidèle des rapports qui existoient entre ces divers principes combinés entre eux dans la substance encore intacte. On n'achète jamais trop cher ce qui contribue à la perfection d'une science, et l'on ne doit pas calculer le temps, lorsqu'il s'agit d'arriver à des vérités qui doivent toujours rester.

On dira peut-être encore que souvent une substance minérale se trouve en masses compactes ou granuleuses, qui se refusent à la division mécanique. Je répondrai que souvent aussi ces masses forment continuité avec les substances cristallisées, ou qui ont le tissu lamelleux, en sorte qu'il est visible qu'elles se rapportent à la même espèce ; et quant à celles qui se rencontrent isolément, s'il ne reste plus alors pour les déterminer que des caractères moins sûrs que celui qui se tire de la structure, il en résulte seulement que l'on doit regretter que ce dernier caractère n'ait pas une plus grande généralité, et ce regret même est une sorte d'aveu de sa prééminence, dans tous les cas où il peut être employé (1).

Dira-t-on qu'il y a des formes de molécules intégrantes qui

---

(1) On allègue quelquefois la rareté des cristaux, comme une preuve du peu de ressources que fournit le caractère tiré de la cristallisation. Cette difficulté ne me paroît pas fondée, puisqu'un seul cristal nettement prononcé suffit pour déterminer une multitude de masses informes qui auroient avec ce cristal des rapports indicatifs de l'identité de nature ; et si en objectant que les cristaux sont rares, on veut dire qu'il y a beaucoup d'espèces minéralogiques qui ne se présentent jamais sous des formes cristallines, je demanderai si ce sont proprement des espèces, et non pas plutôt des mixtes à la production desquels différentes espèces ont concouru.

sont communes à des substances de différentes natures? J'obser-
verai d'abord que cela n'a lieu que pour les solides qui ont un
caractère particulier de régularité, en sorte que dans tous les
autres cas la forme de la molécule intégrante suffit seule pour
déterminer l'espèce. Je répondrai ensuite que la plupart des substances qui ont une molécule commune (et il en faut dire autant
de celles qui, comme les métaux ductiles, n'ont jamais le tissu
lamelleux), sont faciles à distinguer par d'autres caractères. Par
exemple le cube convient, comme molécule intégrante, à la
magnésie boratée, à la soude muriatée, au plomb sulfuré, au fer
sulfuré, etc. toutes substances très-reconnoissables indépendamment de la division mécanique.

En un mot tout ce que je prétends inférer de cette discussion,
c'est que le caractère tiré de la structure doit occuper un rang
très - distingué parmi ceux qui servent à faire le triage des corps
originaires d'une même espèce. Il a sans doute ses côtés obscurs,
et il est des circonstances où il disparoît. Mais partout où il se
montre, c'est un trait de lumière auquel on ne doit pas fermer
les yeux.

J'ajoute qu'avec un peu d'habitude d'appliquer le calcul à la
théorie, on peut décider si une forme donnée rentre dans telle
espèce, ou si elle doit en être exclue. Ainsi on trouvera que le
cube qui a été cité entre les variétés de la chaux carbonatée est
étranger à la cristallisation de cette substance (1). Or il est aisé
de sentir de quel secours doit être cet usage du calcul, pour
répartir les minéraux cristallisés dans leurs espèces respectives,
en assignant à chacune d'elles ce qui lui appartient, et en lui
enlevant ce qu'elle pourroit avoir usurpé.

Tout ce qui précède nous conduit à une considération intéressante relativement à la composition chimique des minéraux.
C'est que les principes qui concourent à former leurs molécules

---

(1) Voyez à l'article de la chaux carbonatée la variété que nous avons
nommée *cuboïde*.

intégrantes doivent, ce me semble, être constans, quant à leurs qualités et à leurs quantités; en sorte que les substances qui font varier les produits de l'analyse sont étrangères aux molécules, et seulement interposées entre elles dans la masse du minéral (1). On peut comparer une substance mélangée de ces principes additionnels, à certains sels auxquels d'autres sels sont unis accidentellement, par exemple au nitre de la première cuite. Lorsque l'on fait subir à ce sel des dissolutions et des cristallisations successives, pour l'épurer, le liquide n'altère aucunement la figure de ses molécules; il ne fait que les séparer les unes des autres, et les débarrasser de celles des autres sels, qui leur étoient associées, et qui n'étoient entrées pour rien dans leur composition. De même les principes d'où dépendent les différences entre les analyses des divers morceaux d'un même minéral, ne forment avec la substance propre de celui-ci qu'un simple mixte, dont les molécules intégrantes sortiroient intactes, s'il nous étoit donné d'en faire, pour ainsi dire, le départ (2).

D'après ces considérations, il me semble que l'on peut définir

---

(1) Je pense même que dans le cas où l'on dit qu'il y a excès de l'un des principes d'ailleurs essentiels à la composition d'un minéral, la partie surabondante n'entre pour rien dans la formation de la molécule, et doit être rangée parmi les principes hétérogènes purement accidentels.

(2) Ce sont ces principes accidentels qui font varier certains caractères extérieurs, tels que la couleur, l'éclat de la surface extérieure, celui de la cassure, etc. Ainsi l'on trouve au Vésuve des cristaux de pyroxène (Augit de Werner) dont la surface et la cassure ont un éclat très-vif, tandis que parmi ceux de Norwège, beaucoup ont leur surface raboteuse et terne, et leur intérieur très – peu éclatant. Cependant les uns et les autres se divisent sous les mêmes angles, et ont des formes ou semblables ou qui peuvent être ramenées à la même molécule, en sorte que l'espèce à laquelle ils appartiennent conserve son unité, au milieu des différences d'aspect dont nous venons de parler; et par conséquent ces différences sont tout au plus l'indice d'une variation dans les principes qui concourent d'une manière quelconque à la composition de la substance, mais ils n'en annoncent pas une dans les principes essentiels et vraiment constitutifs.

l'espèce, en minéralogie, *une collection de corps dont les molé-cules intégrantes sont semblables, et composées des mêmes élémens unis en même proportion.* Cette dernière condition généralise la définition, et l'étend aux substances qui ayant leurs molécules configurées de la même manière, diffèrent essentielle-ment par les principes qui composent ces molécules.

Quelques minéralogistes pensent que ces collections que je nomme *espèces* devroient plutôt être regardées comme des genres. Mais où seroient alors les espèces qui soudiviseroient le genre ? Seroient – ce les cristaux de différentes formes ? Il me paroît que ces modifications qui, à la vérité, sont les résultats d'autant de lois déterminées, mais qui après tout ne tiennent qu'à des circonstances locales, telles que la densité ou les autres qua-lités du liquide, ne fournissent pas une raison suffisante, pour établir entre elles des distinctions spécifiques. Elles ne touchent point à la substance, et se bornent à donner différentes enve-loppes à un même noyau. D'ailleurs, dans l'opinion dont il s'agit, on seroit embarrassé des morceaux informes qui sûrement ne méritent pas d'être érigés en espèces. La même réponse s'applique à l'hypothèse dans laquelle les espèces formeroient des groupes, dont l'un comprendroit, par exemple, les corps régulièrement cristallisés ; un second, les concrétions, etc. Mais concevez que les molécules qui ont produit la concrétion aient été librement suspendues dans un liquide tranquille ; elles auroient pris un autre arrangement, et auroient pu former des cristaux. L'idée que fait naître le mot d'*espèce* va droit au fond de la substance, et ne s'arrête point à de simples alentours.

On ne seroit pas mieux fondé à regarder comme autant d'es-pèces les mélanges d'une substance avec des principes accidentels, qui ne font que modifier l'espèce principale, mais ne la transfor-ment pas en une autre qui en soit réellement distinguée. Ces corps mélangés n'appartiennent même à l'espèce principale que parce qu'ils en laissent subsister, au moins en partie, les carac-tères dominans. Si cela n'étoit pas, ils ne devroient plus occuper un rang dans la méthode ; il faudroit les rejeter dans l'appendice général où sont placés les mixtes que l'on appelle *roches ;* et ceci fait voir combien il est contraire à l'esprit de la méthode de mettre sur une même ligne, comme autant d'espèces particulières, avec les véritables espèces, les marnes, les argiles, les schistes et autres corps qui ne sont que des aggrégats fortuits d'espèces déjà classées ailleurs dans la méthode, et dont aucune n'imprime son caractère à l'ensemble, en sorte qu'on ne sauroit même décider à quelle espèce ils doivent être rapportés, comme n'en étant qu'une simple dépendance.

D'après tout ce que je viens de dire, on concevra aisément combien il seroit important de déterminer, à l'aide de l'analyse, par rapport à chaque espèce, ces principes qui concourent seuls à la formation de la molécule intégrante, en opérant sur des morceaux choisis, dont la composition ne renfermât que ce dont elle ne peut se passer, sans cesser d'être ce qu'elle est, et n'eut pour ainsi dire rien emprunté au liquide dans lequel elle a pris naissance. On auroit ainsi la limite dont les analyses des autres morceaux s'écartent plus ou moins, suivant que ceux-ci contiennent des principes purement accidentels, ou que l'un des principes constituans s'y trouve en excès. Cette limite donneroit ce qu'il faudroit appeler l'analyse du minéral soumis à l'expérience, et les autres résultats feroient connoître les diversités accidentelles dont la composition est susceptible. Ils serviroient à indiquer jusqu'à quel terme tel principe a varié dans ses proportions, et à déceler les principes qui n'ont qu'une existence passagère, et sont plutôt une surcharge pour le minéral qui les renferme, qu'ils ne contribuent à son intégrité.

Je crois avoir fait assez sentir combien la chimie et la minéralogie peuvent tirer de forces de leur réunion. Sans la première, on ignoreroit dans quelle classe un minéral doit être placé, s'il renferme un acide, ou s'il n'entre que des terres dans sa composition, ou s'il ne cache pas une substance métallique sous l'apparence d'une simple pierre. Sans la seconde, il seroit souvent difficile de rapporter au type de l'espèce les variétés qui lui appartiennent. L'une indique le premier anneau de la chaîne, et marque le point où il doit être attaché ; mais l'intervention de l'autre est nécessaire pour continuer cette chaîne, et en assortir les différens anneaux.

J'espère qu'on me pardonnera cette longue discussion, que j'ai crue nécessaire, parce qu'il m'a paru que l'on n'avoit pas toujours assez senti l'influence que doit avoir la minéralogie dans la formation d'une méthode bien ordonnée, et que s'il est des cas où le minéralogiste ne peut se dispenser de dire au chimiste : *Apprenez-moi ce que vous venez d'analyser,* il en est d'autres où le chimiste, pour être prudent, doit dire au minéralogiste : *Apprenez-moi ce que je vais analyser.*

Le citoyen Vauquelin, qui joint à l'habileté que tout le monde lui connoit une grande justesse d'esprit, a prouvé plus d'une fois qu'il ne regardoit pas les conséquences déduites de la géométrie des cristaux comme inutiles, pour aider à pressentir le terme auquel doit aboutir l'analyse. Placés par les circonstances l'un auprès de l'autre, nous nous sommes souvent concertés dans nos recherches, et les résultats auxquels nous sommes parvenus, avec deux manières si différentes d'interroger la nature, se sont servis mutuellement de garantie par leur conformité. Je sens tout ce que mon travail a gagné à cette réunion, et combien je suis intéressé à ce que l'on sache que c'est à l'École des Mines, en France, que la chimie et la cristallographie, si long-temps isolées, ont contracté une liaison étroite, et se sont promis de ne se plus quitter.

Si nous reprenons maintenant la comparaison entre les méthodes des botanistes et celles des minéralogistes, nous remarquerons que les premières sont entièrement fondées sur les caractères que fournit la considération de la forme extérieure, parce que celle-ci ayant une relation nécessaire avec l'organisation intérieure, qui est constante dans tous les individus d'une même espèce, chacun d'eux peut servir de modèle commun, pour peindre comme d'un seul trait l'espèce entière.

Dans le règne minéral, au contraire, où les caractères extérieurs subissent des variations continuelles, où les formes même
le mieux prononcées ne sont que des déguisemens passagers, rien
de ce qui parle à l'œil ne peut servir de base à une méthode.
C'est à l'analyse qu'il appartient de poser cette base, et de régler
l'ordre de la classification, en s'éclairant toutefois des lumières
de la cristallographie. Mais ce but une fois rempli, il faut que
l'observateur soit à portée de reconnoître les substances classées, par des moyens indépendans de l'analyse, en employant
un choix de caractères heureusement combinés, dont les uns se
présentent comme d'eux-mêmes à nos sens, et les autres n'exigent,
pour être mis en évidence, que des opérations promptes et faciles.

Ici la cristallographie, qui avoit secondé l'analyse dans la formation de la méthode, reparoîtra avec avantage, pour fournir
des caractères fondés sur les angles des cristaux, qui peuvent être
mesurés en un instant.

Ainsi les moyens qui auront présidé à la composition de la
méthode, seront en même temps les plus solides et ceux qui
prêteront le moins à l'arbitraire, et les moyens qui dirigeront
l'usage de la méthode auront le mérite de la simplicité et de la
commodité.

On a pu voir, par ce qui précède, qu'une méthode minéralogique, étant compliquée de caractères souvent empruntés de
considérations très-différentes, exigeoit plus de tâtonnemens de
la part de celui qui l'emploie, qu'une méthode botanique, dont
la marche uniforme et régulière est tracée d'après une modification qui parle aux yeux; en sorte que tout le travail de l'observateur se borne aux diverses applications d'un même principe.
Mais cet inconvénient, si c'en est un, est compensé en grande
partie par l'avantage de n'avoir à se déterminer qu'entre un
nombre d'espèces incomparablement moindre que celui qu'embrasse la botanique; et la méthode se trouvant resserrée à cet
égard dans un cercle plus étroit, l'observateur se reconnoît plus
aisément au milieu des circuits qu'il est obligé de faire pour

arriver à son but. Ajoutons que la variété même des caractères qu'il associe dans une même recherche, et les divers genres de connoissances qu'il combine avec l'observation de ce qui se présente à ses sens, contribuent à répandre de l'intérêt sur l'étude des objets qui exercent sa sagacité, et à lui rendre cette étude à la fois plus piquante et plus instructive.

Nous avons donné, dans le discours préliminaire, une exposition motivée de la méthode que nous avons adoptée. Le plan en a été conçu de manière que sans nous exposer à faire des rapprochemens désavoués par la nature, pour avoir prévenu les résultats de l'analyse, nous pussions profiter de tous ceux qui permettroient d'établir une distribution régulière dans les parties de la méthode sur lesquelles le travail des chimistes nous a procuré des connoissances plus certaines et plus suivies. Nous avons divisé tout le règne minéral en quatre classes, dont nous remettons ici les titres sous les yeux du lecteur.

1. Substances acidifères, composées d'un acide uni à une terre ou à un alkali, et quelquefois à l'un et à l'autre.

2. Substances terreuses, dans la composition desquelles il n'entre que des terres, unies quelquefois avec un alkali.

3. Substances combustibles, (non métalliques).

4. Substances métalliques.

Nous avons pareillement exposé les raisons qui nous ont déterminés à choisir la base plutôt que l'acide, pour caractériser les genres de la première classe, et ceux auxquels appartiennent des substances métalliques, qui ont de même un acide pour un de leurs principes composans. De là enfin la nécessité de modifier, à l'aide d'une inversion très-simple, les noms spécifiques adoptés par les chimistes modernes, en disant *chaux sulfatée,* au lieu de *sulfate de chaux; fer carburé,* au lieu de *carbure de fer,* etc. pour assortir la nomenclature à la méthode elle-même, et lui conserver cette justesse et cette régularité si heureusement introduites par le célèbre Linnæus dans le langage de l'histoire naturelle.

Le

Le soin que nous avons pris de restreindre notre méthode à
ce qui est fondé sur des connoissances exactes et précises, nous
prescrivoit d'en exclure certaines substances dont la nature n'est
pas encore assez avérée, pour permettre de décider si elles constituent des espèces à part, ou si elles se rapportent à quelqu'une
des espèces déjà classées. Nous disposerons ces substances dans
un premier appendice, où nous en donnerons la description, en
exposant les soupçons que leurs caractères peuvent déjà faire
naître sur ce qu'elles deviendront, quand elles seront mieux
connues. Un second appendice contiendra les substances qui ne
sont que des mélanges de différentes espèces, et parmi lesquelles
se trouvent les aggrégats auxquels on a donné le nom de *roches*,
et que nous ferons connoître alors plus particulièrement. Enfin
il y aura un troisième appendice pour les produits des volcans
et ceux des feux souterrains non volcaniques,

Après tout, on doit se souvenir que nos méthodes même les
mieux faites, ne représentent qu'imparfaitement la nature; et
après nous avoir conduits jusqu'à un certain terme, nous abandonnent ensuite à nous-mêmes. Il semble qu'elles n'aient été
composées que d'après des morceaux choisis, où les caractères
qu'elles indiquent eussent une expression plus nette et mieux
prononcée. Cependant tout incomplètes qu'elles sont, elles ont
l'avantage précieux de mettre de l'ordre dans nos idées, et de
nous préparer à une étude plus développée de leur objet. L'ins-
truction une fois ébauchée par l'exacte application des principes
à des morceaux d'élite, s'achève plus facilement et plus heureusement, par l'observation assidue de tout ce qui peut se présenter dans
la nature, et l'art de se servir avec avantage de la méthode mène à
trouver, dans un œil exercé, l'art de savoir ensuite se passer d'elle.

DE LA NOMENCLATURE DES MINÉRAUX.

La minéralogie et les autres sciences naturelles ont été cul-
tivées, pendant une longue suite d'années, sans que l'on ait paru

sentir combien les mots qui sont les signes de nos idées, pouvoient influer sur la facilité d'acquérir et de se rappeler ces idées
elles-mêmes. La langue de ces sciences n'étoit soumise à aucune
règle fixe; le caprice des nomenclateurs décidoit et du choix et
du nombre des mots qui composoient chaque dénomination; et
ces mots souvent impropres, ou même susceptibles d'offrir un
sens faux et trompeur, avoient le double inconvénient de nuire
à l'opération de la mémoire, et d'offusquer la vue de l'esprit.

Enfin Linnæus entreprit de faire parler à l'histoire naturelle
une langue raisonnée et vraiment méthodique, en réduisant
chaque dénomination à deux noms, dont l'un étoit commun à
l'espèce dénommée avec toutes celles qui appartenoient au même
genre, et l'autre servoit de signe distinctif à cette espèce.
L'exemple de ce savant illustre a entraîné tous ceux qui depuis
ont cultivé avec le plus de succès l'étude de la nature; et les
auteurs de la chimie moderne ont porté une semblable précision
dans l'idiome de cette science, où elle se trouve jointe à un
avantage particulier, qui naît du fonds même du sujet. Il consiste
en ce qu'ici nommer et définir ne sont qu'une même chose, et que
la seule collection des noms, tels que ceux de *fluate de chaux,
sulfate de baryte,* etc. présente un traité abrégé de la science.

Nous avons adopté cette nomenclature partout où les connoissances acquises le comportoient, et parmi une foule d'exemples
que nous pourrions citer, pour prouver combien la minéralogie
a gagné à cette adoption, nous nous bornerons à celui que fournit
le nom de *spath.* On avoit d'abord réuni sous ce nom plusieurs
espèces de minéraux, qui avoient un tissu lamelleux et chatoyant.
Ainsi il y avoit des *spaths calcaires,* des *spaths pesans,* des
spaths fluors, des *spaths étincelans,* etc. Dans le temps où
les différens corps désignés par ce nom composoient un genre
unique, comme il paroît que cela avoit lieu vers l'origine de la
science, c'étoit la méthode qui péchoit plutôt que la nomenclature, en identifiant des espèces essentiellement distinguées entre
elles. Mais depuis, ces mêmes corps ayant été mieux connus,

furent séparés les uns des autres et placés dans différens genres ,
ou même dans différentes classes, et cependant on ne laissa pas de
leur conserver la dénomination commune de *spath*, et l'on se mit
ainsi dans l'alternative inévitable ou de paroître morceler un
genre, pour en disperser les membres, ce qui est contre tous les
principes de la méthode, ou d'envelopper dans un même nom des
genres qui n'avoient d'ailleurs rien de commun, ce qui n'est pas
moins opposé aux principes d'une bonne nomenclature. Et comme
si ce n'étoit pas assez de la confusion occasionnée par les spaths de
l'ancienne minéralogie, l'abus de ce mot a, pour ainsi dire, pul-
lulé dans des dénominations modernes, et de là sont nés les spaths
boraciques, les spaths adamantins, etc. La langue de la nouvelle
chimie, en supprimant le nom de *spath* dans les substances
acidifères, a donné comme le signal, pour étendre la même
réforme à quelques-unes des substances terreuses qui restoient
encore en possession de ce nom vicieux (1).

Quant aux noms de ces dernières substances, ils devoient être
fondés, au moins pour le présent, sur des considérations étrangères à la nature chimique des corps, et il est même à présumer
que nous ne serons pas encore de sitôt à portée de les ramener
aux résultats de l'analyse, en supposant toutefois qu'on ne soit
pas arrêté par la prolixité de ceux qui s'appliqueroient à des
substances composées de trois ou quatre terres intimement combinées entre elles. Quoi qu'il en soit, il falloit des noms qui
pussent servir pendant un temps indéfini, et c'étoit une raison
pour faire aussi dans cette partie du langage de la science tous
les changemens qui n'entraîneroient pas de trop grands incon-
véniens.

Mais pour mieux motiver ceux que je me suis permis, il ne
sera pas inutile d'exposer, avant tout, les principes auxquels me

---

(1) Nous n'avons conservé ce nom que dans la dénomination de *feld-spath*,
trop généralement répandue pour n'être pas respectée, et où d'ailleurs il ne
peut faire équivoque, parce qu'il n'est plus employé ailleurs.

paroît devoir être soumise la formation des noms indépendans
de l'analyse.

Depuis quelque temps, on est assez dans l'usage de donner
aux substances minérales des noms empruntés de ceux que portent les lieux où elles ont été découvertes. Il me semble que c'est
intervertir l'usage de ces noms, qui ne doivent servir qu'à désigner des individus ou des corps particuliers, comme lorsqu'on
dit d'une idocrase dont on veut désigner la localité, que c'est
une idocrase du Vésuve, ou une idocrase de Sibérie. Substituez
au mot d'*idocrase* celui de *vésuvienne*, qui est reçu en Allemagne; la première expression aura l'air d'un pléonasme, et la
seconde paroîtra contradictoire.

D'autres tirent les nouvelles dénominations de la couleur sous
laquelle la substance s'est présentée aux premiers observateurs.
C'est transporter à l'espèce le nom de la variété. On a appelé, par
exemple, *yanolithe* (1) (pierre violette) la substance que nous
nommons *axinite*. Mais il y a des cristaux de cette substance
qui sont verts, et dans ce cas le nom d'*yanolithe verte* n'exprime
plus qu'un être de raison.

On doit encore éviter de faire rentrer le nom d'un minéral
dans celui d'un autre, avec une inflexion différente, comme lorsqu'on a nommé *hyacinthine* la substance que nous appelons
idocrase, sans doute pour rappeler les rapports qu'on lui attri-
buoit avec l'hyacinthe (zircon de notre méthode) à laquelle on
l'avoit d'abord réunie. La vérité est qu'elle en diffère très-sensiblement, soit par ses principes composans, soit par sa structure,
soit même par les angles de ses cristaux; et qu'il suffisoit d'y
regarder un peu pour prononcer, ainsi que l'a fait Romé de
l'Isle (2), qu'elles devoient être séparées l'une de l'autre. Loin
donc d'indiquer par la ressemblance des noms un prétendu rapport qui est nul pour de bons yeux, il falloit plutôt marquer

____

(1) Sciagraphie, seconde édition, t. I, p. 287.
(2) Cristallogr. t. I, p. 291.

entre les deux substances une ligne nette de séparation , par un nouveau nom qui n'eût rien de commun avec le premier , et qui fît oublier, s'il étoit possible, une erreur que les minéralogistes n'auroient jamais dû commettre.

A l'égard des noms insignifians, auxquels plusieurs naturalistes donnent la préférence, rien ne s'oppose à leur adoption. De ce nombre sont les noms tirés de la fable, comme *Titane, Uranium,* etc. Le sens qu'ils présentent est si éloigné de se rapporter aux objets qu'ils servent à désigner, qu'ils ne peuvent occasionner ni méprise, ni équivoque ; en sorte qu'ils sont dans le même cas que s'ils étoient faits de pure imagination. On attribue aussi quelquefois à une production naturelle le nom de celui qui l'a découverte ; et il faudroit être bien sévère pour condamner cette manière de payer , par une sorte d'hommage, un présent fait à la science.

Cependant il me paroît y avoir plus d'avantage à employer des noms significatifs, qui rappellent quelque propriété caractéristique du minéral à dénommer, ou quelque circonstance relative à son histoire. Mais parce que ce minéral n'est souvent distingué des autres que par l'ensemble de ses caractères, on ne doit pas exiger que le nom, qui ne peut porter que sur un seul caractère, fasse ressortir sans équivoque l'objet qu'il désigne. De plus, si l'on considère que les caractères des minéraux sont susceptibles de variation, on conviendra que le nomenclateur doit se donner ici une grande latitude, et qu'il suffit que chaque nom repose sur quelque idée qui soit liée à la connoissance de l'objet. Sans cette latitude, il seroit presque impossible de faire des noms significatifs, c'est-à-dire des noms raisonnables. Dans un sujet d'une aussi grande difficulté , tout est admissible, excepté ce qui est inexcusable.

Or il faut l'avouer, notre langue n'est pas propre à fournir des noms significatifs, sans le secours des périphrases, qui sortent du cadre étroit dans lequel les véritables noms doivent être renfermés. Que cette langue répande dans les descriptions des objets la clarté et la justesse qui la caractérisent ; mais que les noms spécifiques soient fournis par la langue grecque, qui a éminemment l'avantage de pouvoir fondre ensemble plusieurs mots, pour en composer un mot unique, qui peint en raccourci l'objet qu'il sert à dénommer. C'est ainsi qu'ont été formés une foule de noms employés par les sciences et par les arts. Tous les jours ces noms se multiplient ; l'instrument qui transmet au loin en un clin d'œil les signes de la pensée est le *télégraphe* ; l'art d'écrire avec la rapidité de la parole est la *sténographie*, etc. Pourquoi voudroit-on bannir la langue grecque du pays des sciences, où elle est comme naturalisée depuis long-temps, et où chaque nouvelle expression amenée par le besoin, se trouve, pour ainsi dire, en famille avec mille autres qui l'ont précédée ?

C'est dans cette même source qu'ont été puisés les noms que j'ai ajoutés à la nomenclature de la minéralogie. Différens motifs en ont sollicité la formation, et il se présentoit surtout deux circonstances où il étoit indispensable d'en composer de nouveaux ; savoir lorsqu'il s'agissoit d'une espèce jusqu'alors inconnue, et lorsqu'on avoit confondu ensemble plusieurs espèces différentes. Dans ce dernier cas, je laissois ordinairement à l'une des espèces le nom qu'elles avoient porté en commun, et je désignois les autres par des dénominations particulières.

Je m'étois presque borné à ces changemens d'une nécessité absolue, dans l'extrait qui a paru de ce traité, et j'avois laissé subsister d'ailleurs tous les noms déjà imprimés, quelqu'impropres qu'ils fussent. Mais depuis on m'a fait observer qu'il conviendroit de faire subir la même réforme à plusieurs noms que j'avois épargnés, comme *leucite* et *leucolithe*, dont l'un signifie *corps blanc*, et l'autre *pierre blanche*, *smaragdite*, qui est à peu près un synonyme d'*émeraude*, *oisanite*, *andréolithe*, *thallite*, et quelques autres empruntés des localités ou des couleurs. On trouvoit ces noms doublement vicieux, soit par leur impropriété, lorsqu'on les considéroit isolément, soit par la monotonie de leurs terminaisons, lorsqu'on les rapprochoit

les uns des autres. D'ailleurs ils étoient en assez petit nombre,
et ne se trouvoient que dans des ouvrages très-modernes. En un
mot, on jugea que l'intérêt de la science, qui avoit déterminé les
premiers changemens, sollicitoit encore ceux que l'on me proposoit. Je n'ai plus balancé, dès que je me suis vu appuyé par des
savans dont les raisons m'ont paru décisives, et dont les autorités
seules valent des raisons ; et je me sens d'autant plus intéressé à
déclarer ici les motifs auxquels j'ai cédé, que je serois fâché qu'on
m'accusât de m'être laissé entraîner par le néologisme. Je mets
une grande différence, à tous égards, entre faire de nouveaux
noms et dire des choses neuves. L'un est le résultat d'un travail
purement thecnique, qui ne touche qu'au dictionnaire de la
science ; l'autre suppose des vues qui tendent à en aggrandir l'édifice. Une vérité jusqu'alors inconnue est aussitôt adoptée, parce
qu'elle s'insinue dans les esprits par la voie de la persuasion. Mais
la nouveauté des mots qui frappent l'oreille pour la première
fois répand seule sur eux une sorte de défaveur ; celui qui les
propose semble vouloir agir d'autorité ; on les repousse sans réflexion et sans examen, ou on les censure, tout en convenant de
l'utilité d'un changement. Mais les naturalistes qui, après y avoir
bien songé, entreprennent une tâche si penible, si fastidieuse et
si peu propre à les dédommager des soins qu'elle a coûtés, ne
doivent voir ici que la science, ne désirer que l'avantage de lui
être utile, et ne craindre que le reproche de n'avoir pas osé faire
tout ce que leur commandoit son intérêt.

Au reste, ceux qui conserveroient encore de la prédilection
pour les dénominations supprimées, les retrouveront à côté de
celles que je leur ai substituées, et pourront continuer de s'en
servir. Mais j'espère que les commençans, en comparant les unes
avec les autres, me sauront gré d'offrir à leur mémoire, encore
vide pour ainsi dire, des noms faits pour éclairer leur esprit. J'ai
eu soin de joindre à ces noms leurs étymologies, et j'en ai usé de
même pour tous les autres, soit nouveaux, soit anciens, quelle
qu'en fût l'origine, lorsqu'il m'a été possible de la connoître.

DE LA NOMENCLATURE DES CRISTAUX.

Si la langue de la minéralogie a été si long-temps défectueuse,
par le mauvais choix des noms spécifiques, le défaut presqu'absolu de noms par rapport aux variétés de cristallisation y laissoit
un vide, qui n'étoit pas un moindre inconvénient. Il n'y avoit
d'exception que pour un petit nombre de ces variétés, dont les
formes étoient·si simples, qu'elles suggéroient comme d'elles-
mêmes les épithètes de *cubique,* d'*octaèdre,* de *dodécaèdre,* etc.
qui devoient être ajoutées aux noms des espèces. On indiquoit
les formes plus composées par des définitions dont la longueur
étoit en quelque sorte proportionnelle au nombre des facettes;
ou si l'on cherchoit à abréger ces définitions, en les empruntant
d'un rapport entre le cristal et quelqu'objet familier (1), c'étoit
avec si peu de fondement, qu'il eût été à désirer, pour l'honneur
de la comparaison, que cet objet fût moins connu.

Convaincu de la nécessité de porter aussi la précision dans
cette partie du langage minéralogique, si négligée jusqu'alors,
j'ai essayé de désigner les formes cristallines par des noms simples
et significatifs, puisés dans les caractères de ces formes, ou dans
les propriétés qui résultent de leur structure et des lois de décroissement dont elles dépendent. Je vais présenter ici la série
de ces noms, sous la forme d'une méthode raisonnée. J'espère
que ceux qui voudront bien la parcourir avec attention, y trouveront un secours pour graver ces noms dans leur mémoire, en
les liant à des considérations qui se classent aisément dans l'esprit. Ils y verront que par une espèce d'économie de langage,
très-utile surtout en pareil cas, le même nom est souvent appli-
cable à des variétés prises dans différentes espèces. Il est vrai que
d'une autre part le nom qui sert à désigner telle variété, pourroit

---

(1) En voici des exemples, *spath calcaire à tête de clou; spath calcaire à
dent de cochon* (suivant les Français), *à dent de chien* (suivant les Anglais).

convenir

convenir aussi à une autre variété de la même espèce. Par exemple, j'appelle *binaire* une forme qui dépend d'un décroissement par deux rangées ; or en supposant que ce décroissement se fasse sur les bords, il est possible qu'une autre variété de la même substance soit due à un décroissement qui auroit lieu par deux rangées sur les angles. Mais alors la méthode offrira pour celle-ci un autre nom emprunté d'une considération différente. L'inconvénient dont nous parlons est commun à toutes les nomenclatures et paroît inévitable. Ainsi, dans la langue de la botanique, telle variété portera le nom de *crassifolia* (à feuilles épaisses), ou de *rotundifolia* (à feuilles rondes), tandis qu'une autre variété de la même espèce partage avec la première le caractère qui a servi à désigner celle-ci. L'essentiel est que la méthode soit assez féconde pour fournir au moins à tous les besoins connus de la science. J'espère même qu'à l'aide du travail que j'ai exécuté, une grande partie des formes que l'on découvrira par la suite se trouveront nommées d'avance ; et quant à celles qui exigeroient de nouveaux noms, on aura du moins une méthode de nommer. Dans tous les genres de recherches, il est plus facile d'aller en avant, lorsque la route est tracée.

Principes de la nomenclature.

La forme primitive d'une substance quelconque est toujours désignée par le mot *primitif* (ou *primitive*) ajouté au nom de l'espèce. Exemples : *zircon primitif, chaux carbonatée primitive, fer sulfuré primitif,* etc.

On peut considérer les formes secondaires :

1°. Relativement aux modifications qu'elles offrent de la forme primitive, lorsque les faces de celle-ci se combinent avec celles qui résultent des lois de décroissement.

2°. En elles-mêmes, et comme formes purement géométriques.

3°. Relativement à certaines facettes ou certaines arêtes remarquables par leur assortiment ou par leurs positions.

4°. Relativement aux lois de décroissemens dont elles dépendent.

5°. Relativement aux propriétés géométriques qu'elles présentent.

6°. Enfin, relativement à certains accidens particuliers.

1. *Formes secondaires considérées relativement aux modifications qu'elles offrent de la forme primitive.*

On appelle le cristal,

a. *Pyramidé*, lorsque la forme primitive étant un prisme, porte sur chacune de ses bases une pyramide qui a autant de faces que le prisme a de pans. Exemple : chaux phosphatée pyramidée.

b. *Prismé*, lorsque la forme primitive étant composée de deux pyramides réunies base à base, ces pyramides sont séparées par un prisme. Ex. zircon prismé, quartz prismé.

Semi-prismé, lorsqu'il n'y a qu'une moitié du nombre d'arêtes situées autour de la base commune, qui soient interceptées par des pans. Ex. plomb sulfaté semi-prismé.

c. *Basé*, lorsque la forme primitive étant un rhomboïde, ou un assemblage de deux pyramides, les sommets sont interceptés par des faces perpendiculaires à l'axe, et faisant la fonction de bases. Ex. chaux carbonatée basée, soufre basé.

d. *Epointé*, lorsque tous les angles solides de la forme primitive sont interceptés par des facettes solitaires. Ex. mésotype épointée.

On dira aussi *bisépointé*, *triépointé*, *quadriépointé*, suivant que chaque angle solide sera intercepté par deux, trois ou quatre facettes. Ex. analcime triépointé, fer sulfuré quadriépointé.

e. *Emarginé*, lorsque toutes les arêtes de la forme primitive sont interceptées chacune par une facette. Ex. grenat émarginé.

On dira aussi *bisémarginé*, *triémarginé*, suivant que chaque arête sera interceptée par deux ou trois facettes. Ex. grenat triémarginé.

f. Péri - hexaèdre , péri - octaèdre, péri – décaèdre, péri-dodécaèdre, lorsque la forme primitive étant un prisme à quatre pans, se change, par l'effet des décroissemens, en un prisme hexaèdre, octaèdre, décaèdre ou dodécaèdre. On nomme aussi *péri – dodécaèdre* un cristal dont le noyau étant un prisme hexaèdre régulier, a ses six arêtes longitudinales interceptées par autant de facettes. Ex. cuivre sulfaté péri-hexaèdre ; *idem* péri-octaèdre ; *idem* péri-décaèdre ; émeraude péri-dodécaèdre.

g. Raccourci, lorsque la forme primitive étant un prisme à bases rhombes, les arêtes longitudinales contiguës à la grande diagonale sont interceptées par deux facettes qui la font paroître diminuée dans le sens de sa longueur. Ex. baryte sulfatée raccourcie.

h. Rétréci, lorsque la forme primitive étant un prisme à bases rhombes, les arêtes longitudinales contiguës à la petite diagonale sont interceptées par deux facettes qui la font paroître diminuée dans le sens de sa largeur. Ex. baryte sulfatée rétrécie.

2. Formes secondaires considérées en elles – mêmes, et comme étant purement géométriques.

On appelle le cristal ,

a. Cubique, lorsqu'il présente la forme du cube, laquelle dans ce cas est toujours secondaire. Ex. chaux fluatée cubique.

b. Cuboïde, lorsque sa forme diffère peu du cube. Ex. chaux carbonatée cuboïde.

c. Tétraèdre, lorsqu'il présente la forme du tétraèdre régulier, comme forme secondaire. Ex. zinc sulfuré tétraèdre.

d. Octaèdre, lorsqu'il présente la forme de ce solide , comme secondaire. Ex. soude muriatée octaèdre.

e. Prismatique, lorsqu'il a la forme d'un prisme droit ou oblique, dont les pans sont inclinés entre eux de 120^{d}· Ex. chaux carbonatée prismatique ; feld-spath prismatique.

f. Dodécaèdre, lorsque sa surface est composée de douze faces triangulaires, quadrangulaires ou pentagones, toutes égales et semblables, ou seulement de deux mesures d'angles différentes. Ex. quartz dodécaèdre; zircon dodécaèdre; fer sulfuré dodécaèdre.

Si le dodécaèdre n'avoit pas toutes ses faces du même nombre de côtés, il suffiroit qu'on pût le ramener, par la pensée, à cet aspect, en faisant varier ses dimensions.

g. Icosaèdre, lorsque sa surface est composée de vingt triangles, dont douze isocèles et huit équilateraux. Ex. fer sulfuré icosaèdre.

h. Trapézoïdal, lorsque sa surface est composée de vingt-quatre trapézoïdes égaux et semblables. Ex. grenat trapézoïdal.

i. Triacontaèdre, lorsque sa surface est composée de trente rhombes. Ex. fer sulfuré triacontaèdre.

k. Ennéacontaèdre, lorsque sa furface est composée de quatre-vingt-dix faces. Ex. idocrase ennéacontaèdre.

l. Birhomboïdal, lorsque sa furface est composée de douze faces qui étant prises six à six et prolongées, par la pensée, jusqu'à s'entrecouper, formeroient deux rhomboïdes différens. Ex. chaux carbonatée birhomboïdale.

On dira *trirhomboïdal*, dans le même sens. Ex. chaux carbonatée trirhomboïdale.

m. Biforme, triforme, lorsqu'il renferme une combinaison de deux ou de trois formes remarquables, telles que le cube, le rhomboïde, l'octaèdre, le prisme hexaèdre régulier, etc. Ex. alumine sulfatée triforme.

n. Cubo-octaèdre, cubo-dodécaèdre, cubo-tétraèdre, etc. lorsqu'il renferme une combinaison des deux formes indiquées par ces expressions. Ex. chaux fluatée cubo-octaèdre; fer sulfuré cubo-dodécaèdre; cuivre gris cubo-tétraèdre.

o. Trapézien, lorsque sa surface latérale est composée de trapèzes situés sur deux rangs, entre deux bases. Ex. baryte sulfatée trapézienne.

p. Ditétraèdre, c'est-à-dire *deux fois tétraèdre*, lorsque sa

forme est celle d'un prisme tétraèdre à sommets dièdres.
Ex. grammatite ditétraèdre.

q. Dihexaèdre, lorsqu'il forme un prisme hexaèdre à sommets trièdres. Ex. feld-spath dihexaèdre.

On dit dans le même sens, *dioctaèdre, didécaèdre, didodécaèdre*. Ex. topaze dioctaèdre; feld - spath didécaèdre; chaux phosphatée didodécaèdre.

r. Trihexaèdre , tétrahexaèdre , pentahexaèdre , eptahexaèdre, lorsque sa surface est composée de trois, quatre, cinq, sept rangées de facettes disposées six à six les unes au-dessus des autres. Ex. potasse nitratée trihexaèdre; quartz pentahexaèdre ; potasse nitratée eptahexaèdre.

On dira dans le même sens, *tridodécaèdre.* Ex. argent antimonié sulfuré tridodécaèdre. *Trioctaèdre.* Ex. plomb sulfaté trioctaèdre.

s. Bigéminé, lorsqu'il offre une combinaison de quatre formes qui, prises deux à deux, sont de la même espèce. Ex. chaux carbonatée bigéminée.

t. Amphihexaèdre, c'est-à-dire , *hexaèdre* dans deux sens , lorsqu'en prenant les faces suivant deux directions différentes , on a deux contours hexaèdres. Ex. axinite amphihexaèdre.

u. Sexdécimal, lorsque les faces qui appartiennent au prisme ou à la partie moyenne, et celles qui appartiennent aux deux sommets, sont les unes au nombre de six , et les autres au nombre de dix , ou réciproquement. Ex. feld-spath sexdécimal.

On dit dans le même sens, *octodécimal*, ex. feld-spath octodécimal; *sexduodécimal*, ex. chaux carbonatée sexduodécimale ; *octoduodécimal* , ex. cuivre sulfaté octoduodécimal; *déciduodécimal*, ex. feld-spath déciduodécimal.

x. Péripolygone, lorsque le prisme a un grand nombre de pans. Ex. tourmaline péripolygone.

y. Surcomposé, lorsque la forme est très-composée. Ex. tourmaline surcomposée.

z. Antiennéaèdre, c'est-à-dire *ayant neuf faces de deux*

côtés opposés, est un nom particulier à une variété de la tourmaline, dans laquelle les deux sommets sont à neuf faces et le prisme à douze pans, au lieu qu'ordinairement c'est le prisme au contraire qui est ennéaèdre.

a a. Prosennéaèdre, c'est-à-dire *ayant neuf faces sur deux parties adjacentes*, se dit d'une autre variété de la tourmaline, dans laquelle le prisme et l'un des deux sommets ont chacun neuf faces.

b b. Récurrent, lorsqu'en prenant les faces du cristal par rangées annulaires, depuis une extrémité jusqu'à l'autre, on a deux nombres qui se succèdent plusieurs fois, comme 4, 8, 4, 8, 4. Ex. étain oxydé récurrent.

c c. Equidifférent, lorsque les nombres qui désignent les faces du prisme et celles des deux sommets, qui dans ce cas diffèrent l'un de l'autre, forment un commencement de suite arithmétique, comme 6, 4, 2. Ex. amphibole équidifférent.

d d. Convergent, lorsque dans le cas précédent, la suite est sensiblement convergente, comme 15, 9, 3. Ex. tourmaline convergente.

e e. Impair, lorsque les nombres qui désignent les pans du prisme et les faces des deux sommets censés différens l'un de l'autre, sont tous les trois impairs, sans être d'ailleurs en progression. Ex. tourmaline impaire.

f f. Hypéroxyde, c'est-à-dire *aigu à l'excès*, se dit d'une variété de chaux carbonatée qui renferme la combinaison de deux rhomboïdes, l'un aigu qui est l'inverse, l'autre incomparablement plus aigu.

g g. Sphéroïdal, se dit du diamant à quarante-huit faces bombées.

h h. Plan-convexe, se dit du diamant à faces les unes planes, les autres curvilignes.

3. *Formes secondaires considérées relativement à certaines facettes, ou certaines arêtes, remarquables par leur assortiment ou par leurs positions.*

Le cristal se nomme,

a. Alterne, lorsqu'il a sur ses deux parties, l'une supérieure et l'autre inférieure, des faces qui alternent entre elles, mais qui se correspondent de part et d'autre. Ex. quartz alterne.

Bisalterne, lorsque dans le cas précédent, l'alternative a lieu non-seulement entre les faces d'une même partie, mais encore entre celles des deux parties. Ex. chaux carbonatée bisalterne, quartz bisalterne.

Bibisalterne, lorsqu'il y a de part et d'autre deux ordres de facettes bisalternes. Ex. mercure sulfuré bibisalterne.

b. Annulaire, lorsqu'un prisme hexaèdre a six facettes marginales disposées en anneau autour de chaque base. Ex. émeraude annulaire.

On dira la même chose d'un prisme octaèdre à huit facettes marginales autour des bases. Ex. étain oxydé annulaire.

c. Monostique, lorsqu'un prisme d'un nombre quelconque de pans a sur le contour de chaque base une rangée de facettes en nombre différent de celui des pans, et qui peuvent être toutes marginales, ou les unes marginales et les autres angulaires. Ex. topaze monostique.

Distique, lorsque dans le même cas, il y a deux rangées de facettes autour de chaque base. Ex. topaze distique.

Subdistique, lorsque parmi les facettes disposées sur un même rang autour de chaque base, deux sont surmontées chacune d'une nouvelle facette qui est comme le rudiment d'une seconde rangée. Ex. péridot subdistique.

d. Plagièdre, lorsque le cristal a des facettes situées de biais. Ex. quartz plagièdre, zircon plagièdre.

e. Dissimilaire, lorsque deux rangées de facettes, situées l'une au-dessus de l'autre , vers chaque sommet , ont un défaut de symétrie. Ex. topaze dissimilaire.

f. Encadré, lorsqu'il a des facettes qui forment des espèces de cadres autour des faces d'une forme plus simple déjà existante dans la même espèce. Ex. chaux fluatée encadrée.

g. Prominule, lorsqu'il a des arètes qui forment une très-légère saillie. Ex. chaux sulfatée prominule.

h. Zonaire, lorsqu'il a autour de sa partie moyenne un rang de facettes qui lui forment une espèce de zone. Ex. chaux carbonatée zonaire.

i. Apophane, c'est-à-dire *manifeste*, lorsque certaines facettes ou certaines arètes offrent quelqu'indication utile pour reconnoître la position du noyau, qui sans cela seroit difficile à deviner, ou même pour déterminer, soit la direction, soit la mesure des décroissemens. Ex. feld-spath apophane ; argent antimonié sulfuré apophane ; cuivre gris apophane.

l. Emoussé, lorsqu'il a des facettes qui interceptent et rendent comme émoussées des parties , qui sans elles seroient plus saillantes que les autres. Ex. axinite émoussée, chaux carbonatée émoussée.

m. Contracté, se dit d'une variété dodécaèdre de chaux carbonatée , dans laquelle les bases des pentagones extrèmes éprouvent une sorte de contraction, en conséquence de l'inclinaison des faces latérales.

n. Dilaté, se dit d'une autre variété dodécaèdre de chaux carbonatée, dans laquelle les bases des pentagones extrèmes éprouvent une espèce de dilatation, en conséquence de l'inclinaison des faces latérales.

o. Acutangle, se dit d'une variété de chaux carbonatée en prisme hexaèdre, dont les angles solides sont interceptés par des facettes triangulaires très-aiguës.

p. Défective, se dit d'une variété de magnésie boratée, dans laquelle quatre angles solides du cube primitif sont interceptés par des facettes, tandis que les angles opposés restant intacts, subissent une espèce de défaut.

q. Surabondante , se dit d'une autre variété de magnésie boratée, dans laquelle les angles solides qui étoient intacts sur la
variété défective, sont interceptés chacun par quatre facettes, en
sorte qu'il y a surabondance où il y avoit défaut.

4. *Formes secondaires considérées relativement aux lois de
    décroissement dont elles dépendent.*

Le cristal se nomme,

a. Unitaire , lorsqu'il ne subit qu'un seul décroissement par
une rangée. Ex. télésie unitaire. S'il y a deux, trois, quatre
décroissemens par une rangée, on dira *bisunitaire , triunitaire,
quadriunitaire.* Ex. péridot triunitaire, chaux carbonatée bisunitaire.

b. Binaire, bibinaire, tribinaire, etc. dans le cas d'un, de
deux, de trois décroissemens par deux rangées. Ex. fer oligiste
binaire, feld-spath bibinaire.

c. Ternaire, biternaire, etc. dans le cas d'un, de deux décroissemens, etc. par trois rangées.

d. Unibinaire , s'il y a deux décroissemens, l'un par une rangée, l'autre par deux; *uniternaire,* s'il y en a un par une rangée,
et l'autre par trois; *binoternaire,* s'il y en a un par deux , et
l'autre par trois, etc. Ex. chaux carbonatée uniternaire, chaux
carbonatée binoternaire.

La nomenclature, dans toutes les expressions précédentes ,
ainsi que dans celles qui suivront, fait abstraction des faces
parallèles à celles du noyau, qui existent le plus souvent sur le
cristal secondaire. Parmi les formes où le noyau est entièrement
masqué, les unes ont des noms empruntés de considérations
différentes, et celles qui restent sont en si petit nombre que j'ai
cru inutile de compliquer le langage en employant pour elles
une désignation particulière.

Pour éviter de confondre les mots qui expriment les décroissemens avec ceux qui indiquent le nombre des faces, on peut

remarquer que ceux-ci ont leur terminaison en *èdre*, comme dodécaèdre, ou en *al*, comme octodécagonal, tandis que les autres finissent en *aire*.

e. Equivalent, lorsque l'exposant qui indique un décroissement est égal à la somme de ceux qui indiquent les autres. Ex. fer sulfaté équivalent.

f. Soustractif, lorsque l'exposant relatif à un décroissement est moindre d'une unité que la somme de ceux qui indiquent les autres. Ex. pyroxène soustractif.

g. Additif, lorsque l'exposant relatif à un décroissement surpasse d'une unité la somme de ceux qui indiquent les autres. Ex. cuivre sulfaté additif.

h. Progressif, lorsque les exposans forment un commencement de progression arithmétique, comme 1, 2, 3. Ex. tourmaline progressive.

i. Disjoint, lorsque les décroissemens font un saut brusque, comme de 1 à 4 ou à 6. Ex. argent antimonié sulfuré disjoint.

k. Partiel, lorsqu'il y a quelque partie qui reste sans décroissemens, tandis que les autres parties semblablement situées en subissent. Ex. cobalt sulfuré partiel.

l. Soudouble, lorsque l'exposant relatif à un décroissement est la moitié de la somme des autres exposans. Ex. topaze soudouble.

On dira *soutriple*, *souquadruple*, etc. dans le même sens. Ex. cuivre sulfaté soutriple.

Les trois exposans qui composent l'indication d'un décroissement intermédiaire ne comptent que pour un seul, qui est égal à leur somme.

m. Doublant, triplant, quadruplant, lorsqu'un des exposans est répété deux, trois ou quatre fois dans une série qui sans cela seroit régulière. Ex. péridot doublant, péridot quadruplant.

n. Identique, lorsque les exposans des décroissemens simples, au nombre de deux, sont égaux aux termes de la fraction relative à un troisième décroissement, qui est mixte. Ex. cuivre gris identique.

o. Isonome, c'est-à-dire *égalité de lois*, lorsque les exposans qui indiquent les décroissemens sur les bords étant égaux, ceux qui expriment les décroissemens sur les angles le sont aussi. Ex. cuivre sulfaté isonome.

p. Mixte, lorsque la forme résulte d'un seul décroissement mixte. Ex. télésie mixte.

q. Pantogène, c'est-à-dire *qui tire son origine de toutes les parties*, lorsque chaque arête et chaque angle solide subit un décroissement. Ex. baryte sulfatée pantogène.

r. Bifère, c'est-à-dire *qui porte deux fois*, lorsque chaque arête et chaque angle solide subit deux décroissemens. Ex. cuivre gris bifère.

s. Entouré, lorsque les décroissemens ont lieu sur toutes les arêtes et sur tous les angles solides autour de la base d'un noyau prismatique. Ex. baryte sulfatée entourée.

t. Opposite, lorsqu'un décroissement se fait par une rangée, et qu'un autre est intermédiaire. Ex. étain oxidé opposite.

u. Synoptique, lorsque les lois de décroissement offrent comme le tableau de celles qui ont lieu pour l'ensemble des autres cristaux, ou du moins pour la plupart. Ex. feld-spath synoptique.

x. Rétrograde, se dit d'une variété de chaux carbonatée, dont l'expression renferme deux décroissemens mixtes, qui sont tels que les faces qui en résultent semblent rétrograder, en se rejetant en arrière, du côté de l'axe opposé à celui que regarde la face sur laquelle ils naissent.

y. Ascendant, lorsque toutes les lois de décroissement ont une marche ascendante, en partant des angles ou des bords inférieurs d'un noyau rhomboïdal. Ex. chaux carbonatée ascendante.

5. *Formes secondaires considérées relativement aux propriétés géométriques qu'elles présentent.*

Le cristal se nomme,

a. Isogone, c'est-à-dire *égalité d'angles*, lorsque les faces qui se trouvent sur des parties différemment situées forment entre elles des angles égaux. Ex. cymophane isogone.

b. Anamorphique, c'est-à-dire *forme renversée*, lorsqu'on ne peut lui donner la position la plus naturelle, sans que celle du noyau ne se trouve comme renversée. Ex. stilbite anamorphique.

c. Rhombifère, lorsque certaines facettes sont de vrais rhombes, quoique d'après la manière dont elles sont coupées par les faces voisines, elles ne parussent pas au premier coup d'œil devoir être d'une figure symétrique. Ex. quartz rhombifère.

d. Equiaxe, lorsqu'il a la forme d'un rhomboïde dont l'axe égale celui du rhomboïde primitif. Ex. chaux carbonatée équiaxe.

e. Inverse, lorsqu'il a la forme d'un rhomboïde dont les angles saillans sont égaux aux angles plans du rhomboïde primitif, et *vice versâ*. Ex. chaux carbonatée inverse.

f. Métastatique, c'est-à-dire *de transport*, lorsqu'il a des angles plans et des angles solides égaux à ceux du noyau, qui se trouvent ainsi transportés sur la forme secondaire. Ex. chaux carbonatée métastatique.

g. Contrastant, lorsqu'il a la forme d'un rhomboïde très-aigu, dans lequel une inversion d'angles semblable à celle qui a lieu dans l'inverse (lettre *e*), présente une espèce de constraste, en ce qu'elle se rapporte d'une autre part à un rhomboïde très-obtus. Ex. chaux carbonatée contrastante.

h. Persistant, se dit d'une variété de chaux carbonatée, dans laquelle certaines faces se trouvent coupées par les faces voisines, de manière qu'elles conservent les mêmes mesures d'angles qu'elles auroient eues sans cela, excepté que ces angles ont d'autres positions respectives. Ex. chaux carbonatée persistante.

i. Analogique, lorsque sa forme présente plusieurs analogies remarquables. Ex. chaux carbonatée analogique.

k. Paradoxale, lorsque sa structure présente des résultats singuliers et inattendus. Ex. chaux carbonatée paradoxale.

l. Complexe, lorsque sa structure est compliquée de lois peu

ordinaires, comme lorsqu'elle est produite par des décroissemens, les uns mixtes, les autres intermédiaires. Ex. chaux carbonatée complexe.

6. *Formes secondaires considérées relativement à certains*
accidens particuliers.

Le cristal se nomme,

a. Transposé, lorsqu'il est composé de deux moitiés d'octaèdre, ou de deux portions d'un autre cristal, dont l'une semble
avoir tourné sur l'autre d'une quantité égale à un sixième de circonférence. Ex. spinelle transposé, zinc sulfuré transposé.

b. Hémi-trope, c'est-à-dire *dont une moitié est retournée*,
lorsqu'il est composé de deux moitiés d'un même cristal, dont
une paroît être renversée. Ex. feld-spath hémi-trope.

c. Rectangulaire, nom particulier donné à la staurotide
composée de deux prismes, qui se croisent à angle droit.

d. Obliquangle, nom particulier donné à la staurotide composée de deux prismes qui se croisent sous un angle de 60^{d}.

e. Sexradiée, nom particulier donné à la staurotide composée de trois prismes qui se croisent de manière à représenter
les six rayons d'un hexagone régulier.

f. Cruciforme, nom particulier donné à l'harmotome composé
de deux cristaux qui forment une espèce de croix.

g. Triglyphe, lorsque les stries considérées sur trois faces
réunies autour d'un même angle solide, sont dans trois directions perpendiculaires entre elles. Ex. fer sulfuré triglyphe.

h. Géniculé, lorsqu'il est composé de deux prismes qui se
réunissent par une extrémité en formant une espèce de genou.
Ex. titane oxydé géniculé.

On pourra rencontrer dans les descriptions des espèces un petit
nombre de dénominations que nous avons ici omises. Mais leur
signification se présentera d'elle-même, ou rentrera dans celle
de quelqu'une des dénominations précédentes.

DES CARACTÈRES DES MINÉRAUX.

On entend par *caractères* d'un minéral tout ce qui peut être
le sujet d'une observation propre à le faire reconnoître. Nous
n'avons pu nous dispenser, en traitant des méthodes minéralogiques dans l'article précédent, de donner une idée des caractères
qui sont comme l'âme de ces méthodes. Mais il est nécessaire
d'entrer dans de plus grands détails sur cet objet important.

Si l'on considère les caractères relativement aux diverses
branches de connoissances qui les fournissent, on pourra les
distinguer en caractères physiques, caractères géométriques et
caractères chimiques.

Les caractères physiques sont ceux dont l'observation n'ap-
porte aucun changement notable à l'état de la substance qui les
présente, ou à l'égard desquels ce changement n'est qu'une condition nécessaire pour observer un effet qui d'ailleurs appartient
à la physique. Ainsi la phosphorescence produite par l'injection
de la poussière d'un minéral sur des charbons ardens, quoiqu'elle
occasionne une altération dans l'état de ce minéral, sera un caractère physique, comme celle qui naît du frottement mutuel de
deux morceaux de quartz. Dans ces sortes de cas, où la physique
et la chimie se tiennent de si près, qu'il seroit difficile de dis-
cerner leurs limites respectives, nous avons eu surtout en vue de
conserver l'analogie des caractères, en rapprochant ceux qui
donnent lieu à des observations du même genre.

On ne devroit appeler proprement caractères géométriques
que ceux qui se tirent de la détermination des formes primitives,
et de la mesure des angles que forment, par leur rencontre, les
faces des cristaux et les côtés de ces mêmes faces. Mais nous
avons cru devoir donner à ce caractère une plus grande extension que celle qu'il comporte, lorsqu'on le prend dans un sens
rigoureux, et y renfermer tout ce qui a rapport à la configuration, comme l'aspect de la cassure, qui tantôt forme des

convexités et concavités, tantôt présente des saillies et des aspérités, etc. D'ailleurs nous considérons, indépendamment de cet
aspect, le sens dans lequel se fait la cassure, qui est tantôt longitudinale ou parallèle à l'axe des cristaux, tantôt transversale
ou perpendiculaire au même axe, ce qui tend encore à la ramener parmi les caractères géométriques. Peut-être qu'en avouant
qu'il n'étoit guère possible de placer ailleurs ce caractère, trou-
vera-t-on qu'il eût été plus convenable de changer le mot de
géométrique en un autre, qui eût indiqué d'une manière plus
lâche les modifications dépendantes de la configuration. Mais ce
mot est si bien assorti à ceux de *caractère physique* et de
caractère chimique, que nous avons préféré de le conserver, en
expliquant la signification qu'il doit avoir dans la langue de la
minéralogie.

Les caractères chimiques sont ceux dont l'épreuve occasionne
la décomposition d'un minéral, ou une altération sensible dans
sa nature, ou une rupture d'aggrégation entre ses molécules.
Tels sont les caractères qui se tirent de l'action des acides, de la
fusion avec ou sans addition, par l'intermède du chalumeau, etc.

C'est de l'ensemble de ces trois ordres de caractères que sera
formé le caractère que nous appelons *spécifique*, ou celui qui
servira à distinguer tous les êtres compris dans une même espèce.
On ne doit pas craindre, d'après les raisons que nous avons déjà
exposées, de multiplier les indications particulières dont il est
l'assemblage, pour se procurer la facilité de les faire servir à
se vérifier mutuellement, ou même de les remplacer les unes par
les autres.

Mais n'est-ce pas aussi un inconvénient, que le tableau des
caractères d'un minéral soit tellement chargé, que l'on se trouve
réduit à le parcourir, sans y rien fixer qui puisse donner une
connoissance précise de ce minéral, et aider l'esprit à se le représenter comme en raccourci? C'est pour obvier à cet inconvénient, que j'ai adopté un caractère que je nomme *essentiel*, et
qui est composé du plus petit nombre possible de caractères

particuliers, pris parmi ceux de l'espèce, qui soient propres à distinguer celle-ci de toutes les autres. Ainsi le caractère essentiel de la télésie consiste en ce qu'elle a une pesanteur spécifique d'environ 4, et offre des joints seulement dans une direction perpendiculaire à l'axe des cristaux ; celui de la chabasie consiste en ce qu'elle se divise en rhomboïde un peu obtus, et se fond aisément au chalumeau ; celui de la magnésie boratée consiste en ce que les cristaux de ce minéral sont électriques par la chaleur en huit points opposés deux à deux ; celui du molybdène sulfuré est de laisser des traits métalliques sur le papier, et de communiquer à la résine l'électricité vitrée, par le frottement, etc. Les caractères qui composent celui que j'appelle *essentiel* ne seront pas susceptibles d'être observés dans tous les cas. Mais il sera toujours vrai de dire qu'ils appartiennent exclusivement à telle espèce de minéral, en sorte que l'idée qu'ils feront naître en sera la représentation fidèle.

Le caractère dont il s'agit sera placé en tête de ceux qui composent le caractère spécifique. Ce seroit peut-être pousser trop loin la prétention, que d'exiger qu'il distinguât toujours nettement la substance à laquelle il s'applique, non-seulement de toutes celles de la même classe, mais en général de tous les minéraux. Il semble qu'il soit permis de sousentendre le nom classique dans son énoncé, en sorte qu'il forme avec ce nom la définition entière de la substance pour laquelle il a été choisi. Ainsi on pourra définir la télésie, une substance terreuse qui a environ 4 de pesanteur spécifique, et n'offre de joints nets que perpendiculairement à l'axe de ses cristaux. On verra cependant que dans un grand nombre de cas, le caractère essentiel pris en lui-même donne l'exclusion à tous les minéraux différens de celui qu'il désigne.

Au reste, je ne puis me flatter d'avoir toujours réussi à faire le meilleur triage possible des caractères qui doivent former celui que j'appelle *essentiel*, et on les trouvera quelquefois un peu vagues, lorsqu'ils porteront sur des substances dont nous n'avons

encore

encore qu'une notion ébauchée. Le temps amènera de nouvelles connoissances, qui serviront à donner plus de saillie aux parties du tableau trop foiblement prononcées dans l'état actuel de la science.

Mais ce n'était pas encore assez, et il pouvoit arriver de deux choses l'une. Ou l'observateur qui voudroit déterminer un minéral iroit droit à l'espèce dont ce minéral fait partie, et alors il n'auroit plus qu'à consulter les caractères essentiel et spécifique, pour s'assurer qu'il avoit bien rencontré; ou trompé par une fausse ressemblance, il se trouveroit conduit à une espèce étrangère. Pour le remettre sur la voie, dans ce dernier cas, nous avons ajouté, à la suite du caractère spécifique, un autre caractère que nous nommons *distinctif,* composé des principales différences qui peuvent faire ressortir un minéral à côté de ceux avec lesquels on seroit tenté de le confondre.

Nous avons placé aussi, à la tête de chaque classe, une vue générale sur les substances qu'elle renferme, avec l'énumération des caractères dont l'ensemble peut servir à distinguer cette classe des autres, et nous avons tâché de restreindre ces caractères, de manière qu'il n'en résultât pas un tableau trop chargé. Notre méthode étant fondée sur l'analyse, ce n'est que comme par accident que certaines divisions se prêtent à un assortiment de caractères qui le plus souvent varient dans un rapport tout différent de celui auquel est soumise la combinaison des principes composans. Après tout, si l'on examine les méthodes où il règne le plus d'arbitraire, celles où ce sont les caractères eux-mêmes qui ont amené la distribution des êtres, au lieu de la suivre, on s'apercevra qu'il s'en faut souvent de beaucoup que les divisions générales y soient nettement circonscrites. Presque toujours quelques substances sortent des limites entre lesquelles on a prétendu les resserrer. Le point important est que les espèces soient bien déterminées, parce que, comme nous l'avons remarqué, le nombre n'en étant pas considérable, il est beaucoup plus facile d'étudier la méthode, et de se la rendre toujours assez présente, pour l'appliquer facilement, dans le besoin, surtout lorsque d'une'part la marche en est tracée d'après des principes fixes, qui secondent la mémoire en la liant à l'intelligence, et lorsque d'une autre part les moyens qu'elle emploie pour caractériser les êtres, tiennent à des observations ou à des expériences intéressantes, qui laissent dans l'esprit des traces durables de ce qui a une fois parlé aux yeux.

Nous avons rassemblé sous un même point de vue les principaux caractères qui peuvent servir à la description d'un minéral, et nous en avons formé un tableau que l'on trouvera à la tête du volume qui renferme les planches de gravures. Nous l'avons disposé suivant l'ordre méthodique des différens genres de connoissances auxquelles il se rapporte, cet ordre nous ayant paru plus favorable pour aider à en saisir l'ensemble, et à se le rendre présent à la mémoire.

Nous joignons ici une suite d'annotations destinées à donner une idée plus développée de certains caractères, ou des détails relatifs à la manière de vérifier ceux qui, pour devenir sensibles, exigent des expériences.

Ces annotations seront suivies de plusieurs tableaux particuliers, qui présenteront successivement l'indication des pesanteurs spécifiques des minéraux, réduites à leurs limites, celle de leurs duretés, l'énumération des substances qui possèdent la double réfraction, de celles qui sont électriques par la chaleur, de celles qui ont pour forme primitive un rhomboïde, un octaèdre, ou un solide d'un autre genre, etc. Ces divers tableaux serviront comme de supplément à la méthode, surtout pour la seconde classe, qui est restée sans soudivisions ; ou plutôt ils formeront seuls une sorte de méthode, qui aura l'avantage de multiplier les rapports sous lesquels les minéraux peuvent être envisagés.

Caractères physiques.

1. *Pesanteur spécifique.* Supposons une suite de corps de
différentes natures, qui aient des volumes égaux. Si l'on pèse
successivement tous ces corps, à l'aide de la balance ordinaire,
il faudra pour établir l'équilibre employer des poids plus ou
moins considérables, suivant que ces mêmes corps seront plus
ou moins denses. Supposons de plus qu'ayant pris pour terme
de comparaison l'un de ces corps, par exemple le plus·léger, on
représente son poids par l'unité, et que l'on exprime les poids
de tous les autres corps par des nombres proportionnels à cette
unité. On aura les rapports entre les poids des différens corps,
à égalité de volume, ou les *pesanteurs spécifiques* de ces corps.

Mais l'hypothèse que tous les corps dont on se proposeroit de
déterminer les pesanteurs spécifiques aient des volumes égaux,
ne pouvant être réalisée, il a fallu chercher une autre méthode
pour arriver au même but. On réussiroit également, si l'on
pouvoit estimer exactement le volume de chaque corps, après
quoi il seroit facile de ramener les résultats des différentes pesées,
à ce qu'ils auroient été dans l'hypothèse de l'unité de volume.
Mais comme ce moyen présente des obstacles insurmontables
dans la pratique, on y a suppléé par un procédé ingénieux, qui
consiste à chercher le rapport entre le poids de chaque corps
pesé dans l'air, et la perte que ce corps fait de son poids, lorsqu'on le pèse ensuite dans l'eau, que nous supposons ici respectivement plus légère que lui. Cette perte provient de l'effort que
l'eau exerce pour soutenir en partie le corps, et cet effort étant
égal à celui qu'elle exerçoit pour tenir en équilibre le volume
du même liquide déplacé par le corps, il en résulte que la perte
dont il s'agit représente le poids d'un volume d'eau égal à celui

du corps. On a donc le rapport entre le poids du corps et celui de l'eau, à volume égal, et ce liquide sert ainsi de mesure commune, pour comparer entre elles les pesanteurs spécifiques des différens corps.

C'est de cette manière qu'ont été construites les *Tables des Pesanteurs spécifiques* publiées par divers auteurs, et parmi lesquelles aucune n'est aussi étendue et n'a été faite avec plus de soin que celle du citoyen Brisson.

La balance destinée pour les recherches de ce genre se nomme *balance hydrostatique*. Le corps sur lequel on opère est suspendu, au moyen d'un crin, à un petit crochet fixé sous l'un des bassins, ce qui procure la facilité de plonger ce corps dans l'eau pour l'y peser.

Nickolson a imaginé d'employer aux mêmes expériences une espèce d'aréomètre de ferblanc (1) représenté *fig.* 75, et dont la tige B est un fil de laiton, qui porte à son extrémité une petite cuvette A. Cette tige est marquée, vers son milieu, d'un trait *b* fait avec la lime. La partie inférieure tient suspendu un cône renversé EG, concave à l'endroit de sa base, et lesté en dedans avec du plomb (2). Le poids de l'instrument doit être tel, que quand on plonge celui-ci dans l'eau pour l'abandonner ensuite à lui-même, une partie du tube surnage. La cuvette qui termine la tige, et qui a la forme d'une calotte sphérique, y est assujétie au moyen d'un petit tube de ferblanc dans lequel cette tige entre avec frottement. Ordinairement on a une seconde cuvette plus large, que l'on place au-dessus de la première, dans la concavité

-----

(1) On peut aussi faire exécuter cet instrument en verre.

(2) Dans plusieurs aréomètres, ce cône a une position fixe, au moyen des fils de laiton qui le tiennent attachés à l'instrument. Mais le citoyen Gillet préfère avec raison de lui donner du jeu, en le suspendant à l'aide d'un crochet, comme le représente la figure. De cette manière l'axe de l'instrument prend toujours une direction verticale, autrement il pourroit pencher plus d'un côté que de l'autre, lorsque l'instrument seroit en équilibre autour de son centre d'oscillation.

de laquelle elle s'engage par sa convexité. On peut ainsi enlever à volonté cette seconde cuvette, soit pour retirer plus facilement les poids dont elle est chargée, comme nous le dirons dans l'instant, soit pour faire quelque changement dans leur assortiment. Cet instrument peu dispendieux, d'un transport facile et d'une précision suffisante, dans les cas ordinaires, convient surtout aux minéralogistes. Un exemple fera connoître la manière de s'en servir.

Vous doutez si une pierre transparente, d'une couleur bleue, appartient à la substance pierreuse nommée communément *saphir oriental*, ou à la variété de quartz qu'on appelle *saphir d'eau*. Ayez de l'eau distillée à une température donnée; Brisson a adopté celle de 14^d· de Réaumur, qui répond à 17^d·, 5 du thermomètre centigrade, comme moyenne dans notre climat. Ayant plongé l'aréomètre dans cette eau, chargez la cuvette supérieure A, jusqu'à ce que le trait *b* marqué sur la tige soit descendu à fleur d'eau. C'est ce que nous appelons *affleurer* l'aréomètre (1). Supposons que les poids employés forment une somme de 20 grammes. C'est la charge de l'aréomètre, qui ne pourra servir que pour des corps dont le poids n'excède pas 20 grammes.

Ayant repris la charge, mettez la pierre dans la même cuvette, et placez à côté les poids nécessaires pour affleurer l'aréomètre. Supposons que ces derniers poids équivalent à $13,6^{gr.}$. Retranchant ce nombre de 20, vous aurez $6,4^{gr.}$ pour le poids de la pierre dans l'air.

Retirez l'aréomètre, pour placer la pierre dans le bassin inférieur E ; puis ayant replongé l'instrument, ajoutez dans la cuvette A les poids nécessaires pour produire de nouveau l'af-

----

(1) Quoique l'on pût à la rigueur se dispenser de cette opération, parce que l'on est censé connoître d'avance, d'après une première expérience, la somme de poids nécessaire pour l'affleurement, il est bon cependant de recommencer chaque fois cette même opération, à cause des petites différences qui peuvent survenir dans la température, ou dans la qualité du liquide.

fleurement. Supposons ces poids additionnels équivalens à $2,48$.
C'est la perte que la pierre a faite de son poids dans l'eau, et en
même temps le poids d'un égal volume d'eau.

Faites cette proportion : $2,48$ ou le poids du volume d'eau
égal à celui de la pierre est à $6,4$, poids absolu de la pierre,
comme l'unité qui représente en général la pesanteur spécifique
de l'eau est à un quatrième terme qui sera la pesanteur spécifique
de la pierre (1). Ce quatrième terme pris avec 4 décimales est,
2,5806. Or en parcourant la table des pesanteurs spécifiques,
on trouve que celle du saphir d'eau répond à peu près au même
nombre, tandis que celle du saphir oriental est environ 4. La
pierre soumise à l'expérience n'est donc qu'un quartz.

Si l'on vouloit peser une substance respectivement plus légère
que l'eau, il faudroit, en la plaçant dans le bassin inférieur, l'y
assujétir d'une manière fixe. Dans ce cas, le corps qui sert d'attache est censé faire partie de l'aréomètre. Du reste l'opération
est la même que dans le cas précédent. Seulement le second terme
de la proportion est plus petit que le premier, ce qui est nécessaire, puisque le quatrième terme qui donne la pesanteur spécifique du corps doit être aussi plus petit que le troisième qui
représente la pesanteur spécifique de l'eau.

Supposons, par exemple, que la charge absolue de l'aréomètre,
y compris le corps qui doit servir d'attache, étant encore de 20
grammes, on ait été obligé de placer 16 grammes à côté du corps
que l'on veut peser, pour produire de nouveau l'affleurement.
On aura 4 grammes pour le poids de ce corps. Supposons ensuite
que le même corps étant plongé dans l'eau, on ait ajouté encore

---

(1) Il est plus naturel d'employer l'unité pour désigner la pesanteur spécifique de l'eau, qui est le terme de comparaison auquel on rapporte toutes les
pesanteurs spécifiques des autres corps, que de la représenter par 1000 ou par
10000, ainsi qu'on le fait ordinairement. Du reste, le calcul est le même,
excepté que l'on a ordinairement une fraction décimale dans le résultat.

6 grammes aux 16 qui étoient déjà dans la cuvette supérieure, ce qui fait en tout 22 grammes. Ces 6 grammes représenteront le poids du volume d'eau déplacé, et la proportion sera, $6 : 4 :: 1 : x$, ce qui donnera o,6666, pour la pesanteur spécifique du corps soumis à l'expérience.

Effectivement si le poids du corps, à volume égal, étoit exactement le même que le poids de l'eau, il faudroit charger la cuvette supérieure seulement de 20 grammes, comme la première fois, lorsque le corps seroit plongé dans l'eau, parce qu'il feroit l'office du volume d'eau déplacé. Mais nous avons vu que dans ce cas, la cuvette supérieure étoit chargée de 22 grammes, d'où il suit qu'il reste à l'eau un effort de 2 grammes, outre celui de 4 grammes qu'elle emploie à soutenir entièrement le corps. Donc la force totale de l'eau équivaut à 6 grammes; ou ce qui revient au même, le poids d'un volume d'eau égal à celui du corps est de 6 grammes. Donc la pesanteur spécifique de l'eau est à celle du corps dans le rapport de 6 à 4, ainsi que nous l'avons vu plus haut.

L'eau a toujours une petite adhérence avec l'aréomètre, qui est telle que cet instrument chargé du même poids, peut rester un peu plus ou un peu moins profondément plongé. Pour dissiper la petite incertitude qui naît de cette variation de niveau, ayant laissé l'aréomètre parvenir à l'état de stabilité, élevez-le un peu au-dessus de sa position, et ensuite enfoncez-le un peu au-dessous, en l'abandonnant chaque fois à lui-même; et si le trait se trouve entre les deux points qui se sont affleurés, vous en conclurez que le bassin supérieur a sa véritable charge.

On peut, au lieu d'eau distillée, employer de l'eau de pluie qui, à température égale, a sensiblement la même densité. D'ailleurs dans le cas où l'on ne se proposeroit que de lever un doute, pour savoir si un minéral se rapporte à telle espèce plutôt qu'à telle autre, on auroit une approximation suffisante, en opérant avec de l'eau de rivière ou de puits, dont la température ne différeroit que de quelques degrés de celle qui a été choisie pour dresser la table des pesanteurs spécifiques. Si cependant on désiroit une plus grande précision, on y parviendroit, à l'aide du moyen que nous allons indiquer, pour ramener la pesée faite avec tel liquide et par telle température que l'on voudra, au résultat qu'auroit donné l'eau distillée à 14 degrés de Réaumur.

Ayant pris exactement le poids absolu de l'aréomètre, qui sera par exemple de 152 grammes, et connoissant le poids additionnel supposé de 20 grammes, nécessaire pour l'affleurer dans l'eau distillée à 14^{d}, vous aurez pour la somme de ces deux poids 172 grammes.

Supposons maintenant que le poids additionnel qui produit l'affleurement avec un autre liquide soit de 20$^{\mathrm{gr.}}$,5, la somme deviendra 172$^{\mathrm{gr.}}$,5.

Or on sait que quand un corps surnage en partie, le poids du volume du liquide qui répond à la partie plongée est égal au poids total du corps. Donc puisque la partie plongée est la même dans les deux cas, il en résulte que les poids des deux liquides, à volume égal, ou ce qui revient au même leurs pesanteurs spécifiques sont dans le rapport de 1720 à 1725.

Cela posé, il est d'abord évident que le liquide substitué à l'eau distillée vous donne immédiatement le poids absolu du corps que vous essayez, sans qu'il soit besoin d'aucune correction. Soit ce poids de 11 grammes. Après avoir trouvé par une seconde opération la quantité que le corps pesé dans le liquide que vous employez y perd de son poids, et que nous supposerons être de 4$^{\mathrm{gr.}}$,7, faites cette proportion, 1725 : 1720 :: 4,7 : un quatrième terme qui indiquera la perte corrigée, ou celle que le corps auroit faite de son poids dans l'eau distillée à 14$^{\mathrm{d.}}$ Cette perte qui se trouvera de 4,69 donnera en même temps le poids du volume d'eau distillée à 14^{d}, égal à celui du corps, après quoi vous ferez cette autre proportion qui revient à celle que nous avons indiquée ci-dessus 4,69 : 11 :: l'unité est à un quatrième terme, qui sera 2,3454, et qui indiquera la vraie pesanteur spécifique

du

du corps. En n'employant aucune correction on auroit trouvé 2,3404.

Il y a des substances qui, étant plongées dans l'eau, s'imbibent de ce liquide. De ce nombre est la mésotype (zéolithe de Cronstedt). On s'aperçoit de cette propriété, lorsqu'ayant placé le corps dans le bassin inférieur E, on voit l'aréomètre descendre, après être remonté, quoique la cuvette A reste chargée du même poids. Dans ce cas, on laissera le corps s'imbiber de toute la quantité d'eau qu'il peut admettre dans ses pores, et l'on jugera qu'il est parvenu à cette espèce de point de saturation, lorsque l'aréomètre restera dans une position fixe. Alors on l'affleurera, et l'on cherchera à l'ordinaire la perte que le corps a faite de son poids dans l'eau. On cherchera ensuite le poids de la quantité d'eau dont il s'est imbibé, en le pesant de nouveau dans l'air, et en retranchant le premier poids du second ; puis on ajoutera la différence à la perte trouvée précédemment, et le résultat donnera la véritable perte, ou celle qui auroit lieu, si le corps n'étoit pas susceptible d'imbibition ; après quoi on fera la proportion indiquée ci-dessus.

Supposons, par exemple, une mésotype, dont le poids dans l'air soit de 9 grammes. Supposons que la perte qu'elle fait de son poids dans l'eau, après l'imbibition, soit de $\overset{gr.}{4},5$. Supposons enfin qu'étant pesée de nouveau dans cet état, elle donne $\overset{gr.}{9},13$.

Retranchant le premier poids de celui-ci, on aura $\overset{gr.}{0},13$ pour la quantité d'eau dont la mésotype s'est imbibée. La perte réelle, ou celle que la substance auroit faite de son poids dans l'eau, si elle n'étoit pas pénétrable à ce liquide, sera donc de $\overset{gr.}{4},3$ plus $\overset{gr.}{0},13$, ou de $\overset{gr.}{4},43$; ce qui donne la proportion suivante, $\overset{gr.}{4},43$: $9 :: 1 : x$. D'où l'on conclura que la pesanteur spécifique est de 2,0316.

Effectivement, puisque les corps perdent moins de leur poids dans l'eau, à proportion que leur poids absolu est plus consi-

dérable, il en résulte que la mésotype doit avoir perdu dans l'eau
o,13 de moins que si l'imbibition n'avoit pas eu lieu. Donc il
faut ajouter o,13 à la perte trouvée par l'expérience, pour avoir
la perte corrigée.

Le caractère qui se tire de la pesanteur spécifique réunit à
l'avantage d'une grande généralité, celui d'être susceptible d'une
estimation précise, pourvu que l'on n'emploie pas des morceaux
d'un trop petit volume. Sa limite relativement à chaque minéral
est le résultat de l'opération faite sur un morceau choisi dans le
plus grand état de pureté possible. Il peut varier au-delà de cette
limite, à raison de quelque principe colorant d'une nature métallique; ou en deçà, par l'effet du mélange d'une substance moins
dense, ou dont la présence relâche l'aggrégation des molécules.
Ainsi la pesanteur spécifique du quartz - hyalin limpide, dit
cristal de Madagascar, est de 2,653; celle du quartz - hyalin
rose est de 2,6701, et celle du quartz gras n'est que de 2,6459.
Plus les limites relatives aux espèces entre lesquelles il s'agit de
se déterminer évitent de se confondre, et plus l'épreuve du
caractère est décisive.

2. *Corps durs et corps tendres.* Le caractère que fournit la
dureté ne comporte pas à beaucoup près la même précision que
le précédent. Il est d'ailleurs plus variable. Quelques particules
de quartz, disséminées dans un corps tendre par sa nature, peuvent en altérant peu sa pesanteur spécifique, le rendre étincelant
sous le choc du briquet. Mais ce caractère a l'avantage d'être
d'un usage facile et expéditif, à l'aide des différens moyens indiqués sur le tableau. Il est propre à faire ressortir nettement les
espèces dont les variétés sont peu sujettes aux altérations produites par les mélanges accidentels. Ainsi la cymophane ou la
chrysolithe chatoyante des lapidaires raie fortement le quartz,
tandis que la chrysolithe de Romé de l'Isle reconnue depuis
pour être un phosphate calcaire, passée avec frottement sur le
verre, y laisse souvent une trace blanche de sa propre poussière.

Le schéclin ferruginé ou wolfram cède très-aisément à la lime, qui a beaucoup moins de prise sur l'étain oxidé noirâtre que l'on trouve quelquefois dans la même gangue, etc.

3. *Corps fragiles.* Il ne faut pas confondre ces corps avec ceux qu'on nomme *tendres.* Le talc est plus tendre que la chaux carbonatée dite *spath calcaire,* puisque celle-ci le raie. Mais il est moins fragile, en ce qu'il résiste davantage à la percussion.

4. *Corps élastiques.* On appelle ainsi les corps qui ayant été comprimés ou forcés de fléchir, reviennent d'eux-mêmes à leur première figure. Le caractère fourni par cette propriété n'est employé en minéralogie que relativement aux corps qui se présentent ou peuvent être mis facilement sous la forme de lames minces ou de filamens. Il ne convient d'ailleurs qu'à un petit nombre d'espèces.

5. *Corps ductiles.* Ce sont ceux qui s'allongent ou s'aplatissent par la percussion ou par la pression, de manière à conserver la figure qu'ils ont prise en vertu de l'une ou l'autre de ces deux forces. De ce nombre sont plusieurs substances métalliques, l'or, l'argent, le cuivre, etc. Au lieu que d'autres telles que l'antimoine, le bismuth, etc. se brisent plutôt que de s'aplatir ou de s'allonger.

6. *Corps doués de ténacité.* C'est la propriété qu'ont certaines substances, et particulièrement les métaux, de résister, sans se rompre, à l'action d'une force qui les tire par une extrémité, tandis qu'ils sont fixes par l'extrémité opposée. Telle est la résistance qu'oppose à sa rupture une corde de clavecin que l'on bande. Cette propriété n'est guères susceptible d'être employée comme caractère. Mais il est bon de faire connoître, dans la description d'un minéral, à quel degré il la possède, par comparaison aux autres.

7. *Happement à la langue.* On nomme ainsi l'adhérence que certains corps placés sur l'extrémité de la langue contractent avec elle, en sorte qu'on éprouve une petite résistance, lorsqu'on veut les en séparer. Cet effet provient de la faculté qu'a le corps

d'absorber la salive qui humecte la langue, et de se mettre par là
en contact plus immédiat avec cet organe. Si l'on pose avec le
bout du doigt un peu d'eau sur un de ces mêmes corps, on
remarquera qu'il s'en imbibe en un instant, et cette épreuve
pourra tenir lieu de l'autre.

8. *Couleurs.* Pour fixer le degré de confiance que méritent les
caractères empruntés de cette modification, trop déprisée par
les uns, et mise par les autres au-dessus de sa valeur, on doit la
considérer sous deux points de vue très-différens, suivant les
diverses natures des corps qui en sont pourvus. Dans un certain
nombre de ces corps, et en particulier dans les substances terreuses et acidifères, les couleurs sont dues aux molécules d'un
principe étranger, qui est souvent le fer, et quelquefois le chrome
ou le manganèse, disséminé entre les molécules propres du corps
coloré. De là vient qu'une même substance, par exemple la
chaux fluatée, est sans couleur dans certains morceaux, et dans
d'autres offre alternativement le rouge, le jaune, le vert, le violet, etc. Alors la couleur n'est qu'un accident fugitif, qui peut
seulement servir à la distinction de certaines variétés.

Mais dans d'autres minéraux, tels que les substances métalliques, le soufre, le succin, quelques substances salines, la
réflection des rayons qui produisent la couleur, se fait sur les
parties propres du corps coloré; elle dépend de son tissu et du
degré de ténuité de ses molécules. Elle peut être mise alors au
rang des caractères spécifiques.

On trouve quelquefois la soude muriatée colorée en rouge. Si
vous la faites dissoudre dans cet état, elle se dépouillera de son
principe colorant, et les nouveaux cristaux qu'elle formera ne
réfléchiront plus que de la lumière blanche. L'opération n'a fait
que la débarrasser d'un superflu sans lequel elle n'en est que plus
ce qu'elle est. Au contraire le cuivre sulfaté soumis à la même
expérience, tant de fois que l'on voudra, reparoîtra toujours
bleu, parce que cette couleur est inhérente à sa nature.

Ainsi ceux qui ont dit que la véritable couleur du rubis

spinelle, par exemple, étoit le rouge mêlé d'orangé, n'ont désigné que la variété de cette pierre qui plaît le plus aux amateurs.
Mais dire que la véritable couleur de l'or est le jaune pur relevé
par l'état métallique, c'est parler le langage du naturaliste. Si
cètte couleur est altérée dans quelques morceaux d'or, ce ne
pourra être que par l'effet d'une cause étrangère qui aura altéré
le métal lui-même.

Cependant j'ai vu des naturalistes, qui tout en convenant des
variations dont la couleur est susceptible, à l'égard d'une partie
des minéraux, ne laissent pas d'attacher beaucoup d'importance
au caractère qu'elle fournit, tant parce que c'est celui qui parle
d'abord aux yeux, que parce qu'il y a toujours, selon eux, relativement à chaque substance, une couleur qui est comme dominante, et qui convient au plus grand nombre des variétés. Mais
plus les observations se multiplieront, et plus souvent il arrivera
que ce caractère ne parlera à l'œil que pour le tromper et lui
faire prendre le change. Il n'en faudroit point d'autre preuve
que ce qui est arrivé par rapport à l'émeraude. Le vert de pré
parut pendant long-temps pouvoir être rangé parmi les caractères généraux de cette substance, et en effet il n'étoit pas éton-
nant que tout ce qui étoit émeraude se trouvât de cette même
couleur. On ne connoissoit proprement sous ce nom que des
cristaux venus du Pérou, qui s'étant formés dans les mêmes circonstances, avoient reçu l'empreinte du même principe colorant.
Une découverte à laquelle la minéralogie et la chimie ont concouru réunit le béril avec l'émeraude, et voilà dès ce moment
des émeraudes les unes jaune-verdâtres, les autres bleuâtres, et
d'autres d'un jaune décidé ; et le nombre des cristaux de ces différentes teintes, surtout de la première, qui existent dans nos
collections, l'emporte même sensiblement sur celui des anciennes
émeraudes. Le jargon de Ceylan identifié avec l'hyacinthe, d'après
l'analyse de Klaproth, a troublé de même cette dernière substance dans la possession où elle étoit de ne se montrer que sous
une couleur d'un brun orangé, excepté dans une variété qui étoit

blanchâtre; et il seroit facile de citer d'autres exemples de ce genre (1), comme il l'est de prévoir dès maintenant que ces exemples se multiplieront encore dans la suite. L'indication de la couleur, dans le cas où celle-ci est due à un principe accessoire, doit donc être bannie du caractère spécifique; et l'on aura une nouvelle raison de l'en exclure, si l'on considère que tout ce qui entre dans ce caractère doit être d'autant plus en prise à l'observation, que la substance est plus pure, ou qu'elle approche davantage de la limite qui constitue réellement son espèce; et que dans le cas de cette limite, la couleur disparoîtroit (2).

Quant aux diversités dont est susceptible le caractère qui se tire des couleurs, il seroit superflu d'en faire l'énumération, parce que nous trouvons à cet égard, dans l'observation journalière et dans le langage reçu, tout ce que peuvent exiger les besoins de la science et de sa nomenclature.

Ainsi pour désigner tel ton de couleur, tantôt on ajoute un

---

(1) Launoy a rapporté d'Espagne beaucoup de petits cristaux orangés qui appartiennent à la chaux phosphatée, connue en Allemagne sous le nom de *spargel-stein*, parce que la couleur de la variété de cette substance trouvée d'abord dans le même pays, tire sur celle de l'asperge. MM. Abildgaard et Manthey m'ont donné depuis des cristaux de cette substance, qui sont assez communs dans certaines roches granitiques de Norwège, et dont la couleur est tantôt d'un bleu-verdâtre, tantôt brune, etc.

(2) On ne peut disconvenir qu'il n'y eût de l'avantage à citer en tête de la description d'une espèce, le caractère qui se tire de la modification dont il s'agit, si le plus grand nombre des variétés présentoient une même couleur, ou à peu près, en sorte que les différences qui auroient lieu, dans d'autres variétés, pussent être regardées comme des exceptions; parce que ce caractère étant celui dont l'œil est d'abord frappé, son indication seroit par là même très-propre à devenir comme le premier coup de pinceau pour faire le portrait d'un minéral. Mais si l'on est obligé de citer tout à la fois huit ou dix couleurs différentes que se partagent les divers individus de l'espèce, ne paroîtra-t-il pas que la description commence par tomber dans le vague, et par manquer le but principal, qui est d'offrir une facilité pour reconnoître au simple coup d'œil la substance indiquée?

simple adjectif, comme lorsqu'on dit *vert pur, rouge vif, bleu sombre,* etc. tantôt on rapporte la couleur à un terme de comparaison pris parmi des objets familiers, comme quand on dit *bleu céleste, jaune de safran, vert de poireau,* etc.; tantôt enfin on énonce les deux couleurs dont celle que l'on considère paroît participer, et l'on dit par exemple *jaune-verdâtre,* ou *vert-jaunâtre,* en nommant la couleur dominante la première.

9. *Couleurs par chatoiement.* Ce mot fait allusion aux yeux du chat qui brillent dans l'obscurité. On dit d'une substance qu'elle chatoie, lorsqu'à mesure qu'on fait varier la position de sa surface, les reflets de lumière qu'elle renvoie sont en quelque sorte mobiles, ou paroissent et disparoissent alternativement. Telles sont les étoffes qu'on nomme *moirées.*

10. *Brillant métallique.* On peut distinguer le véritable de celui qui n'est qu'apparent, en ce que la trace d'une lime ou d'un instrument aigu avec lequel on a rayé un métal ne cesse point d'être brillante, au lieu qu'elle est terne et comme poudreuse, lorsque le corps n'est pas d'une nature métallique.

11. *Corps limpides.* On a donné le nom de *blancs* aux minéraux diaphanes et sans couleur proprement dite, tels que le quartz dit *cristal de Madagascar.* Nous appellerons ces minéraux *limpides*, et nous réserverons la dénomination de *blancs* pour ceux qui réfléchissent sans ordre l'assemblage de toutes les couleurs, comme le marbre statuaire.

12. *Double réfraction.* Lorsqu'un rayon de lumière passe obliquement d'un milieu dans un autre d'une densité différente, il se détourne de sa route en formant une espèce de pli. Cette déviation que l'on nomme *réfraction* est soumise à une loi constante qui est connue de tous les physiciens.

Certaines substances ont la propriété singulière de solliciter le rayon qui les pénètre à se diviser en deux parties qui suivent deux routes différentes. C'est ce qu'on appelle *double réfraction.*

Quand la réfraction est simple, on n'aperçoit jamais qu'une seule image d'un objet vu à travers deux faces d'un morceau trànsparent du minéral employé à cette observation ; au lieu que si elle est double, on pourra, dans le même cas, voir deux images de l'objet. Mais pour obtenir cet effet avec la plupart des substances douées de la propriété dont il s'agit, il faut choisir deux faces inclinées entre elles, soit que l'on emploie un cristal donné par la nature ou un morceau taillé par le lapidaire.

La quantité de la double réfraction, ou ce qui revient au même, l'ouverture de l'angle que font entre eux les rayons à l'aide desquels l'œil voit les deux images, varie d'une substance à l'autre, toutes choses égales d'ailleurs, suivant la nature des substances elles-mêmes. Dans le zircon, par exemple, la double réfraction est très-forte, tandis qu'elle est beaucoup moins sensible dans l'émeraude. De plus cette quantité varie dans chaque substance, par diverses causes. En général elle augmente ou diminue, suivant que l'angle réfringent, ou celui que forment entre elles les deux faces à travers lesquelles on regarde les objets, est plus ou moins ouvert. Mais il y a une autre cause de variation, qui se combine avec la précédente, et qui dépend de la position des surfaces réfringentes relativement aux faces de la forme primitive; et telle est l'influence de cette cause, que sous deux angles réfringens égaux différemment situés, on peut avoir des distances sensiblement inégales entre les images du même objet, et qu'il y a même une limite où l'effet de la double réfraction devient nul, c'est-à-dire qu'alors les deux images se confondent en une seule.

Cette limite a lieu, par exemple dans le quartz et dans l'éme-raude, lorsque l'une des faces qui appartiennent à l'angle réfrin-gent est perpendiculaire à l'axe; elle a lieu dans la baryte sulfatée, lorsque l'une des mêmes faces étant parallèle à l'axe, est à la fois parallèle à un plan qui passeroit par les grandes diagonales des bases de la forme primitive. Je n'ai encore sur cet objet qu'un assez petit nombre d'observations; mais il est probable que toutes les substances qui ont la double réfraction rentrent dans l'un ou l'autre des cas précédens, qui donnent eux-mêmes

les

les limites de toutes les positions que peuvent avoir les surfaces réfringentes, relativement à la forme primitive. Mais comme la position parallèle à l'axe est variable à son tour entre plusieurs limites, qui correspondent aux diagonales et aux côtés des bases de la forme primitive, il s'agira de savoir laquelle de ces dernières limites est celle qui convient à chaque substance.

Je ferai connoître, à l'article de l'émeraude, comment une méprise m'a conduit à ces résultats, et j'avoue même qu'il me reste encore de l'incertitude sur la réfraction de quelques substances, le temps ne m'ayant pas permis de multiplier assez mes recherches, pour m'assurer si tel cristal qui n'offroit qu'une seule image des objets, n'en montreroit pas deux, après avoir été taillé d'une certaine manière.

J'exposerai, en parlant de chaque substance, ce que j'ai observé par rapport à sa réfraction, et je me propose de faire dans la suite de nouvelles expériences sur ce point délicat de la physique des minéraux, que je n'ai pu encore pour ainsi dire que tâter. On trouvera, à l'article de la chaux carbonatée, le détail des résultats particuliers auxquels je suis parvenu relativement à la double réfraction de cette substance acidifère, qui se prête plus facilement que les autres à ce genre de recherches.

Une autre observation qui ne sera pas inutile, lorsqu'on s'occupera de généraliser la théorie du phénomène dont il s'agit ici, consiste en ce que toutes les substances dont la molécule intégrante est remarquable par sa symétrie ont la réfraction simple. Telles sont celles qui ont pour forme primitive le cube, l'octaèdre régulier et le dodécaèdre rhomboïdal.

On n'avoit encore soumis aux expériences qui concernent cet objet que des corps pris parmi ceux que l'on désignoit communément sous le nom de *pierres*. J'ai étendu ces expériences à plusieurs de ceux qu'on appeloit *sels*, ainsi qu'à des substances inflammables, et à des substances métalliques oxidées et unies à d'autres principes, et j'ai trouvé qu'il n'y avoit aucune classe de minéraux qui n'offrît des corps doués de la double réfraction.

TOME I.V

Il y a diverses manières d'observer la double réfraction. Une des plus simples consiste à prendre une épingle par la pointe, et à la présenter vis-à-vis de la fenêtre, à une certaine distance de l'œil, contre lequel on tiendra en même temps le minéral appliqué par une de ses faces. En donnant à l'épingle diverses positions, on remarquera qu'il y en a une sous laquelle on voit deux images distinctes de cette épingle, parallèles entre elles et ordinairement irisées (1). Alors si l'on fait tourner doucement l'épingle jusqu'à ce qu'elle soit devenue perpendiculaire à sa première position, on verra les deux images se rapprocher par degrés, jusqu'à ce qu'elles coïncident sur une même ligne, de manière cependant que l'une des deux têtes dépassera souvent l'autre. On peut aussi se servir d'une carte sur laquelle on ait tracé une ligne avec de l'encre d'une bonne teinte.

L'écartement entre les images est plus sensible, la distance entre l'objet et l'œil et toutes les autres circonstances étant les mêmes, lorsque le corps diaphane qui sert à l'expérience a une plus grande épaisseur. Et si l'on suppose que cette épaisseur à son tour soit constante, et que l'objet s'éloigne de l'œil, les deux images s'écarteront de plus en plus l'une de l'autre, en même temps qu'elles diminueront d'intensité.

Voici un troisième procédé avantageux pour ceux qui ont la vue courte. Placez une bougie allumée à une certaine distance dans une chambre obscure. Ayant ensuite percé une carte d'un petit trou d'épingle, appliquez-la sur une des faces de la pierre, en sorte que le trou corresponde à un point de cette face ; puis ayant approché de l'œil la face opposée, cherchez la position propre à vous faire apercevoir la flamme de la bougie. Vous

---

(1) Lorsque la double réfraction n'est pas considérable, il peut arriver que les deux images se touchent. Mais en examinant attentivement la tête de l'épingle, on pourra distinguer en cet endroit comme deux petits cercles qui s'entrecoupent ; et d'ailleurs on observera que la même couleur qui borde d'un côté la bande irisée reparoît sur la ligne du milieu, où la même série recommence.

aurez les deux images nettes et bien terminées, parce que l'effet
du trou d'épingle est de faire disparoître l'espèce d'irradiation
qui les offusque, lorsqu'on emploie la pierre seule.

Il seroit difficile de trouver un caractère plus saillant que
celui qui se tire de la double réfraction, puisqu'il tient à l'essence
même des minéraux dans lesquels il existe. Mais on ne peut pas
toujours l'observer, en prenant ces corps dans l'état naturel. Plusieurs ont besoin d'avoir été préparés à l'aide de la taille. Ceux
qu'on nomme *gemmes,* et qui ont passé par la main de l'art,
deviennent par-là même susceptibles d'offrir l'effet de la réfraction simple ou double, lorsqu'on sait se garantir de l'illusion que
pourroit produire la multiplicité des facettes, et c'est même un
avantage de pouvoir, à la faveur de cette multiplicité, faire varier
l'angle réfringent, parce que si quelqu'une des facettes étoit située
dans le sens de la limite, où les deux réfractions se réduisent
à une seule, d'autres facettes se présenteroient pour lever l'équivoque. On évitera ainsi de confondre un morceau de cristal de
Madagascar avec la gemme que les lapidaires nomment *saphir
blanc,* leur rubis du Brésil avec le rubis balais, la topaze de Saxe
avec ce qu'ils appellent *topaze orientale*, la première pierre de
chaque couple ayant la double réfraction, tandis que la seconde
l'a simple; il est heureux de pouvoir en pareil cas suppléer à la
disparition des formes cristallines par une observation physique,
et lire en quelque sorte dans l'intérieur de la pierre, lorsque ses
dehors ne parlent plus à l'œil.

13. *Phosphorescence par l'action du feu.* Pour observer ce
caractère, on jette sur un charbon rouge une pincée de la poudre
du minéral que l'on veut éprouver. La phosphorescence dont
nous parlons n'est pas simplement une scintillation, comme celle
que produit la rapure de bois jetée au milieu de la flamme, mais
une lueur douce et agréable, semblable à celle que répand le
ver-luisant, excepté par le ton de couleur qui varie suivant les
substances. Cette expérience ne réussit guères que dans l'obscurité. Il faut aussi avoir soin de bien broyer le minéral, pour

prévenir l'effet de la décrépitation qui pourroit faire sauter des fragmens dans les yeux de l'observateur.

14. *Electricité*. Il y a trois manières d'exciter dans les corps la vertu électrique, ou par le frottement, ou par la communication avec un corps déjà électrisé, ou par la chaleur. Ce dernier moyen n'a lieu que par rapport à certaines substances minérales.

On distingue deux espèces d'électricité, l'une que nous nommons *vitrée*, et que Francklin appeloit *positive*, est celle que le frottement fait naître dans le verre et dans les matières vitreuses. La seconde que nous appelons *résineuse*, et que Francklin désignoit sous le nom de *négative*, est celle qu'acquièrent dans le même cas la résine, le soufre, la soie, etc.

Ces deux électricités exercent des actions contraires, en sorte que deux corps sollicités l'un et l'autre par l'électricité vitrée ou par l'électricité résineuse se repoussent, et que deux corps dont l'un possède l'électricité vitrée et l'autre la résineuse s'attirent mutuellement.

C'est dans le nombre des corps susceptibles de recevoir l'électricité par frottement, qu'on en trouve quelques-uns, qui après avoir été simplement présentés au feu, pendant un instant, ou plongés dans l'eau chaude, ont acquis la vertu électrique. Ces corps ont dans ce cas un côté sollicité par l'électricité vitrée, tandis que le côté diamétralement opposé donne des signes d'électricité résineuse.

Une observation générale faite sur ceux de ces mêmes corps qui sont cristallisés, consiste en ce que leurs formes dérogent à la symétrie des cristaux ordinaires, de manière que les parties dans lesquelles résident les deux espèces d'électricité, quoique semblablement situées de part et d'autre, diffèrent par leur configuration. L'une subit des décroissemens qui sont nuls sur la partie opposée, ou auxquels répondent des décroissemens qui suivent une autre loi. Il en résulte qu'à la seule inspection d'un de ces cristaux, on peut indiquer d'avance le côté qui donnera des signes d'électricité vitrée et celui qui manifestera l'électricité résineuse.

L'électricité partage tout le règne minéral en trois grandes divisions, qui suivent à peu près l'ordre méthodique généralement adopté pour la classification des êtres de ce règne. Presque toutes les substances connues les unes sous le nom de *pierres*, les autres sous celui de *sels*, acquièrent, à l'aide du frottement, l'électricité vitrée, pourvu qu'elles jouissent d'un certain degré de pureté. Les substances inflammables proprement dites, à l'exception du diamant, étant de même frottées, reçoivent au contraire l'électricité résineuse. Les substances métalliques possèdent en général éminemment la propriété conductrice de l'électricité. Quelques-unes seulement, qui étant minéralisées, se rapprochent de l'état salin, comme le plomb carbonaté, rentrent aussi dans l'analogie des sels par la faculté d'acquérir l'électricité vitrée, au moyen du frottement.

Je dois prévenir qu'il s'agit ici des moyens ordinaires d'exciter l'électricité, comme lorsqu'on emploie le frottement de la main, ou celui d'un morceau de drap. Je suppose aussi que les corps frottés soient polis ; car il en est du quartz, des gemmes et autres substances analogues, comme du verre qui acquiert l'électricité résineuse, à l'aide du frottement, lorsque sa surface est terne.

Il résulte de tout ce qui vient d'être dit, que la propriété électrique fournit des caractères utiles sous plusieurs points de vue pour la distinction des minéraux.

L'électricité par communication, employée seule, peut servir à déceler la présence d'un métal mêlé en quantité sensible avec une pierre, comme cela a lieu par rapport au fer qui entre dans la composition des jaspes. Pour éprouver ce caractère, on place la pierre sur un petit isoloir en forme de guéridon, de manière qu'elle soit en contact avec un conducteur électrisé, et l'on juge que la pierre est ou n'est pas électrique, par communication, suivant que l'approche du doigt ou de la boule d'un excitateur en tire des étincelles qui pétillent, ou de simples aigrettes qui bruissent.

L'électricité par frottement observée comparativement dans deux pierres différentes peut aider à distinguer l'une de l'autre. La cymophane taillée en cabochon, qui présente à peu près le même aspect que le feld‑spath nacré dit *pierre de lune*, en diffère par la grande facilité qu'elle a de s'électriser à l'aide du frottement, tandis que le même moyen ne réussit que difficilement et foiblement sur le feld‑spath.

L'appareil le plus simple pour les expériences de ce genre consiste dans une petite aiguille de cuivre *a b* (*fig.* 76, A) terminée par deux boules et mobile sur un pivot. Après avoir frotté le minéral à plusieurs reprises sur une étoffe, on le présente à l'une des boules, et l'on juge à peu près de la force de l'électricité, par la distance à laquelle cette boule commence à être attirée.

A l'égard des substances électriques par la chaleur, telles que la tourmaline, on se sert du même appareil, lorsque l'on ne veut que les reconnoître. Mais il est intéressant de pouvoir ensuite déterminer les parties dans lesquelles résident les deux électricités. Pour y parvenir, ayez un bâton de cire d'Espagne à l'extrémité duquel soit attaché un fil de soie de quatre ou cinq millimètres de longueur; et après avoir frotté ce bâton, présentez tour à tour les deux côtés opposés de la substance, par exemple les deux sommets d'une tourmaline, à une petite distance du fil de soie. Si le sommet qui regarde ce fil est le siége de l'électricité résineuse, il y aura répulsion. Dans le cas contraire le fil sera attiré.

On peut varier cette expérience, en plaçant le bâton de cire, après l'avoir frotté, en dessous de l'une des deux boules qui terminent l'aiguille, à la distance de quelques millimètres. Pour plus de simplicité, on peut donner au support de l'aiguille une telle hauteur, que le bâton de cire en reposant par l'extrémité frottée sur un autre bâton ou sur un tube de verre situé transversalement, et par l'autre extrémité sur la table qui porte l'appareil, se trouve à la distance requise pour le succès de l'expérience.

Dans ce cas, la cire agissant sur la boule lui communique une électricité contraire à la sienne, d'où il suit que l'on a des effets inverses des précédens, c'est-à-dire que le côté de la pierre sollicité par l'électricité vitrée fait reculer l'aiguille à laquelle on le présente, et que celui qui possède l'électricité résineuse attire cette aiguille à lui. Ce moyen est préférable au premier, lorsque le corps électrique est très-petit ou n'a qu'une foible vertu.

La *fig.* 76 B représente l'expérience qui vient d'être décrite. On y voit la tourmaline tt' saisie par une pince dont l'observateur est censé tenir le manche, de manière que le pole t soit à une petite distance de la boule a de l'aiguille. Cc est le bâton de cire qui repose par une de ses extrémités sur un tube de verre Uu, et qui agit par sa partie C sur la boule a, pour y produire l'électricité vitrée.

Dans tout ce qui précède, nous avons considéré les effets de l'action exercée sur un minéral par un autre corps, en sorte que le premier étoit censé être passif à l'égard du second. Ce que nous appelons maintenant *électricité active* est celle que le minéral excite lui-même dans la cire à cacheter, au moyen du frottement. Pour que l'expérience réussisse mieux, il faut, après avoir fait chauffer le bâton de cire, l'aplatir par le bout, en le pressant sur un corps lisse. On frottera ensuite ce même bout avec une partie du minéral qui soit elle-même plane ou du moins sans aspérités, puis on présentera la cire à l'aiguille de cuivre sous laquelle on aura placé d'avance un autre bâton de cire électrisé, comme il a été dit ci-dessus.

Tout corps dont le frottement communique ainsi à la cire une certaine espèce d'électricité, acquiert en même temps l'électricité contraire, en sorte que l'on pourroit considérer de préférence cette dernière électricité, ou ce qui est la même chose, considérer le minéral comme étant passif à l'égard de la cire. Mais les minéraux dans lesquels cette expérience devient intéressante étant conducteurs de l'électricité, il est plus simple d'examiner leur action sur la cire, soit parce qu'on seroit obligé sans cela de les isoler, soit parce que quand leur volume est un peu considérable, leur électricité en se répandant sur leur surface ne seroit pas assez sensible.

Jusqu'ici nous n'avons qu'un petit nombre de substances qui excitent dans la cire l'électricité vitrée, tandis que les autres substances analogues y font naître l'électricité contraire. Ce sont comme des exceptions aux résultats ordinaires, susceptibles par là même de faire ressortir les minéraux qui les présentent.

15. *Magnétisme.* On sait que deux aimans qui tournent l'un vers l'autre leurs poles de même nom, c'est-à-dire leurs poles nord, ou leurs poles sud, se repoussent ; au lieu qu'il y a attraction, si les poles qui se regardent sont de différens noms, l'un nord et l'autre sud. En conséquence on reconnoît un aimant, c'est-à-dire un morceau de fer qui est dans l'état de magnétisme permanent, à ce que le même côté de ce morceau présenté successivement aux deux poles d'un barreau aimanté suspendu librement, attire l'un et repousse l'autre, ou réciproquement.

Mais si l'on emploie à cette alternative de positions un morceau de fer ordinaire, il y aura attraction dans les deux cas, parce que le pole le plus voisin du fer communiquera à la partie tournée vers lui un magnétisme contraire au sien, en sorte que ce seront alors deux aimans qui se regarderont par leurs poles de différens noms. Le magnétisme ainsi acquis n'est qu'instantané ; il fait place au magnétisme contraire, dès que le fer passe du voisinage d'un pole à celui de l'autre, et se dissipe aussitôt que le fer n'est plus dans la sphère d'activité du barreau.

Dans les expériences de ce genre, nous préférons au barreau une aiguille en forme de lozange, de trois ou quatre pouces de longueur, comme étant plus sensible. Mais le barreau seroit préférable, s'il s'agissoit par exemple de faire un triage des parcelles de fer disséminées dans une matière pulvérulente.

Je ferai voir à l'article du fer oxidulé, que la plupart des cristaux ou même les morceaux informes de ce métal, engagés dans le sein de la terre, pourvu qu'ils ne soient pas trop oxidés, sont

de

de véritables aimans, mais dont on ne peut le plus souvent observer la polarité qu'en employant une aiguille foiblement aimantée, et cela pour une raison que j'exposerai au même endroit.

Caractères géométriques.

6. *Formes. Noyau ou forme primitive.* Il est assez rare de trouver un minéral sous sa forme primitive donnée immédiatement par la nature, et il y a un certain nombre d'espèces où cette forme n'est connue que par les résultats de la division mécanique et de la théorie. La juste mesure d'actions susceptibles de la produire n'est que comme un point qui échappe souvent à la cristallisation, au milieu de cette multitude de circonstances qui influent de tant de manières sur la marche de cette opération.

La diversité des formes primitives doit être regardée comme un indice certain d'une différence de nature entre deux substances ; et l'identité de forme primitive indique celle de nature, toutes les fois que cette forme n'est point une de celles qui ont un caractère marqué de régularité, comme le cube, l'octaèdre régulier, etc.

Formes secondaires. Pour décrire plus facilement les formes secondaires, nous les supposerons toujours situées de manière que la ligne qui peut être considérée comme leur axe ait une position verticale, et alors les faces parallèles à cet axe porteront elles-mêmes le nom de *faces verticales ;* nous appellerons *faces horizontales* celles qui lui seront perpendiculaires, et *faces obliques* celles qui lui seront inclinées.

On est quelquefois dans le cas d'indiquer l'incidence d'une face qui se présente en avant dans la projection d'un cristal, sur celle qui lui est adjacente derrière le même cristal. Nous donnerons alors à celle-ci le nom de *face de retour.* Supposons, par exemple, que dans la topaze distique représentée (*fig.* 61, *pl. VII*), il s'agisse d'indiquer l'angle que fait l'un ou l'autre des pans *o, o,* avec celui qui lui est contigu dans la partie postérieure, nous dirons que l'incidence de o sur le pan de retour est $93^{d.}$ $6'$.

Les formes des cristaux sont sujettes à diverses espèces de variations purement accidentelles. L'une consiste en ce que certaines faces sont plus voisines ou plus éloignées du centre dans tel cristal que dans tel autre qui appartient à la même variété, de manière cependant que l'ensemble conserve toujours un certain caractère de symétrie. Dans plusieurs cas, ces variations ne tombent que sur les dimensions des faces, et non sur le nombre de leurs côtés. C'est ainsi que certains grenats dodécaèdres, qui dans le cas d'une parfaite symétrie, auroient leur surface composée de douze rhombes égaux et semblables, s'allongent dans le sens d'un axe qui passeroit par deux de leurs angles solides opposés pris parmi ceux qui sont formés de trois angles plans. Le dodécaèdre se présente alors sous l'aspect d'un solide à six pans, qui sont des rhombes allongés, avec des sommets à trois faces, qui sont de véritables rhombes. Dans d'autres cas, les faces elles-mêmes, ou du moins quelques-unes, changent de figure, par l'augmentation ou par la diminution du nombre de leurs côtés. Ainsi dans l'hypothèse où le cube faisant la fonction de forme primitive subit un décroissement par une simple rangée autour de ses huit angles solides, il peut arriver que l'effet du décroissement reste interrompu, au terme où toutes les faces qu'il produit sont des triangles équilatéraux assez éloignés du centre pour ne pas se rencontrer, et alors les faces parallèles à celles du cube primitif seront des octogones. Si au contraire les mêmes faces parviennent au contact, les plans primitifs conserveront la forme du carré; enfin si elles s'entrecoupent, elles se changeront en hexagones, sans que les faces primitives cessent d'être des carrés, et ces variations pourront passer par une infinité de degrés qui seront autant d'approximations, par rapport à la forme de l'octaèdre complet, qui est le but vers lequel tend la loi du décroissement.

Mais au milieu de toutes ces diversités de positions, les

incidences mutuelles des faces du cristal sont constantes. Cette
vérité qui a été mise dans tout son jour par les nombreuses
observations de Romé de l'Isle, est une suite nécessaire de ce
que la molécule intégrante est elle – même invariable dans sa
forme, et de ce qu'à son tour la loi du décroissement a une
marche constante, qui seulement s'arrête plus ou moins loin de
sa limite dans les différens cristaux relatifs à une même variété.

Une seconde cause de variations est celle qui trouble la symétrie et la régularité de la forme cristalline, et dont l'effet est de
détruire l'égalité des faces analogues, en sorte que les unes
prennent une étendue très-sensible, tandis que les autres échappent presqu'à l'œil. La théorie doit faire abstraction de ces variations et les regarder comme nulles : mais elles ne sont que trop
réelles pour un œil peu exercé, qui ne démêle pas aisément le
type de la véritable forme à travers les traits qui la défigurent,
et c'est ici la source d'une des plus grandes difficultés que présente l'étude de la cristallographie. Les projections tracées d'après
des cristaux réguliers, et les copies en relief de ces corps, peuvent
être d'un grand secours au naturaliste, pour ramener les autres,
par la pensée, à la symétrie dont ils s'écartent.

Ces imitations du travail de la nature serviront à lever une
difficulté d'un autre genre, savoir celle qui naît du groupement
des cristaux cachés en partie les uns par les autres, ou de leur
peu de saillie au-dessus de la gangue, dans laquelle ils semblent
être plus ou moins engagés, en sorte qu'il faut que l'observateur
complète, dans son imagination, chacune de ces formes particlles.

Au reste, je puis dire que j'ai été plus d'une fois surpris de
voir avec quelle facilité de jeunes minéralogistes, qui joignoient
au goût de la science l'habitude des conceptions géométriques,
remettoient tout à sa place sur des cristaux dont les faces étoient
le plus dérangées, ou profitoient du peu qu'ils voyoient d'un
cristal enfoncé dans sa gangue, pour deviner le reste. Il semble
même qu'il y ait une satisfaction particulière attachée à la solution
de ces petits problèmes : on se plaît à y faire preuve de sagacité,

et on se sait gré d'avoir, pour ainsi dire, entendu la nature à demi-mot.

Pour déterminer les incidences mutuelles des faces d'un cristal ou ses angles saillans, on se sert d'un instrument dont l'invention est due au citoyen Carangeau. Cet instrument qui a beaucoup de rapport avec le graphomètre, est composé d'un demi-cercle MTN (*fig.* 77), de laiton ou d'argent, divisé en degrés, qui porte deux alilades AB, FG, dont l'une FG est évidée depuis u jusqu'en R, en coulisse à jour, excepté à l'endroit K, où l'on a laissé une petite traverse, qui n'est qu'un accessoire fait pour donner plus de solidité à l'instrument. Cette alilade est attachée en R et en c sur une règle de laiton située derrière, et qui fait corps avec le demi-cercle. La réunion de l'alilade avec cette règle s'opère au moyen de deux petites tiges à vis, qui s'insèrent dans la coulisse, et dont chacune porte un écrou. L'autre alilade AB est pareillement évidée, depuis x jusqu'en c, où elle est attachée au-dessus de la première, à l'aide de la tige à vis qui est en cet endroit, et qui traverse les deux rainures. En lâchant les écrous, on peut raccourcir à volonté les parties cG, cB des deux alilades, suivant que les circonstances l'exigent.

L'alilade AB n'ayant qu'un seul point d'attache en c, où est le centre du cercle, a un mouvement autour de ce centre, tandis que l'alilade GF reste constamment dans la direction du diamètre qui passe par les points zéro et 180^{d}.

Il n'est pas inutile de remarquer que la partie supérieure de l'alilade AB doit être amincie, en forme de tranchant, vers son bord sz, dont la direction prolongée en dessous passe par le centre c de l'instrument. La raison en est que ce bord est ce que l'on appelle *la ligne de foi*, c'est-à-dire celle qui indique sur la circonférence graduée la mesure de l'angle cherché.

Supposons maintenant que l'on veuille mesurer sur un cristal l'angle que forment entre eux deux plans voisins. On sait que cet angle est égal à celui de deux lignes menées d'un même point de l'arète qui réunit ces plans, avec la condition qu'elles soient perpendiculaires à cette arête et couchées sur les mêmes plans. Pour avoir cet angle, on disposera l'instrument de manière que les portions cG, cB des deux alilades ne laissent aucun jour entre elles et les plans dont il s'agit, et qu'en même temps leurs bords soient perpendiculaires à l'arête de jonction. Dans ce cas les faces qui embrassent le cristal sont tangentes aux deux plans dont on veut avoir l'incidence. Cela fait, on cherchera sur la circonférence de l'instrument le degré que marque la ligne de foi sz, ou l'angle que fait cette ligne avec celle qui passe par le centre c et par le point zéro, lequel angle est égal à celui que forment les deux portions Gc, cB des alilades, puisqu'il lui est opposé au sommet.

C'est un avantage de pouvoir raccourcir à son gré ces mêmes parties, pour éviter les obstacles qui rendroient l'opération impraticable, et qui peuvent provenir soit de la gangue à laquelle adhère le cristal, soit des cristaux voisins dans lesquels il est engagé en partie.

Mais il est des cas où cette précaution ne suffit pas, et où l'on se trouveroit gêné par la partie du demi-cercle située vers M, si sa position étoit invariable. L'ingénieux auteur de l'instrument a paré à cet inconvénient à l'aide du mécanisme suivant.

La tige située en c porte, outre les deux alilades, une tringle d'acier placée en dessous de la règle de cuivre sur laquelle est appliquée immédiatement l'alilade GF. L'extrémité supérieure de cette tringle, ou celle qui est située vers O, a une échancrure dans laquelle entre une tige d'acier garnie pareillement d'un écrou. De plus le demi-cercle est brisé à l'endroit du 90e. degré, en sorte qu'au moyen d'une charnière dont il est garni au même endroit, le quart de cercle TM se replie en dessous du quart de cercle T N, et se trouve comme supprimé. Lorsque l'on veut exécuter ce mouvement, on lâche l'écrou qui maintenoit la partie supérieure de la tringle cO, on dégage l'échancrure qui termine cette tringle de l'écrou qui s'y inséroit, et l'on rabat la tringle jusque par dessous la règle de cuivre qui porte l'alilade GF.

Lorsque l'angle mesuré excède 90$^{d.}$, on remet le quart de cercle TM à sa place, pour en reconnoître la valeur.

Il sera facile d'apprécier l'utilité du gonyomètre, si l'on réfléchit combien il est intéressant que les descriptions des cristaux indiquent les angles que leurs faces font entre elles. Ce sont ces indications qui font ressortir la description par des traits parlans et vraiment caractéristiques. Sans cela, elle n'est qu'une ébauche imparfaite et grossière qui peut se rapporter à plusieurs objets différens.

Ainsi l'on ne peint pas le zircon dodécaèdre, lorsqu'on se borne à dire que c'est un prisme à quatre pans terminé par des sommets à quatre rhombes qui naissent sur les arêtes longitudinales. Ce caractère convient également à l'harmotome (hyacinthe cruciforme), à la stilbite, à l'étain oxidé, etc.; mais ajoutez que les pans faisant entre eux des angles droits, les faces du sommet sont inclinées l'une sur l'autre de 124$^{d.}$ 12$'$, vous restreignez la description au zircon. Dites que l'inclinaison est de 121$^{d.}$ 57$'$, ce sera l'harmotome; ou dites qu'il y a deux inclinaisons différentes, l'une de 123$^{d.}$ 52$'$, et l'autre de 112$^{d.}$ 14$'$, ce sera la stilbite.

Il y a mieux ; c'est que plusieurs variétés d'une même substance peuvent présenter des formes du même genre, qui ne seront distinguées que par les mesures de leurs angles. Tels sont d'une part les six rhomboïdes, et de l'autre les deux dodécaèdres à faces rhombes qui se rencontrent dans l'espèce de la chaux carbonatée. Comment décrire exactement toutes ces variétés qui ne diffèrent que du plus au moins, si l'on ne précise pas les différences ? Et il y a même des cas où l'usage du gonyomètre est le seul moyen d'éviter une erreur qui ne manqueroit pas de se glisser dans la description. Ainsi le rhomboïde calcaire dont les angles ne diffèrent que d'environ 2$^{d.}$ 18$'$ de l'angle droit, a été pris d'abord pour un cube, et auroit continué d'être appelé *spath calcaire cubique*, si les mesures géométriques n'avoient rectifié cette dénomination doublement fautive, soit en elle-même, soit relativement à la théorie qui démontre que l'existence du cube

ne s'accorde ici avec celle d'aucunes lois symétriques de décroissement.

Une des principales causes de cet abandon où est resté le
gonyomètre, vient de l'espèce de règle à laquelle une partie des
minéralogistes se sont astreints de se borner aux caractères susceptibles d'être déterminés par le seul rapport des sens; et par
là on s'est privé des ressources que présentent les instrumens
qui donnent à nos organes un nouveau degré de finesse, et les
rendent capables d'atteindre, dans la détermination des caractères distinctifs des minéraux, à la précision qui est à son tour
le principal caractère des sciences. J'ai connu des partisans de
l'observation pure et simple, qui cependant faisoient une exception en faveur de la loupe. Or qu'est-ce qu'un gonyomètre,
sinon une espèce de loupe géométrique, qui nous fait apercevoir
ces petites différences et ces degrés imperceptibles pour nos yeux
abandonnés à eux-mêmes (1)?

A l'égard des angles plans, nous les avons aussi quelquefois
indiqués (2), surtout ceux des formes primitives, et ceux qui
impriment aux formes secondaires un caractère de simplicité et
de régularité, comme les angles de 90$^{d\cdot}$, de 60$^{d\cdot}$, etc.

Nous conclurons de ce qui précède, que chaque forme cristalline, en ne considérant que ce qu'elle a d'invariable, c'est-à-
dire le nombre et les inclinaisons respectives de ses faces, est
vraiment caractéristique, en sorte qu'elle peut servir seule à
déterminer, indépendamment de toute autre considération, l'espèce à laquelle appartient le cristal qui la présente, pourvu
qu'elle ne soit pas un cube, un octaèdre régulier, un tétraèdre

---

(1) Le citoyen Ferrat, habile constructeur d'instrumens de mathématiques,
exécute des gonyomètres en cuivre et en argent avec toute la perfection que
comporte cette espèce d'instrument.

(2) On peut mesurer ces angles à l'aide d'une carte taillée convenablement, ou de deux règles très-minces d'acier, qui tournent l'une sur l'autre,
au moyen d'une charnière.

régulier, un dodécaèdre rhomboïdal, ou un prisme hexaèdre régulier. Ainsi la forme du dodécaèdre à faces triangulaires scalènes inclinées entre elles alternativement de 144^d $20'$ $26''$ et 104^d $28'$ $40''$, indique par elle-même une variété de la chaux carbonatée.

D'après cela, il seroit possible de composer une méthode, au moyen de laquelle une forme cristalline étant donnée, on parviendroit à reconnoître dans quelle espèce elle doit être placée.

Il est aisé de sentir qu'en considérant les faces des cristaux relativement à leur nombre qui varie depuis quatre jusqu'à soixante et davantage, à leurs positions verticales, inclinées ou horizontales, et aux autres manières d'être dont elles sont susceptibles, on auroit des divisions et soudivisions d'autant plus nettes, que la géométrie serviroit à les déterminer et à les circonscrire. Une pareille méthode seroit purement factice ; mais elle rempliroit son objet principal ; et l'on conçoit même qu'avec son secours un géomètre, qui ne seroit pas naturaliste, et qui auroit seulement sous les yeux la collection des formes cristallines exécutées en bois, parviendroit à étiqueter cette collection. Il n'y auroit que les formes communes à diverses espèces qui conduiroient à plusieurs noms, entre lesquels on ne pourroit plus choisir, que d'après l'inspection des cristaux naturels, en combinant avec la forme un second caractère, d'où dépendroit le dernier pas à faire pour arriver au but. Ainsi la saveur jointe à la forme cubique indiqueroit à l'instant la soude muriatée. Une couleur métallique d'un jaune de bronze réfléchie par un corps de la même forme feroit reconnoître le fer sulfuré, etc.

17. *Structure. Division mécanique.* Le caractère fourni par cette opération est, comme nous l'avons déjà remarqué, le seul qui ne participe point des variations produites par le mélange des matières hétérogènes, dont l'influence modifie la dureté, la pesanteur spécifique, la fusibilité, etc. et même les résultats de l'analyse. Il peut bien disparoître dans les morceaux informes qui ont subi une cristallisation confuse ; mais partout où il est

possible

possible seulement de l'entrevoir, il n'est susceptible ni de plus ni de moins. Il écarte en quelque sorte tout ce qui n'est qu'accessoire dans la composition d'une substance ; et tandis que sous tous les autres rapports cette substance marche par une succession de nuances, la mesure des angles primitifs s'arrête sur le même degré ; et dès que la substance change de nature, il y a un saut brusque dans la valeur des angles.

Nous osons espérer que ceux qui liront attentivement ce traité, s'apercevront du parti que nous avons tiré du caractère dont il s'agit, pour la détermination des espèces. Dans les premières recherches dont il a été l'objet, nous n'avions en vue que d'en faire la base d'une théorie propre à répandre du jour sur la cristallographie. Mais les diverses applications que nous avons faites de cette théorie nous ont conduits à exclure de telle espèce des cristaux qu'on y avoit rapportés, et qui se refusoient aux lois de structure dont les formes relatives à cette espèce étoient susceptibles ; tandis que d'autres cristaux, placés jusqu'alors dans des espèces différentes, se prétoient à des lois qui sollicitoient leur rapprochement ; et dès lors nous avons conçu que cette théorie qui d'abord paroissoit restreinte à une simple branche de la minéralogie, pouvoit étendre son influence sur la science entière, et contribuer à répandre plus de régularité et de justesse dans la distribution des êtres qu'elle embrasse.

18. *Cassure.* Elle ne doit pas être confondue avec la structure. Lorsqu'ayant brisé un minéral, on aperçoit à l'intérieur un tissu lamelleux, granuleux ou fibreux, c'est l'effet d'un arrangement qui préexistoit dans le corps. Mais si l'on voit une surface ondulée, ou des espèces de petites écailles, qui ne sont autre chose que des fragmens très-minces, encore adhérens en partie à la substance, cet aspect est l'ouvrage de la cassure. Mais comme il dépend originairement d'un certain mode d'aggrégation, il se retrouve assez généralement dans tous les morceaux de la même substance, et c'est en cela qu'il peut servir de caractère pour la reconnoître.

Les minéraux auxquels il manque quelqu'une des coupes nécessaires pour compléter la forme primitive, offrent une cassure proprement dite à l'endroit où ces coupes devroient exister. Par exemple, dans l'amphibole, les joints parallèles aux pans du prisme sont très-apparens, tandis qu'on n'en aperçoit aucun dans le sens des bases; en sorte que le cristal se casse au lieu de se laisser diviser dans le même sens. Il y a donc alors des joints longitudinaux avec une cassure transversale. Dans d'autres cas, les joints sont parallèles aux bases, et la cassure est longitudinale. Nous indiquerons ces différens sens suivant lesquels la cassure a lieu; et lorsqu'il n'y aura de joints visibles dans aucun sens, comme cela a lieu par rapport au quartz-agathe, nous dirons que la cassure est indéfinie.

ANNOTATIONS SUR LES CARACTÈRES CHIMIQUES.

1. *Fusion par le chalumeau.* On a imaginé des chalumeaux de différentes formes, composés de plusieurs pièces de métal qui s'adaptent les unes aux autres. Les minéralogistes en reviennent aujourd'hui à un simple tube de verre, recourbé par une de ses extrémités, et dont l'orifice du même côté doit être très-petit, de manière qu'étant dirigé sur la flamme d'une bougie, qui est préférable à celle d'une chandelle, il produise au milieu de cette flamme une espèce de dard d'une couleur bleue. On place vers la pointe de ce dard un très-petit fragment de la substance que l'on veut éprouver, en le tenant avec une pince dont les extrémités doivent être très – déliées, afin qu'elles absorbent moins de calorique.

Quelques corps se *frittent* sans se fondre, c'est-à-dire que leur surface se couvre d'un enduit semblable à un vernis. D'autres se fondent en un globule vitreux, qui peut être différemment coloré, suivant la nature de la substance. Plusieurs donnent une masse boursoufflée, dont le volume surpasse plusieurs fois celui du fragment essayé. Il y en a qui, après la fusion, se réduisent

en scorie, c'est-à-dire en une matière qui est comme corro-
dée, etc. La flamme elle-même, par un éclat ou un ton de couleur
particulier, contribue quelquefois à l'observation du caractère.

Le cas le moins favorable à ce genre d'expériences est celui
où la substance étant en quelque sorte voisine de la fusibilité,
par sa nature, la grosseur du fragment et sa forme plus ou moins
aiguë peuvent faire varier le résultat. On sent aussi que la présence d'un principe accidentel est capable de déterminer une
fusion à laquelle la substance plus pure se refuseroit.

Lorsque l'on emploie un fondant qui est simplement vitri-
fiable, tel que le borax, on le place avec le fragment que l'on
veut essayer, dans une petite cavité faite à un charbon bien brûlé.
Mais si le fondant est susceptible, comme la potasse, d'être
absorbé par le charbon, on substitue à ce dernier une petite
cuiller de platine. On observe la manière dont s'opère la fusion,
avec ou sans effervescence, les diversités de couleur et d'aspect
que présente le mélange, etc.

Il étoit à désirer qu'un chimiste exercé entreprît, relativement
aux caractères qui se tirent de la fusion par le chalumeau, une
suite d'expériences faites avec soin, et dont les résultats fussent
propres à inspirer la confiance. Le citoyen Lelièvre, membre de
l'institut national, qui s'est occupé de ce travail, a bien voulu
me communiquer ceux qu'il a obtenus, et me permettre d'en faire
usage dans ce traité.

2. *Action des acides.* On peut se borner à deux acides, le
nitrique et le sulfurique. Lorsqu'on veut éprouver le caractère
qui se tire de l'effervescence, au lieu de verser l'acide sur la surface du morceau qui est le sujet de l'épreuve, il vaut mieux en
faire tomber quelques gouttes sur une plaque de verre, et jeter
dans cette petite masse de liqueur une parcelle détachée du même
morceau. Cette manière d'opérer, entre autres avantages, a celui
de faire connoître si la dissolution est complète, ou s'il y a un
résidu.

I. *Pesanteurs spécifiques des minéraux, rapportées à celle de l'eau distillée, à 14^d de Réaumur, prise pour unité.*

On a disposé sur une première colonne à gauche la série des nombres naturels, qui servent à désigner le rang qu'occupe chaque pesanteur spécifique. De plus les pesanteurs de certaines variétés sont suivies de nombres qui renvoient à ceux de la première colonne, et servent à retrouver les pesanteurs des autres variétés de la même espèce. Cette disposition est fondée sur ce qu'il arrive assez souvent que plusieurs morceaux d'une même espèce ont des pesanteurs spécifiques différentes, entre lesquelles se trouvent comprises celles des morceaux qui appartiennent à une autre espèce. Les numéros de renvoi indiqueront ces enjambemens, et mettront l'observateur à portée de reconnoître les limites entre lesquelles s'étendent les résultats qui ont rapport à chaque minéral. On a ajouté les pesanteurs des substances métalliques fondues et purifiées.

1.   20,98. Platine fondu, purifié et écroui.
2.   19,2581. Or fondu et purifié.
3.   15,6017. Platine natif granuliforme.
4.   13,5681. Mercure natif.
5.   11,3523. Plomb fondu et purifié.
6.   10,4743. Argent fondu et purifié.
7.   9,8227. Bismuth fondu.
8.   9,4406. Argent antimonial.
9.   9,2501. Mercure oxydé rouge.
10.   9,0202. Bismuth natif.
11.   9. Nickel fondu et purifié.
12.   8,8785. Cuivre rouge passé à la filière.
13.   8,5844. Cuivre natif de Sibérie.
14.   8,5384. Cobalt fondu et purifié.
15.   7,788. Fer forgé.
16.   7,788. Cuivre rouge fondu.
17.   7,7207. Cobalt arsenical.

18.   7,5873. Plomb sulfuré cristallisé.
19.   7,5. Urane sulfuré.
20.   7,3333. Schéelin ferruginé. (24.)
21.   7,2914. Étain fondu et purifié.
22.   7,2070. Fer fondu.
23.   7,1908. Zinc fondu.
24.   7,1195. Schéelin ferruginé. (20.)
25.   6,9411. Plomb phosphaté prismatique vert du Brisgaw. (28.)
26.   6,9348. Étain oxydé rougeâtre. (30.)
27.   6,9099. Argent sulfuré.
28.   6,909. Plomb phosphaté prismatique jaunâtre d'Huelgoët. (25.)
29.   6,9022. Mercure sulfuré rouge d'Almaden. .
30.   6,9009. Étain oxydé noirâtre. (26.)
31.   6,85. Manganèse purifié.
32.   6,7021. Antimoine fondu , purifié.
33.   6,6481. Nickel arsenical. (34.)
34.   6,6086. Id. (33.)
35.   6,5585. Plomb carbonaté. (39.)
36.   6,5304. Urane sulfuré.
37.   6,5223. Fer arsenical.
38.   6,4509. Cobalt gris.
39.   6,0717. Plomb carbonaté. (35.)
40.   6,0665. Schéelin oxydé calcaire.
41.   6,0466. Plomb arsenié.
42.   6,0269. Plomb chromaté.
43.   5,7653. Arsenic fondu.
44.   5,7249. Arsenic natif.
45.   5,706. Arsenic oxydé. (52.)
46.   5,5886. Argent antimonié sulfuré. (47.)
47.   5,5637. Id. (46.)
48.   5,486. Plomb molybdaté.
49.   5,538. Cuivre sulfuré. (56.)
50.   5,218. Fer oligiste des volcans. (51.)
51.   5,0116. Fer oligiste. (50.)
52.   5. Arsenic oxydé. (45.)
53.   4,9394. Fer oxydulé primitif. (75.)
54.   4,8983. Fer oxydé hématite. (108. 122. 156.)
55.   4,8648. Cuivre gris.
56.   4,81. Cuivre sulfuré. (49.)
57.   4,7563. Manganèse oxydé.

58. 4,7491. Fer sulfuré cristallisé. (81. 126.)

59. 4,7488. Argent muriaté.

60. 4,7585. Molybdène sulfuré.

61. 4,5547. Manganèse oxydé métalloïde. (73. 79.)

62. 4,5165. Antimoine sulfuré. (78.)

63. 4,4712. Baryte sulfatée cristallisée. (64. 70.)

64. 4,4228. Id. (65. 70.)

65. 4,4161. Zircon. (66.)

66. 4,3858. Id. (65.)

67. 4,3711. Bismuth natif arsenifère.

68. 4,55. Étain sulfuré.

69. 4,3154. Cuivre pyriteux.

70. 4,2984. Baryte sulfatée concrétionnée. (63. 64.)

71. 4,2919. Baryte carbonatée.

72. 4,2855. Télésie rouge. (82. 87. 90. 91.)

73. 4,2491. Manganèse oxydé métalloïde. (61. 79.)

74. 4,2469. Titane oxydé de France. (80.)

75. 4,2437. Fer oxydulé amorphe. (53.)

76. 4,1888. Grenat de Bohême. (84. 88. 102.)

77. 4,1665. Zinc sulfuré.

78. 4,1327. Antimoine sulfuré. (62.)

79. 4,1165. Manganèse oxydé amorphe. (61. 73.)

80. 4,1025. Titane oxydé de Hongrie. (74.)

81. 4,1006. Fer sulfuré radié. (58. 126.)

82. 4,0769. Télésie bleue de France. (72. 87. 90. 91.)

83. 4,0643. Antimoine fondu, vulgairement antimoine cru.

84. 4,0627. Grenat dodécaèdre. (76. 88. 102.)

85. 4,0497. Gadolinite.

86. 4,0526. Fer chromaté.

87. 4,0106. Télésie jaune. (72. 82. 90. 91.)

88. 4. Grenat violet dit syrien. (76. 84. 102.)

89. 4. Fer oxydé quartzifère, vulgairement émeril.

90. 3,9941. Télésie bleue. (72. 82. 87. 91.)

91. 3,9911. Télésie limpide. (72. 82. 87. 90.)

92. 3,9581. Strontiane sulfatée cristallisée de Sicile. (107.)

93. 3,8752. Corindon.

94. 3,8571. Anatase.

95. 3,7961. Cymophane.

96. 3,7951. Pléonaste.

97. 3,76. Spinelle. (103.)

98. 3,7076. Manganèse oxydé terreux.
99. 3,675. Strontiane carbonatée. (101.)
100. 3,672. Chaux carbonatée ferrifère.
101. 3,6585. Strontiane carbonatée. (99.)
102. 3,6511. Grenat verdâtre de Sibérie. (76. 84. 88.)
103. 3,6458. Spinelle. (97.)
104. 3,6412. Cuivre carbonaté vert concrétionné. (109.)
105. 3,6082. Cuivre carbonaté bleu.
106. 3,6065. Wernerite.
107. 3,5827. Strontiane sulfatée fibreuse. (92.)
108. 3,5751. Fer oxydé hématite. (54. 122. 156.)
109. 3,5718. Cuivre carbonaté vert soyeux. (104.)
110. 3,564. Topaze de Saxe. (111. 113. 114. 115.)
111. 3,5535. Topaze limpide. (110. 113. 114. 115.)
112. 3,55. Diamant orangé. (116. 118. 125.)
113. 3,5489. Topaze bleu - verdâtre. (110. 111. 114. 115.)
114. 3,5365. Topaze du Brésil. (110. 111. 113. 115.)
115. 3,5511. Topaze rouge. (110. 111. 113. 114.)
116. 3,551. Diamant rose. (112. 118. 125.)
117. 3,5256. Zinc oxydé cristallisé.
118. 3,5212. Diamant limpide. (112. 116. 125.)
119. 3,517. Disthène
120. 3,5145. Pycnite.
121. 3,51. Titane siliceo - calcaire.
122. 3,4771. Fer oxydé noirâtre. (54. 108. 156.)
123. 3,4529. Épidote.
124. 3,4522. Arsenic sulfuré jaune.
125. 3,4444. Diamant du Brésil. (112. 116. 118.)
126. 3,4402. Fer sulfuré radié. (58. 81.)
127. 3,4285. Péridot.
128. 3,409. Idocrase du Vésuve. (149.)
129. 3,5656. Tourmaline. (143. 145. 148. 150. 152.)
130. 3,3384. Arsenic sulfuré rouge.
131. 3,3333. Actinote.
132. 3,3. Dioptase.
133. 3,2956. Axinite violette.
134. 3,2861. Staurotide.
135. 3,2741. Néphéline.
136. 3,25. Amphibole.
137. 3,2265. Pyroxène.

138. 5,2153. Axinite verte.

159. 5,2. Grammatite. (161.)

140. 5,2. Chaux phosphatée dite Apatite. (147.)

141. 5,1911. Chaux fluatée rouge. (142.)

142. 5,1555. Chaux fluatée limpide. (141.)

143. 5,1555. Tourmaline verte. (129. 145. 148. 150. 152.)

144. 5,1572. Sphène.

145. 5,1507. Tourmaline bleue. (129. 143. 148. 150. 152.)

146. 5,1212. Urane oxydé jaune.

147. 5,0989. Chaux phosphatée dite chrysolithe. (140.)

148. 5,0926. Tourmaline noire. (129. 143. 145. 150. 152.)

149. 5,0882. Idocrase de Sibérie. (128.)

150. 5,0865. Tourmaline brune d'Espagne. (129. 143. 145. 148. 152.)

151. 5,0625. Euclase.

152. 5,541. Tourmaline brune de Ceylan. (129. 143. 145. 148. 150.)

155. 5,0554. Arsenic natif tuberculeux.

154. 5. Diallage.

155. 2,9958. Asbeste roide. (202. 229. 230. 233.)

156. 2,9904. Fer oxydé graphyque. (54. 108. 122.)

157. 2,949. Alumine fluatée alkaline.

158. 2,9454. Lazulite de Sibérie.

159. 2,9444. Macle.

160. 2,9542. Mica noir. (167. 177. 186.)

161. 2,9257. Grammatite. (159.)

162. 2,8729. Talc stéatite ollaire. (168. 185.)

163. 2,8578. Chaux carbonatée ferrifère perlée.

164. 2,8576. Chaux carbonatée lamellaire dite marbre de Paros. (166. 171. 173. 174. 180. 192. 210.)

165. 2,8160. Quartz - jaspe onyx. (175. 185.)

166. 2,8110. Chaux carbonatée concrétionnée. (164. 171. 173. 174. 180. 192. 210.)

167. 2,7917. Mica foliacé. (160. 177. 186.)

168. 2,7902. Talc stéatite compacte. (162. 185.)

169. 2,7755. Émeraude verte. (170.)

170. 2,7227. Émeraude vert-jaunâtre dite béril. (169.)

171. 2,7182. Chaux carbonatée cristallisée. (164. 166. 173. 174. 180. 192. 210.)

172. 2,7176. Chabasie.

173. 2,7168. Chaux carbonatée saccaroïde. (164. 166. 171. 174. 180. 192. 210.)

174. 2,7151. Chaux carbonatée limpide. (164. 166. 171. 173. 180. 192. 210.)

175. 2,7101. Quartz – jaspe jaune. (165. 185.)

Tome I.   Z

214.   2,3057. Chaux sulfatée fibreuse. (212. 213.)
215.   2,2950. Quartz résinite hydrophane. (182. 211. 217. 220.)
216.   2,2456. Fer carburé d'Allemagne. (218.)   .
217.   2,1140. Quartz résinite opalin. (182. 211. 215. 220.)
218.   2,0891. Fer carburé d'Angleterre. (216.)
219.   2,0833. Mésotype. ´
220.   2,0499. Quartz résinite noir. (182. 211. 215. 217.)
221.   2,0332. Soufre natif.
222.   2. Analcime.
223.   1,8. Anthracite.
224.   1,666. Mellite.
225.   1,5292. Houille compacet.
226.   1,259. Jayet.
227.   1,1044. Bitume solide.
228.   1,078. Succin.
229.   0,9953. Asbeste tressé. (155. 202. 230. 233.)
230.   0,9088. Asbeste flexible en longs filamens soyeux. (155. 202. 229. 233.)
231.   0,8785. Bitume liquide dit pétrole. (232.)
232.   0,8475. Bitume liquide dit naphte. (231.)
233.   0,6806. Asbeste tressé. (155. 202. 229. 230.)

II. *Duretés des substances connues vulgairement sous le*
nom de pierres.

Dans le tableau ci-joint, nous combinons l'effet de la per‑
cussion par le briquet, avec celui que produit le frottement d'une
partie anguleuse d'un corps sur la surface d'un autre.

Les corps qui ont été employés comme termes de compa‑
raison, dans les expériences de ce second genre, étoient, le pre‑
mier un morceau de quartz-hyalin limpide; le second une lame
de verre blanc ; et le troisième une lame transparente de chaux
carbonatée.

Pour qu'une substance soit censée en rayer une autre, telle
que le verre, il faut qu'elle l'entame sensiblement, et y trace une
espèce de sillon. Nous avons tâché de ranger les minéraux qui
appartiennent à chaque section à peu près dans l'ordre de leurs
duretés relatives. De cette manière, le caractère sera d'autant

mieux prononcé, que le corps employé à le vérifier se trouvera placé plus haut dans la série à laquelle il se rapporte.

Au reste, la présence des principes hétérogènes dont un minéral est souvent mélangé, peut occasionner tant de variations dans le caractère dont il s'agit, et il est d'ailleurs si difficile de l'estimer avec une certaine précision, que nous ne pouvons offrir ici que des résultats approximatifs, même en supposant que les substances soient dans l'état de pureté, qui est celui auquel ces résultats sont censés se rapporter.

I. *Substances qui raient le quartz.*

Communément étincelantes.
- Diamant.
- Corindon.
- Télésie.
- Cymophane.
- Spinelle.
- Topaze.
- Zircon.
- Grenat.
- Tourmaline.
- Pléonaste.
- Émeraude.

II. *Substances qui raient le verre.*

Communément étincelantes.
- Quartz.
- Péridot.
- Idocrase.
- Euclase.
- Axinite.
- Feld-spath.
- Épidote.
- Gadolinite.
- Wernerite.
- Magnésie boratée.
- Méionite.
- Staurotide.

Quelquefois étincelantes.
{
Pycnite.
Sphène.
Amphigène.
Amphibole.
Pyroxène.
Prehnite.
Macle.
Disthène.
Actinote.
Grammatite.
Dipyre.
Asbeste roide.
}

Substances qui raient la chaux carbonatée.

Non étincelantes.
{
Diallage.
Lazulite.
Chaux phosphatée.
Harmotome.
Grammatite.
Néphéline.
Anatase.
Analcime.
Chabasie.
Mésotype.
Stilbite.
Chaux fluatée.
Baryte sulfatée.
Baryte carbonatée.
Strontiane sulfatée.
Strontiane carbonatée.
Alumine fluatée alkaline.
}

III. *Substances qui ne raient pas la chaux carbonatée.*

Non étincelantes.
{
Talc.
Chaux sulfatée.
Chaux arseniatée.
Mica.
}

III. *Substances qui ont la double réfraction.*

1. Chaux carbonatée. Forte.
2. Chaux sulfatée.
3. Baryte sulfatée.
4. Strontiane sulfatée.
5. Soude boratée.
6. Quartz.
7. Zircon. Très – forte.
8. Cymophane.
9. Topaze.
10. Émeraude.
11. Corindon.
12. Euclase. Forte.
13. Feld – spath.
14. Péridot. Forte.
15. Mésotype.
16. Soufre. Forte.
17. Mellite.
18. Plomb carbonaté. Forte.
19. Fer sulfaté.

Parmi les substances qui composent le premier appendice, l'arragonite possède la même propriété dans un degré très – marqué.

IV. *Substances qui étant soumises à l'expérience n'ont offert qu'une seule réfraction.*

1. Chaux fluatée.
2. Chaux phosphatée.
3. Télésie.
4. Spinelle.
5. Grenat.
6. Amphigène.
7. Tourmaline.
8. Axinite.
9. Disthène.
10. Zinc sulfuré.

V. *Substances électriques par la simple chaleur.*

1. Magnésie boratée.
2. Topazes du Brésil et de Sibérie.
3. Tourmaline.
4. Mésotype.
5. Prehnite.
6. Zinc oxydé cristallisé.

Parmi les substances qui composent le premier appendice, la sibérite de l'Hermina, la lépidolithe cristallisée de Estner et de Lenz et la koupholite partagent la même propriété.

VI. *Substances phosphorescentes par l'injection de leur poussière sur un charbon allumé.*

1. Une partie des cristaux de chaux carbonatée.
2. Chaux phosphatée. Les cristaux connus sous le nom d'apatite, et la variété terreuse de l'Estramadure.
3. Chaux fluatée.
4. Baryte carbonatée.
5. Strontiane carbonatée.
6. Wernerite.
7. Harmotome.
8. Dipyre.
9. Grammatite.

Parmi les substances qui composent le premier appendice, l'arragonite jouit de la même propriété.

VII. TABLEAU DES FORMES CRISTALLINES.

I. *Substances qui ont une forme primitive commune, avec les mêmes dimensions.*

I. CUBE.

Noms des substances.	*Forme de la molécule intégrante.*
Magnésie boratée	Cube.
Soude muriatée	Cube.
Amphigène	Tétraèdre irrégulier.

Noms des substances.	*Forme de la molécule intégrante.*
Analcime.	Cube.
Plomb sulfuré	Cube.
Fer sulfuré	Cube.
Étain oxydé.	Cube.
Cobalt gris	Cube.
Schéelin calcaire	Tétraèdre régulier.

2. OCTAÈDRE RÉGULIER.

Chaux fluatée	Tétraèdre régulier.
Ammoniaque muriaté . .	Tétraèdre régulier.
Alumine sulfatée	Tétraèdre régulier.
Spinelle	Tétraèdre régulier.
Pléonaste.	Tétraèdre régulier.
Diamant	Tétraèdre régulier.
Cuivre oxydé rouge . . .	Tétraèdre régulier.
Fer oxydulé.	Tétraèdre régulier.
Bismuth natif	Tétraèdre régulier.
Antimoine natif	Tétraèdre régulier.

3. TÉTRAÈDRE RÉGULIER.

Cuivre pyriteux	Tétraèdre régulier.
Cuivre gris	Tétraèdre régulier.

4. DODÉCAÈDRE RHOMBOÏDAL.

Grenat	Tétraèdre à triangles isocèles égaux et semblables.
Zinc sulfuré	Idem.

II. *Substances dont les formes primitives sont seulement du même genre, avec des dimensions respectives particulières pour chacune.*

I. RHOMBOÏDE.

Æ A sommets obtus.

Chaux carbonatée	Rhomboïde.
Tourmaline	Tétraèdre irrégulier.

Noms des substances.	*Forme de la molécule intégrante.*
Chabasie	Rhomboïde.
Dioptase	Rhomboïde.
Argent antimonié sulfuré .	Rhomboïde.

**** *A sommets aigus.***

Corindon.	Rhomboïde.
Fer oligiste	Rhomboïde.
Fer sulfaté	Rhomboïde.

2. O C T A È D R E.

*** *Pyramides à bases carrées.***

Alumine fluatée alkaline .	Tétraèdre irrégulier.
Zircon.	Tétraèdre irrégulier.
Harmotome	Tétraèdre irrégulier.
Anatase	Tétraèdre irrégulier.
Plomb molybdaté . . .	Tétraèdre irrégulier.
Mellite.	Tétraèdre irrégulier.

**** *Pyramides à bases rectangles.***

Potasse nitratée.	Tétraèdre irrégulier.
Plomb carbonaté	Tétraèdre irrégulier.
Plomb sulfaté	Tétraèdre irrégulier.
Zinc oxydé	Tétraèdre irrégulier.

***** *Pyramides à bases rhombes.***

Soufre.	Tétraèdre irrégulier.
Arsenic sulfuré rouge . .	Tétraèdre irrégulier.
Cuivre carbonaté bleu . .	Tétraèdre irrégulier.

3. PRISME TÉTRAÈDRE.

I. PRISME DROIT.

*** *A bases carrées.***

Magnésie sulfatée	Prisme triangulaire rectangle isocèle.
Idocrase	Prisme triangulaire rectangle isocèle.

Méionite.

Noms des substances.	*Forme de la molécule intégrante.*
Méionite	Prisme à bases carrées.
Wernerite	Prisme à bases carrées.
Méiotype.	Prisme triangulaire rectangle isocèle.
Plomb chromaté	Prisme triangulaire rectangle isocèle.
Urane oxydé	Prisme à bases carrées.
Titane oxydé	Prisme triangulaire rectangle isocèle.

** *A bases rectangles.*

Cymophane	Prisme à bases rectangles.
Euclase	Prisme à bases rectangles.
Péridot	Prisme à bases rectangles.
Prehnite	Prisme à bases rectangles.
Stilbite	Prisme à bases rectangles.
Schéelin ferruginé. . . .	Prisme à bases rectangles.

*** *A bases rhombes.*

Baryte sulfatée	Prisme triangulaire rectangle scalène.
Strontiane sulfatée . . .	Prisme triangulaire rectangle scalène.
Topaze	Prisme à bases rhombes.
Staurotide	Prisme triangulaire rectangle isocèle.
Macle	Incertaine.
Mica	Prisme à bases rhombes.
Talc	Prisme à bases rhombes.
Fer arsenical	Prisme à bases rhombes.
Molybdène sulfuré. . . .	Prisme à bases rhombes.
Titane siliceo - calcaire . .	Prisme à bases rhombes.

**** *A bases parallélogrammes obliquangles.*

Chaux sulfatée	Prisme à bases parallélogrammes obliquangles.
Épidote	Idem.
Axinite	Idem.

2. PRISME OBLIQUE.

* *A bases rectangles.*

Soude boratée	Prisme à bases rectangles.

TOME I.　　　　　　　　　　　　　　A a

✳✳ *A bases rhombes.*

Noms des substances.	*Forme de la molécule intégrante.*
Amphibole	Prisme à bases rhombes.
Actinote	Prisme à bases rhombes.
Pyroxène	Prisme oblique triangulaire.
Grammatite	Prisme à bases rhombes.

✳✳✳ *A bases parallélogrammes obliquangles.*

Feld – spath	Prisme à bases parallélogrammes obliquangles.
Disthène	Idem.
Cuivre sulfaté	Idem.

4. PRISME HEXAÈDRE RÉGULIER.

Chaux phosphatée	Prisme triangulaire équilatéral.
Télésie	Prisme triangulaire équilatéral.
Émeraude	Prisme triangulaire équilatéral.
Néphéline	Prisme triangulaire équilatéral.
Pycnite	Prisme triangulaire équilatéral.
Dipyre	Prisme triangulaire équilatéral.
Mercure sulfuré	Prisme triangulaire équilatéral.

5. DODÉCAÈDRE PYRAMIDAL.

Quartz	Tétraèdre irrégulier.
Plomb phosphaté	Tétraèdre irrégulier.

III. *Formes qui se retrouvent, comme secondaires, dans différentes espèces.*

I. C U B E.

Noms des substances.	*Formes primitives.*
Chaux fluatée	Octaèdre régulier.
Bismuth natif	Octaèdre régulier.

2. OCTAÈDRE RÉGULIER.

Noms des substances.	*Formes primitives.*
Soude muriatée	Cube.
Plomb sulfuré	Cube.
Fer sulfuré	Cube.
Cobalt gris	Cube.

3. PRISME HEXAÈDRE RÉGULIER.

Chaux carbonatée. . . .	Rhomboïde obtus.
Corindon.	Rhomboïde aigu.
Mica	Prisme droit à bases rhombes.
Argent antimonié sulfuré .	Rhomboïde obtus.
Plomb phosphaté	Dodécaèdre pyramidal.
Molybdène sulfuré . . .	Prisme droit à bases rhombes.

4. DODÉCAÈDRE RHOMBOÏDAL.

Chaux fluatée	Octaèdre régulier.
Fer oxydulé.	Octaèdre régulier.

5. SOLIDE A 24 TARPÉZOÏDES ÉGAUX ET SEMBLABLES.

Ammoniaque muriaté . .	Octaèdre régulier.
Grenat	Dodécaèdre rhomboïdal.
Amphigène	Cube.
Analcime	Cube.
Fer sulfuré	Cube.

Exposé du plan qui a été adopté dans les descriptions des différentes espèces de minéraux.

Après avoir donné la synonymie des auteurs les plus connus, on a présenté successivement le caractère essentiel de la substance, et les caractères physiques, géométriques et chimiques, dont l'ensemble forme le caractère spécifique.

On a exclu de ce caractère tout ce qui tient à des accidens fugitifs, tels que les couleurs, lorsqu'elles sont dues à un principe qui n'est qu'interposé dans la substance.

Dans l'énoncé des caractères géométriques, on a eu soin d'indiquer non-seulement le sens des joints naturels, mais le plus ou moins de facilité de les obtenir, leur différence de netteté dans un même cristal, ceux enfin dont les positions ne sont que présumées. De plus on a fait connoître dans une note les dimensions respectives de la molécule et tout ce qui peut servir de données pour appliquer le calcul théorique aux lois des décrois-semens d'où dépendent les formes secondaires.

A la suite de l'indication des caractères chimiques, on a donné le résultat des analyses de la substance, qui ont paru mériter le plus de confiance.

Le tableau des variétés, qui vient après les caractères, est ordinairement divisé en deux sections dont l'une renferme les descriptions des formes et l'autre est relative aux accidens de lumière. Les formes sont ou déterminables, c'est-à-dire susceptibles d'être décrites géométriquement, d'après le nombre, la disposition et les incidences mutuelles de leurs faces, ou indéterminables, c'est-à-dire produites par une cristallisation confuse ou précipitée, en sorte que la géométrie se refuse à leur description, et que l'on peut tout au plus indiquer les rapports vagues qui existent entre elles et des objets connus, comme lorsqu'on dit d'un minéral qu'il est cylindroïde, globuliforme, granuliforme, etc., et le dernier terme de cette sorte de dégradation des formes est exprimé par le mot *amorphe*, qui désigne une substance en masses d'un certain volume tout-à-fait irrégulières.

La description de chaque variété déterminable offre successivement le nom qu'elle porte, conformément aux principes de la méthode de nomenclature qui a été exposée plus haut, l'indication de son signe représentatif, celui de sa figure, sa synonymie, d'après Romé de l'Isle ou les autres crystallographes, enfin les mesures de ses principaux angles. Lorsque la structure de la variété est compliquée, on joint à sa description des éclaircissemens propres à mieux faire concevoir les résultats des lois dont elle dépend.

Les indications relatives à la couleur et à la transparence composent la seconde section, sous le titre d'accidens de lumière (1). Il est bon de remarquer à ce sujet qu'une forme quelconque peut offrir successivement toutes les variétés de couleur et de transparence, et que réciproquement chaque couleur et chaque degré de transparence peuvent s'allier avec toutes les formes. Mais il n'est pas nécessaire de surcharger la méthode de toutes ces combinaisons. Il suffit qu'elle offre un moyen d'indiquer celle qui existe dans une variété quelconque, et de décrire complétement cette variété. Ainsi le tableau des caractères de la télésie renferme implicitement toutes les combinaisons suivantes : *télésie primitive limpide; télésie unitaire rouge transparente; télésie amorphe translucide*, etc.

Lorsque le nom que nous avons adopté pour une espèce de minéral a été appliqué à des espèces différentes, d'après une ressemblance trompeuse, comme celle de la couleur, on indique ces doubles emplois dans un tableau particulier placé à la suite de celui des variétés, et j'espère que l'on me saura gré du travail fastidieux que j'ai été obligé d'entreprendre, pour débrouiller la confusion qui naissoit de ces communications d'un même nom à des substances si peu faites pour être associées les unes aux autres.

Chaque article est terminé par des annotations relatives aux gisemens de la substance, à la suite des différentes recherches qui ont servi à la faire mieux connoître, à ses propriétés phy-

---

(1) Nous avons placé le mot *limpide*, en tête des accidens relatifs aux couleurs, parce qu'il paroît naturel de commencer ici par la privation du caractère, puisqu'elle indique que la substance est dans le plus grand état de pureté possible.

siques, à ses usages dans les arts, dans la médecine, etc. J'ai cru devoir même présenter la plupart de ces objets avec plus de développement qu'on ne le fait pour l'ordinaire, de manière à éviter la sécheresse des indications trop concises, sans cependant me livrer à une multiplicité de détails qui auroient paru déplacés dans un traité de minéralogie.

THÉORIE DES LOIS

AUXQUELLES EST SOUMISE LA STRUCTURE DES CRISTAUX.

PARTIE GÉOMÉTRIQUE.

NOTIONS PRÉLIMINAIRES.

1. La théorie que je me propose de soumettre ici au calcul a pour but de déterminer toutes les différentes formes qui peuvent naître d'une superposition de lames décroissantes suivant des directions et des lois données, sur les diverses faces d'un solide dont la figure est pareillement donnée (1).

2. Ce solide que j'appelle *noyau* ou *forme primitive* est toujours l'un des six qui suivent; 1°. le parallélipipède; 2°. le prisme hexaèdre régulier; 3°. le dodécaèdre rhomboïdal; 4°. l'octaèdre; 5°. le tétraèdre qui dans ce cas est toujours régulier; 6°. le dodécaèdre bipyramidal.

3. En soudivisant chacun de ces solides parallèlement à ses différentes faces, et quelquefois aussi dans d'autres sens, on obtient les molécules intégrantes, qui sont toujours ou des parallélipipèdes, ou des prismes triangulaires, ou des tétraèdres.

4. Lorsque le noyau étant un parallélipipède n'est divisible que par des plans parallèles à ses six faces, il est évident que la

(1) Je suppose que l'on ait lu la partie du traité où la même théorie est exposée par le simple raisonnement. En conséquence je me borne ici à résumer d'une manière succincte les principes les plus généraux de cette théorie.

molécule intégrante est elle-même un parallélipipède semblable
à ce noyau.

5. Mais lors même que les molécules intégrantes diffèrent du
parallélipipède, elles sont toujours situées dans l'intérieur du
noyau, de manière qu'étant prises par petits groupes, elles composent des parallélipipèdes ; et les décroissemens qui donnent les
formes secondaires se font toujours par des rangées de ces parallélipipèdes, comme dans le cas dont j'ai parlé d'abord.

Je donne le nom de *molécules soustractives* aux petits parallélipipèdes divisibles ou non divisibles, dont la soustraction
détermine les décroissemens des lames de superposition.

Il suit de ce que nous venons de dire que la molécule soustractive est une espèce d'unité à laquelle on peut ramener la
structure de tous les cristaux en général, en sorte que l'on est
libre de s'en tenir aux données qu'elle fournit, dans l'application
du calcul à toutes les formes cristallines possibles. De savoir
ensuite si cette unité est indivisible, ou si elle a des parties
fractionnaires, c'est une affaire d'observation qui peut intéresser
l'histoire naturelle, mais indépendamment de laquelle la théorie
ne laisseroit pas de marcher vers son but.

6. Dans le cas où le noyau diffère lui-même du parallélipipède, on peut toujours lui substituer un solide de cette forme,
soit en faisant abstraction de quelques – unes de ses faces, s'il
en a plus de six, soit en y multipliant les soudivisions, toujours
dans le sens des joints naturels, si c'est un tétraèdre. Mais on a
souvent des résultats plus simples, en donnant la préférence au
véritable noyau.

7. Les décroissemens que subissent les lames de superposition
peuvent se faire dans toutes les directions imaginables. Les
limites de ces directions sont les bords et les diagonales des faces
du noyau. Entre ces deux limites, il y a une infinité d'intermédiaires, suivant que les petits solides dont les rangées déterminent la quantité du décroissement sont censés être doubles,
triples, quadruples, etc. de la molécule soustractive. J'appelle
décroissemens

décroissemens sur les bords ceux qui se font parallélement aux bords des faces du noyau; *décroissemens sur les angles* ceux qui se font parallélement aux diagonales; et *décroissemens intermédiaires* ceux qui se font parallélement à des lignes comprises entre les bords et les diagonales.

Je vais parcourir successivement les différentes formes primitives énoncées ci-dessus, et donner, relativement à chacune d'elles, la méthode de calculer les résultats de toutes les lois de décroissemens dont elle est susceptible. Je commencerai par le parallélipipède, qui est comme le terme de comparaison auquel se rapportent les autres formes.

I. THÉORIE DU PARALLÉLIPIPÈDE.

8. Soit A G (*fig.* 1, *pl. XI*) un parallélipipède, dont les faces aient telles dimensions respectives et telles mesures d'angles que l'on voudra. Concevons ce solide soudivisé, par des plans coupans parallèles à ses différentes faces, en une multitude de parallélipipèdes élémentaires qui seront les molécules intégrantes. Chacune des mêmes faces se trouvera partagée à son tour en un certain nombre de petits parallélogrammes qui seront les faces extérieures d'autant de molécules.

Si l'on choisit deux quelconques des six faces dont il s'agit, pourvu qu'elles soient opposées, on pourra considérer le solide comme un assemblage de lames distinguées par les plans coupans parallèles à ces mêmes faces.

9. Imaginons maintenant de nouvelles lames formées de petits parallélipipèdes semblables et égaux aux précédens, qui s'appliquent, comme par assises, au-dessus des diverses faces du parallélipipède générateur, de manière que les facettes en contact coïncident exactement, comme cela a lieu dans l'intérieur de ce solide. Il y a trois cas à distinguer. Le premier est celui où les lames s'étendent par leurs bords de manière à envelopper exactement le parallélipipède générateur, qui croîtra sans changer

de forme. Le second est celui où les lames resteroient de niveau par leurs bords avec les faces adjacentes du parallélipipède générateur, auquel cas il est facile de voir qu'elles formeroient des angles rentrans aux endroits des arêtes DC, BC, CG, etc. Dans le troisième cas, les lames iront en décroissant, suivant certaines directions, de manière que chacune sera dépassée par la précédente d'une quantité égale à une ou plusieurs rangées, soit en largeur, soit en hauteur.

De ces trois cas, le premier est relatif aux formes primitives données immédiatement par la cristallisation, et ne souffre aucune difficulté. Le second est étranger à notre but, parce que la nature ne nous en offre aucun exemple, dans les cristaux simples. Nous nous arrêterons au troisième, qui est proprement l'objet de la théorie.

10. Concevons d'abord que les décroissemens se fassent en largeur sur toutes les arêtes, par des soustractions d'un nombre égal de rangées ; et bornons-nous, pour l'instant, à considérer l'effet du décroissement qui a lieu parallélement à l'arête BC, en montant au-dessus du parallélogramme A B C D.

Si l'on suppose que la forme de la molécule intégrante qui est semblable au parallélipipède générateur soit déterminée, et que la loi du décroissement soit connue, il sera facile de trouver l'angle que fait avec A B C D la face produite en vertu de ce décroissement.

Soit $a g$ (*fig.* 2) une des molécules, dont les faces analogues à celles du parallélipipède, *fig.* 1, sont marquées des mêmes lettres. Du point c je mène $c s$ et $c r$ perpendiculaires sur $b c$. Or, par l'hypothèse, le rapport entre ces deux lignes est donné, ainsi que l'angle $r c s$ qui mesure l'incidence de $a b c d$ sur $b c g h$.

Maintenant soit $o p$ (*fig.* 1) la distance entre l'arête BC et la première lame de superposition, laquelle distance est censée être mesurée sur le plan A B C D. Il est clair que $o p$ est égale à $c r$ (*fig.* 2) multipliée par le nombre n de rangées soustraites. Donc $o p = n \times c r$. Du point p (*fig.* 1) élevons $p u$ couchée sur celle

des faces latérales de la première lame qui est tournée du même
côté, et égale à la hauteur de cette face. Nous aurons $pu = cs$
(*fig.* 2), et $opu = scr$. Complétons le triangle upo (*fig.* 1). Il
est visible que la ligne ou coïncidera avec la face du cristal
secondaire, laquelle naît sur l'arête BC, et que l'angle pou mesurera l'incidence de cette face sur le parallélogramme ABCD.
Donc puisque dans le triangle upo l'on connoît les deux côtés
op, pu, et l'angle compris opu, il sera facile d'avoir l'angle pou
qui donne l'incidence cherchée.

11. Le triangle pou est appelé *triangle mensurateur,* et je
donnerai dans la suite ce nom à tous les triangles qui feront
la même fonction.

12. Considérons maintenant l'effet du décroissement qui se fait
parallélement à la même arête BC, en descendant sur la face
BCGH. Soit oih le triangle mensurateur, dans lequel oi est la
distance entre l'arête BC et la première lame de superposition,
ih coïncide avec celle des faces latérales de cette lame, qui
regarde l'arête BC, et de plus elle est égale à la hauteur de la
face dont il s'agit; enfin oh est couchée sur la face qui résulte
du décroissement.

Soit n' le nombre de rangées soustraites. Nous aurons oi
(*fig.* 1) $= n' \times cs$ (*fig.* 2). D'ailleurs ih (*fig.* 1) $= cr$ (*fig.* 2),
et $oih = rcs$. Donc il sera facile de déterminer l'angle que la
face produite par le décroissement fait avec BCGH (*fig.* 1).

13. Il peut arriver que les deux décroissemens qui agissent de
part et d'autre de l'arête BC aient entre eux un tel rapport que
les deux faces qui en résulteront coïncident sur un même plan,
en sorte que le côté oh du triangle oih soit sur la direction du
côté ou qui appartient au triangle upo, comme on le voit *fig.* 3.
Pour le prouver, remarquons que dans ce cas les triangles upo,
oih sont semblables, tant à cause de l'égalité des angles opu,
hio, que du parallélisme des côtés op, ih, et de la coïncidence
des côtés ou, ho sur une même direction.

Donc $pu : op :: oi : ih$.

Ou bien cs (*fig.* 2) $: n \times cr :: n' \times cs : cr.$

Ce qui donne $n' = \dfrac{1}{n}.$

C'est-à-dire que le cas dont il s'agit arrivera toutes les fois que les décroissemens qui se font en allant de BC vers GH seront en raison inverse de ceux qui se font en allant de BC vers AD, ou ce qui revient au même toutes les fois qu'il y aura d'un côté un décroissement en hauteur égal à celui qui agira du côté opposé. On conçoit aisément que les deux faces seront encore sur un même plan dans le cas particulier d'un décroissement par une rangée de part et d'autre.

14. Concluons de là que dans toutes les circonstances semblables à celles qui viennent d'être citées, on peut faire abstraction de l'un des deux décroissemens, en considérant la face qui en résulte comme la continuation de celle qui naît de l'autre décroissement.

On voit ce qu'il y auroit à faire pour déterminer pareillement les incidences des faces produites par les autres décroissemens sur les faces analogues du parallélipipède générateur.

15. Le plus grand nombre de faces que puisse avoir le solide secondaire est de vingt-quatre, puisque le parallélipipède générateur a douze arêtes, dont chacune est la ligne de départ de deux décroissemens qui agissent en sens opposé. Ces faces seront toutes des triangles, ou les unes des triangles et les autres des trapèzes, suivant que le parallélipipède générateur se trouvera plus allongé dans un sens que dans l'autre, ou que les décroissemens qui auront lieu parallèlement à certains bords suivront une marche plus rapide que ceux qui agiroient parallèlement à d'autres bords.

Le plus petit nombre de faces que puisse avoir le cristal secondaire est de douze. Alors tous les décroissemens considérés deux à deux en partant d'une même arête seront inverses l'un de l'autre.

Le cas le plus simple est celui où le parallélipipède générateur étant un cube, on a $n = 1$ et $n' = 1$. Dans cette hypothèse le solide secondaire est un dodécaèdre à plans rhombes tous égaux et semblables, ainsi que nous l'avons expliqué dans la partie de raisonnement.

16. Passons à la manière de déterminer les décroissemens sur les angles. Mais remarquons auparavant que dans ce cas les parties décroissantes des lames de superposition forment des angles alternativement rentrans et saillans, de manière cependant que toutes les arêtes de molécule situées aux endroits des angles saillans sont sur un même plan ; nous désignerons en conséquence la série de ces arêtes par le nom de *face latérale*.

Cela posé, concevons qu'il se fasse des décroissemens en largeur par des nombres égaux de rangées sur tous les angles du parallélipipède, *fig.* 1 ; et prenons pour exemple celui qui a lieu sur l'angle BCD. Soit Ckl le triangle mensurateur, dans lequel Ck mesure la distance entre le point C et la première lame de superposition, kl est censée appliquée sur la face latérale correspondante, dont elle mesure la hauteur, et Cl coïncide avec la face du cristal secondaire, produite par le décroissement dont il s'agit.

Ayant tracé les diagonales db, fh (*fig.* 2) sur les bases des molécules, je mène ct perpendiculaire sur db, et xz perpendiculaire tant sur db que sur fh.

Soit N le nombre de rangées soustraites. Nous aurons Ck (*fig.* 1) $= N \times ct$ (*fig.* 2), et kl (*fig.* 1) $= xz$ (*fig.* 2); de plus l'angle Ckl (*fig.* 1), sera égal à celui que forme le plan $bdfh$ (*fig.* 2) avec fgh. Or ces trois quantités sont censées connues, puisque la forme de la molécule est déterminée. Donc il sera aisé de trouver l'angle kCl (*fig.* 1) qui mesure l'inclinaison de la face produite par le décroissement, sur le parallélogramme ABCD. On se conduira de la même manière pour calculer les effets des décroissemens sur les autres angles.

17. Considérons maintenant l'hypothèse dans laquelle les décroissemens qui ont lieu sur les deux angles DCG, BCG auroient

un tel rapport avec celui qui agit sur l'angle BCD, que les faces produites par ces trois décroissemens coïncideroient sur un même plan.

Soit toujours A G (*fig.* 4) le parallélipipède générateur. Supposons que le décroissement qui a lieu en largeur sur l'angle BCD ait une telle mesure, que le bord inférieur de la première lame de superposition passe par *mr*, auquel cas chacune des lignes C*m*, C*r* renfermera autant d'arêtes de molécule égales à *cd*, ou *cb* (*fig.* 2) qu'il y aura de rangées soustraites par le décroissement. Ayant pris sur CG (*fig.* 4) une partie C*c* égale à *cg* (*fig.* 2), faisons passer un plan par les points *m*, *c*, *r*. Je dis que ce plan est parallèle à la face qui résulte du décroissement. Pour le prouver, ayant mené indéfiniment les lignes *ms* et *ru* parallèles à CG, je les prolonge chacune supérieurement de manière que l'on ait M*m*, ou R*r* égale à C*c*. Or ces prolongemens M*m* et R*r* représentent deux des arêtes situées sur la face latérale de la première lame. Donc la face produite par le décroissement passe par les points M, R. Mais de plus elle passe par le point C, qui est le terme de départ du décroissement, donc le plan MCR coïncide avec elle. Or les petites lignes C*c*, M*m*, R*r* étant trois arêtes longitudinales de molécule, situées parallélement l'une à l'autre entre les deux plans *mcr*, MCR, il est visible que ces deux plans sont eux-mêmes parallèles, c'est-à-dire que *mcr* est parallèle à la face qui naît du décroissement.

Le même raisonnement s'applique à l'hypothèse où le décroissement auroit lieu en hauteur. Dans ce cas il faudroit, pour que le plan *mcr* fût parallèle à la face produite, que l'on eût *cm* $=$ *cd* (*fig.* 2) ; *cr* $=$ *cb* ; et que la ligne C*c* (*fig.* 4) renfermât autant de fois *cg* (*fig.* 2), qu'il y auroit de rangées soustraites dans le sens de la hauteur.

18. Supposons que le plan MCR se prolonge en dessus des faces CDFG, BCGH, et considérons les prolongemens comme deux faces qui seroient l'effet de deux décroissemens, l'un sur l'angle DCG, l'autre sur BCG. Ces décroissemens étant égaux,

bornons-nous à celui qui agit sur l'angle DCG. Puisque le plan *cmr* est parallèle à la face qui résulte de ce décroissement, il est clair que *cm* coïncide avec le bord inférieur de la première lame de superposition appliquée sur CDFG, et que C*r* contient autant d'arêtes de molécule qu'il y a de rangées soustraites en hauteur.

19. Si le décroissement relatif à l'angle BCD a lieu par une rangée, il est évident que les deux autres décroissemens relatifs l'un à l'angle DCG, l'autre à l'angle BCG, auront aussi lieu par une rangée, puisqu'alors les trois lignes C*m*, C*r*, C*c* étant égales chacune à une arête de molécule, les trois décroissemens doivent avoir nécessairement la même mesure.

20. Mais si le décroissement relatif à l'angle BCD se fait par plus d'une rangée, alors les deux autres seront nécessairement intermédiaires, et il suffira d'avoir la loi du premier décroissement pour déterminer les deux autres. Supposons, par exemple, que le décroissement sur l'angle BCD se fasse par trois rangées en largeur. Dans ce cas, C*m* et C*r* seront égales chacune à trois arêtes de molécule, et C*c* sera égale à une arête. Donc le décroissement sur l'angle DCG se fait de manière qu'il y a trois arêtes de molécule soustraites le long de CD, sur une seule le long de CG, et de plus ce décroissement se fait par trois rangées en hauteur, puisque C*r* répond à trois arêtes de molécule. Il en est de même du décroissement qui a lieu sur l'angle BCG.

21. Dans tous les cas de ce genre, la théorie ne considère que l'effet du décroissement qui a lieu suivant les lois ordinaires, parce qu'il en résulte une solution beaucoup plus simple ; et les deux autres décroissemens dont elle fait abstraction sont censés intervenir subsidiairement pour seconder l'effet du premier, et prolonger vers les parties adjacentes la face à laquelle il a donné naissance.

22. Le plus grand nombre de faces que puisse avoir le cristal secondaire, dans l'hypothèse d'un décroissement sur tous les angles, est de vingt-quatre, puisqu'il y a huit angles solides composés chacun de trois angles plans, qui sont les termes de

départ d'autant de décroissemens. Le *minimum* du nombre de faces, dans la même hypothèse, est de huit, et quoiqu'à la rigueur il y ait toujours vingt-quatre décroissemens, on n'en considère que huit, ce qui donne la facilité de n'employer que des lois ordinaires, pour déterminer la forme du cristal secondaire.

23. Le cas le plus simple est celui où le parallélipipède générateur étant un cube, tous les décroissemens se font par une rangée. Le solide secondaire est alors un octaèdre régulier. Voyez la partie de raisonnement, pag. 36 *et suiv.*

Mais il peut arriver que les trois décroissemens qui ont lieu autour d'un même angle solide soient tous intermédiaires. Dans ce cas, il suffit que l'un d'eux soit déterminé, pour qu'il soit aisé d'en conclure les deux autres, à l'aide d'une construction semblable à celle que nous avons employée précédemment.

24. Supposons que la *fig.* 5 représente le parallélipipède générateur, marqué des lettres relatives à la méthode des signes indicatifs. Concevons qu'il se fasse sur l'angle O, en montant, un décroissement qui produise une face parallèle au plan $n\,r\,s$, et dont l'expression soit $(\overset{\frac{1}{2}}{O} D^3 F^4)$, d'où il suit que $o\,n = 3\,c\,d$ (*fig.* 2), $O\,r = 4\,c\,b$, et $O\,s = 2\,c\,g$.

Cela posé, l'expression du décroissement à la gauche de l'angle O sera $(\overset{\frac{1}{4}}{O} D^3 H^2)$, et celle du décroissement à la droite du même angle sera $(O^{\frac{1}{3}} F^4 H^2)$.

25. Pour déterminer les angles que font les faces produites par les décroissemens intermédiaires avec les faces correspondantes du noyau, ce qui se présente de plus simple est de considérer chaque petit groupe de molécules, qui résulte du décroissement, comme formant une molécule unique, ce qui ramène le calcul à celui qui est employé pour les décroissemens ordinaires sur les angles.

Prenons pour exemple le décroissement sur l'angle O en montant, représenté par $(\overset{\frac{1}{2}}{O} D^5 F^4)$. Il est facile de juger que

dans

dans ce cas, le groupe qui représente deux molécules soustractives placées l'une au-dessus de l'autre, est celui que l'on voit
fig. 6, et dans lequel le côté mn est composé de trois arêtes
de molécule, le côté np de quatre arêtes, et le côté nk de deux
arêtes, à cause du décroissement par deux rangées en hauteur.

Ayant tracé sur les bases les diagonales mp, io, je mène
nt perpendiculaire sur mp, puis us perpendiculaire tant sur
mp que sur io.

Soit ynt (*fig.* 7) le triangle mensurateur, dans lequel nt étant
censée être couchée sur le plan AEOI (*fig.* 5) sera égale à la
même ligne (*fig.* 6). De plus, on aura ty (*fig.* 7) $= us$ (*fig.* 6),
et l'angle nty (*fig.* 7) sera égal à celui qui fait le plan $mpoi$
(*fig.* 6) avec le triangle iko. Donc il sera facile de trouver l'angle ynt (*fig.* 7) qui mesure l'inclinaison cherchée.

26. Les solutions des problêmes de ce genre se simplifient souvent dans la pratique, par une suite de la forme régulière des
molécules. Supposons par exemple que celles-ci soient des cubes.
Désignons chacune de leurs arêtes par l'unité. Nous aurons
(*fig.* 6), $mn = 3$, $np = 4$, $nk = 2$, $mp = \sqrt{(mn)^2 + (np)^2}$
$= \sqrt{25} = 5$. $nt = \frac{mn \times np}{mp} = \frac{12}{5}$. $us = nk = 2$.

Donc aussi nt (*fig.* 7) $= \frac{12}{5}$, et $ty = 2$.

Donc $nt : ty :: \frac{12}{5} : 2 :: 6 : 5$. D'ailleurs dans ce même
cas, l'angle nty est droit, d'où l'on voit combien il est aisé
de trouver l'angle ynt.

27. Les triangles mensurateurs relatifs aux décroissemens sur
les angles peuvent être substitués à ceux que nous avons considérés dans les décroissemens sur les bords, et servir également
à déterminer les formes secondaires. Supposons par exemple
que AG (*fig.* 8) représente un noyau cubique, qui subisse des
décroissemens par deux rangées sur les quatre bords de la base
ABCD, et que l'on veuille connoître les angles de la pyramide
SADCB produite par ce décroissement. Ayant tracé les diagonales BD, AC, je mène de leur point o d'intersection la

ligne op perpendiculaire sur C D, puis sp. Si je prends sur po la partie pr égale à deux arêtes de molécule, et que du point r j'élève ru perpendiculaire sur A B C D, et qui par l'hypothèse se trouvera égale à une arête de molécule, le triangle upr fera la fonction du triangle mensurateur ordinaire, et au moyen de l'angle droit urp, et du rapport 2 : 1 entre les côtés pr et ur, on trouvera facilement l'incidence de D S C sur la base A B C D, ainsi que les valeurs des autres angles. Car à cause des triangles semblables upr, spo, tout se réduit à calculer les angles d'une pyramide droite dans laquelle le côté B C de la base, qui est double de po, est à l'axe os, dans le rapport de 4 à 1.

D'une autre part, si je prends sur Co la partie Cn égale à deux diagonales de molécule, et que du point n j'élève nz perpendiculaire sur A B C D, C n représentera la distance du point C à la première lame de superposition, prise dans le sens de Co, et nz sera égale à une arête de molécule, d'où il suit que le triangle zCn pourra faire aussi la fonction de triangle mensurateur.

Nous aurons donc Cn : nz :: $2\sqrt{2}$: 1, et parce que le triangle zCn est semblable au triangle sCo, la question considérée sous ce nouveau point de vue se réduira à chercher les angles d'une pyramide droite, dans laquelle la demi-diagonale Co de la base est à l'axe os, comme $2\sqrt{2}$: 1, ce qui suffit pour avoir tout le reste. Nous aurons plus d'une fois occasion de substituer ainsi un triangle mensurateur à l'autre, lorsqu'il en résultera plus de facilité pour résoudre les problèmes.

Tous les détails dans lesquels nous venons d'entrer doivent être regardés comme des notions préliminaires destinées surtout à bien faire concevoir l'usage des triangles mensurateurs qui reviendront sans cesse dans les applications que nous ferons du calcul aux lois de décroissemens. Nous allons maintenant nous occuper plus particulièrement des méthodes relatives à cet objet, et comme le rhomboïde, qui comprend aussi le cube, est de toutes les espèces de parallélipipède la plus féconde en résultats diversifiés, et en même temps celle qui se prête le plus aisément à l'emploi des formules générales, nous donnerons d'abord la théorie de ce solide, après quoi nous reprendrons celle des parallélipipèdes d'une forme différente.

Du rhomboïde.

Avant d'exposer la méthode de déterminer les formes secondaires qui dérivent du rhomboïde, il est nécessaire d'exprimer algébriquement les lignes principales que l'on doit considérer dans cette espèce de solide.

28. La *fig.* 9 représente un rhomboïde obtus, parce que c'est le cas le plus ordinaire. Mais ce que j'en dirai s'applique également à un rhomboïde aigu.

Ayant mené les deux diagonales bf, ad de l'un quelconque des rhombes, je désigne par g la demi-diagonale horizontale cb ou cf, et par p la demi-diagonale oblique ca ou cd.

29. Soit $adsg$ (*fig.* 10) un quadrilatère formé par deux diagonales obliques opposées ad, gs du rhomboïde, *fig.* 9, et par les arêtes ag, ds, comprises entre ces diagonales. J'appellerai dans la suite ce quadrilatère *la section principale du rhomboïde*.

Du point d je mène dr perpendiculaire sur l'axe as, et du point g je mène gn, de manière qu'étant aussi perpendiculaire sur l'axe, elle se prolonge jusqu'à la rencontre de ad. Il est clair que son prolongement tombera au milieu de ad. Car si je mène les diagonales fg et bg (*fig.* 9), la ligne entière gc qui est la même que *fig.* 10, sera couchée sur le plan bfg (*fig.* 9), qui passe par le point c. On conçoit aussi que la partie cn qui est une perpendiculaire menée du centre du triangle équilatéral bfg, est la moitié de la partie gn qui va du centre à l'un des angles du même triangle. J'appellerai gn à l'avenir *la perpendiculaire sur l'axe*, et cn, *la demi-perpendiculaire sur l'axe*.

3o. Il est facile maintenant d'exprimer en fonctions de g et de p, l'une quelconque des arêtes du rhomboïde, la perpendiculaire sur l'axe et cet axe lui-même.

1°. ab (*fig.* 9) $= \sqrt{(bc)^2 + (ac)^2} = \sqrt{g^2 + p^2}$. Donc telle est l'expression de l'arête.

2°. Le côté bf du triangle équilatéral bfg étant désigné par $2g$, la ligne cg qui va du centre à l'un des angles, ou ce qui revient au même la perpendiculaire sur l'axe, aura pour expression $\sqrt{\frac{4}{3}g^2}$, d'où il suit que la demi-perpendiculaire sur l'axe est égale à $\sqrt{\frac{1}{3}g^2}$.

3°. Remarquons que les perpendiculaires gn et dr (*fig.* 10) divisent l'axe en trois parties égales. Car les triangles semblables acn, adr donnent $ad : ac :: ar : an$. Or $ad = 2ac$. Donc $ar = 2an$. Donc $an = nr$. De plus, les triangles dsr, gan étant semblables et égaux, on a $rs = an$. Donc $an = nr = rs$.

Maintenant $an = \sqrt{(ac)^2 - (cn)^2} = \sqrt{p^2 - \frac{1}{3}g^2}$. Donc en triplant cette expression, on aura (1).

$$as = 3\sqrt{p^2 - \tfrac{1}{3}g^2} = \sqrt{9p^2 - \tfrac{9}{3}g^2} = \sqrt{9p^2 - 3g^2}.$$

31. Proposons-nous encore, avant d'aller plus loin, de résoudre le problème suivant. Etant donné les deux demi-diagonales g et p, déterminer d'une manière générale trois espèces d'angles, savoir les angles plans du rhomboïde, les incidences respectives de ses faces, et les angles de sa coupe principale.

1°. Pour les angles plans, soit menée am (*fig.* 9), perpendiculaire sur df, et qui sera le sinus de l'angle afd, en considérant af comme le rayon. Cherchons le rapport entre af et le cosinus fm.

Nous avons déjà $af = \sqrt{g^2 + p^2}$.
Reste à trouver fm.

---

(1) Il sera bon de retenir cette expression de l'axe, ainsi que celle de l'arête qui est $\sqrt{g^2 + p^2}$, et celle de la perpendiculaire sur l'axe, savoir $\sqrt{\frac{4}{3}g^2}$, parce que comme ces expressions reviendront à chaque instant, dans l'exposé de la théorie, nous nous dispenserons d'y mettre des numéros de renvoi.

Or, $am = \dfrac{bf \times ac}{df} = \sqrt{\dfrac{4\,g^2\,p^2}{g^2+p^2}}.$

Donc fm ou

$$\sqrt{(af)^2 - (am)^2} = \sqrt{g^2 + p^2 - \dfrac{4\,g^2\,p^2}{g^2+p^2}} = \sqrt{\dfrac{g^4 - 2\,g^2\,p^2 + p^4}{g^2+p^2}},$$

d'où l'on conclura que $af : fm :: g^2 + p^2 : \pm g^2 \mp p^2$, les signes supérieurs du dernier terme appartenant au cas où le rhomboïde est obtus, et les signes inférieurs à celui où le rhomboïde est aigu.

Le résultat précédent nous offre une propriété remarquable du rhomboïde. Elle consiste en ce que, dans cette espèce de solide le cosinus du petit angle plan est toujours une quantité rationnelle, pourvu que les carrés des expressions des deux diagonales soient eux-mêmes des quantités rationnelles.

2°. Pour les incidences mutuelles des faces, par exemple, pour celle de $abdf$ sur $dfqs$.

Soit menée du point m la ligne mi perpendiculaire sur df et prolongée jusqu'à la rencontre de la diagonale fs. L'angle ami mesurera l'inclinaison cherchée, et ai sera le sinus de cet angle, en prenant am pour le rayon. Cherchons aussi dans ce cas le rapport entre le sinus total et le cosinus, c'est-à-dire entre am et im.

Nous avons déjà eu $am = \sqrt{\dfrac{4\,g^2\,p^2}{g^2+p^2}}.$

Reste à chercher im, mais il faut auparavant trouver ai.

Soit menée ak (*fig.* 10) perpendiculaire sur gs, et qui sera égale à ai (*fig.* 9).

Nous aurons,

$$ak = \dfrac{gn \times as}{gs} = \sqrt{\dfrac{\tfrac{1}{3}g^2(9p^2 - 3g^2)}{4p^2}} = \sqrt{\dfrac{3\,g^2\,p^2 - g^4}{p^2}} = ai.$$

D'où l'on conclura que $am : ai :: \sqrt{\dfrac{4p^2}{g^2+p^2}} : \sqrt{\dfrac{3p^2 - g^2}{p^2}}.$

Donc

$$am : im :: \sqrt{\frac{4p^2}{g^2+p^2}} : \sqrt{\frac{4p^2}{g^2+p^2} - \left(\frac{3p^2-g^2}{p^2}\right)} :: 2p^2 : g^2 - p^2.$$

Si le rhomboïde est aigu, le rapport sera $am : im :: 2p^2 : p^2 - g^2$ (1).

On voit ici que la propriété relative à l'expression du cosinus sous une forme rationnelle, qui a lieu pour les angles plans, s'étend à ceux qui mesurent les incidences des faces.

3°. Pour les angles de la coupe principale. ak (*fig.* 10) sera le sinus de l'angle aigu g, en prenant ag pour le rayon, et d'après ce qui précède, on aura, en comparant le sinus avec le cosinus,

$$ak : kg :: \sqrt{3g^2p^2 - g^4} : g^2 - p^2.$$

Si le rhomboïde étoit aigu, le rapport seroit $\sqrt{3g^2p^2 - g^4} : p^2 - g^2$.

Dans le rhomboïde primitif de la chaux carbonatée, on a $g = \sqrt{3}, p = \sqrt{2}$ (2). Substituant ces valeurs à la place de g et de p, dans les rapports précédens, on trouve :

1°. $af : fm$ (*fig.* 9) :: 5 : 1, ce qui donne $fam = 11^{\mathrm{d.}} 32' 13''$; donc $baf = 101^{\mathrm{d.}} 32' 13''$.

2°. $am : im :: 4 : 1$, ce qui donne pour l'angle ami, $75^{\mathrm{d.}} 51' 20''$.

3°. $ak : kg$ (*fig.* 10) :: 3 : 1, ce qui donne pour l'angle ags, $71^{\mathrm{d.}} 33' 54''$.

Je passe aux résultats des différentes lois de décroissement dont le rhomboïde est susceptible.

32. Il y a en général cinq espèces de décroissemens possibles qui donneront des formes secondaires, savoir :

---

(1) Dans ce cas, le sinus ai se rejetera en dehors du rhomboïde, en conséquence de l'angle obtus que feront alors les deux faces $abdf$, $dfqs$, et l'on aura le supplément de cet angle, c'est-à-dire l'incidence des faces à l'endroit des arêtes contiguës au sommet.

(2) Je ferai connoître dans la suite les moyens que j'ai employés pour déterminer ces sortes de rapports entre lesdiagonales.

Un décroissement sur les bords supérieurs ab, af;

Un second sur l'angle supérieur a;

Un troisième sur les bords inférieurs db, df;

Un quatrième sur les angles latéraux b, f;

Un cinquième sur l'angle inférieur d.

Nous nous bornerons, pour le présent, aux formes secondaires simples, c'est-à-dire, à celles qui résultent d'un seul décroissement, que nous supposerons de plus avoir lieu par des lois ordinaires, ou par des lois mixtes. Les formes secondaires composées et les lois intermédiaires seront les objets de deux articles à part.

1°. *Décroissemens sur les bords supérieurs.*

33. Ces décroissemens donneront en général des dodécaèdres à faces triangulaires, dont trois arêtes prises alternativement coïncideront avec les arêtes ab, af, ag, etc., du noyau (*fig.* 9), et les autres s'élèveront au-dessus des diagonales obliques ad, aq, etc. De plus, il est évident que l'axe sera le même que celui du noyau.

Soit $adsg$ (*fig.* 11) la coupe principale de ce noyau, am l'arête du cristal secondaire qui s'élève au-dessus de la diagonale ad, et doit nécessairement être sur le plan qui passe par a, d, s; soit sm l'arête inférieure correspondante, qui coïncide avec le bord sd du rhomboïde primitif. Soit azt le triangle mensurateur que nous considérons ici comme si les décroissemens se faisoient sur l'angle a, en observant qu'à une rangée de soustraite vers les bords ab, af (*fig.* 9) répond une diagonale oblique de molécule, qui mesure la quantité dont une lame de superposition dépasse l'autre.

Commençons par déterminer le rapport entre les côtés az et tz de ce triangle. Soit a l'arête d'une molécule et p' sa demi-diagonale oblique. Nous aurons, en nommant n le nombre de diagonales soustraites, $az : tz :: 2p' \times n : a$, et parce que les dimensions de la molécule sont proportionnelles à celles du noyau, $a z : t z :: 2\, n p : \sqrt{g^2 + p^2}$.

Déterminons aussi le rapport entre $m u$ perpendiculaire sur l'axe relative au dodécaèdre secondaire et la partie $a u$ de l'axe comprise entre le sommet et cette perpendiculaire.

1°. Pour $m u$. Les triangles semblables $m s u$, $d s r$, donnent, $d s : d r :: s m : m u$. Or $d s = \sqrt{g^2 + p^2}$, $d r = \sqrt{\tfrac{4}{3} g^2}$; reste à chercher $s m$, ou seulement sa partie $d m$, puisque l'autre est connue.

Les triangles semblables $a z t$, $a d m$ donnent $a z : t z :: a d : d m$.

Ou, $n p : \sqrt{g^2 + p^2} :: 2\, p : d m = \dfrac{1}{n} \sqrt{g^2 + p^2}$.

Donc $s m = \sqrt{g^2 + p^2} + \dfrac{1}{n} \sqrt{g^2 + p^2} = \dfrac{n + 1}{n} \sqrt{g^2 + p^2}$.

Donc la proportion $d s : d r :: s m : m u$ devient...........

$$\sqrt{g^2 + p^2} : \sqrt{\tfrac{4}{3} g^2} :: \dfrac{n + 1}{n} \sqrt{g^2 + p^2} : m u = \dfrac{n + 1}{n} \sqrt{\tfrac{4}{3} g^2}.$$

2°. Pour $a u$. Cherchons $s u$ que nous retrancherons de $a s$.

$d s : r s :: s m : s u$. Ou, $\sqrt{g^2 + p^2} : \tfrac{1}{3} \sqrt{9 p^2 - 3 g^2} :: \dfrac{n + 1}{n}$

$$\sqrt{g^2 + p^2} : s u = \dfrac{n + 1}{3 n} \sqrt{9 p^2 - 3 g^2}.$$

Donc $a u =$ . . . .

$$\sqrt{9 p^2 - 3 g^2} - \left(\dfrac{n + 1}{3 n} \right) \sqrt{9 p^2 - 3 g^2} = \dfrac{2 n - 1}{3 n} \sqrt{9 p^2 - 3 g^2}.$$

Donc $m u : a u :: \dfrac{n + 1}{n} \sqrt{\tfrac{4}{3} g^2} : \dfrac{2 n - 1}{3 n} \sqrt{9 p^2 - 3 g^2}$.

34. Soient maintenant $b'a m$, $f'a m$ (*fig.* 12) deux faces voisines situées vers le sommet supérieur du dodécaèdre secondaire, et tellement choisies que les arêtes $a b'$, $a f'$ se confondent avec celles qui sont marquées des mêmes lettres (*fig.* 9), auquel cas l'arête $a m$ (*fig.* 12) sera celle qui s'élève au-dessus de la diagonale $a d$ (*fig.* 9).

Etant

Etant donné les demi‑diagonales g et p du noyau, avec la quantité n des décroissemens, proposons‑nous de déterminer l'incidence de $b'am$ (*fig.* 12) sur $f'am$, et celle de $b'am$ sur la face qui lui est adjacente de l'autre côté de ab'.

Concevons un plan $b'yf'$, qui soit perpendiculaire sur l'axe ao. Menons $b'o, f'o, yo$, qui coïncident avec ce même plan; menons ensuite $f'r$ et $f'p$ perpendiculaires l'une sur yo, l'autre sur ay, et joignons les points p, r, par une droite. L'angle $f'pr$ sera la moitié de celui qui donne l'incidence de $b'ay$ sur $f'ay$ (1). D'une autre part menons ye, yh perpendiculaires l'une sur $b'o$, l'autre sur ab', puis joignons les points e, h, par une droite. L'angle yhe sera la moitié de celui qui mesure l'incidence de $b'ay$ sur la face adjacente à ab' (2). On aura donc les deux incidences proposées, en cherchant le rapport entre le sinus $f'r$ et le cosinus pr de l'angle $f'pr$, et le rapport entre le sinus ye et le cosinus eh de l'angle yhe.

Ayant prolongé gn (*fig.* 11) jusqu'à la rencontre de am, nous pouvons supposer, pour plus de simplicité, que le plan $b'yf'o$ (*fig.* 12) soit à la même hauteur que gx (*fig.* 11), en sorte que l'on ait ao (*fig.* 12) $= an$ (*fig.* 11); dans ce cas, on aura aussi $f'o$ ou $b'o$ (*fig.* 12) $= gn$ (*fig.* 11), et yo (*fig.* 12) $= nx$ (*fig.* 11).

Cherchons séparément $f'r$ et pr.

---

(1) Si l'on conçoit une ligne menée de b' en p, elle sera perpendiculaire sur ay, ainsi que $f'p$, puisque tout est égal de part et d'autre. Donc $a'p$ étant elle‑même perpendiculaire tant sur $b'p$ que sur $f'p$, l'est aussi sur le plan $b'pf'$, et par conséquent sur le plan $f'pr$ qui se confond avec le précédent, puisque $f'r$ prolongée iroit tomber en b'. Donc pr qui passe par le pied de ap sera perpendiculaire sur elle. Donc puisque $f'p$ l'est aussi sur ap, l'angle $f'pr$ sera égal à l'incidence de $f'ay$ sur ayo, c'est‑à‑dire à la moitié de l'incidence de $b'ay$ sur $f'ay$.

(2) Cela se prouve par un raisonnement semblable à celui que nous avons fait dans la note précédente, relativement à l'angle $b'pr$. Nous aurons souvent occasion d'employer des constructions de ce genre.

1°. Pour $f'r$. Il est évident que cette ligne est la moitié de celle qui joindroit les points b', f', et puisque ces points sont censés étre à la même hauteur que gx, ils coïncident avec les points b, f *(fig. 9)*, d'où il suit que $f'r$ *(fig. 12)* $= bc$ *(fig. 9)* $= g$.

2°. Pour pr. Les triangles aoy, $rp\chi$ *(fig. 12)* sont semblables, d'après leur position respective jointe à l'égalité des angles aoy et rpy qui sont droits tous les deux. Donc, $ay : ao :: yr : pr$.

Cherchons successivement ay, ao et yr.

$$ay = \sqrt{(yo)^2 + (ao)^2}. \quad yo = nx \text{ *(fig. 11)*}. \quad au : mu :: an : nx.$$

Ou $\dfrac{2n-1}{3n} \sqrt{9p^2 - 3g^2} : \dfrac{n+1}{n} \sqrt{\tfrac{4}{3}g^2} :: \tfrac{1}{3}\sqrt{9p^2 - 3g^2} : nx =$

$$\dfrac{n+1}{2n-1} \sqrt{\tfrac{4}{3}g^2} = yo \text{ *(fig. 12)*}.$$

$ao = \tfrac{1}{3}\sqrt{9p^2 - 3g^2}$. Désignons par a, pour plus de simplicité la valeur de l'axe, $\sqrt{9p^2 - 3g^2}$.

Nous aurons $ay = \sqrt{\left(\dfrac{n+1}{2n-1}\right)^2 \tfrac{4}{3}g^2 + \tfrac{1}{9}a^2}$.

Nous venons de trouver ao, qui étoit la seconde des quantités à chercher. Reste yr.

L'angle $f'or$ étant de 60^d et l'angle $f'ro$ de 90^d,

$$or = \tfrac{1}{2}f'o = \tfrac{1}{2}\sqrt{\tfrac{4}{3}g^2}. \quad yr = yo - or = \dfrac{n+1}{2n-1}\sqrt{\tfrac{4}{3}g^2} -$$

$$\tfrac{1}{2}\sqrt{\tfrac{4}{3}g^2} = \dfrac{3}{2n-1}\sqrt{\tfrac{1}{3}g^2}.$$

Donc la proportion $ay : ao :: yr : pr$ devient,

$$\sqrt{\left(\dfrac{n+1}{2n-1}\right)^2 \tfrac{4}{3}g^2 + \tfrac{1}{9}a^2} : \sqrt{\tfrac{1}{9}a^2} :: \dfrac{3}{2n-1}\sqrt{\tfrac{1}{3}g^2} : pr =$$

$$\dfrac{\dfrac{1}{2n-1}\sqrt{\tfrac{1}{3}a^2 g^2}}{\sqrt{\left(\dfrac{n+1}{2n-1}\right)^2 \tfrac{4}{3}g^2 + \tfrac{1}{9}a^2}}.$$

Donc $f'r : pr :: g :$ . . . .

$$\frac{\frac{1}{2n-1}\sqrt{\frac{1}{3}a^2 g^2}}{\sqrt{\left(\frac{n+1}{2n-1}\right)^2 \frac{4}{3}g^2 + \frac{1}{9}a^2}} :: \sqrt{\left(\frac{n+1}{2n-1}\right)^2 \frac{4}{3}g^2 + \frac{1}{9}a^2} :$$

$$\frac{1}{2n-1}\sqrt{\frac{1}{3}a^2} :: \sqrt{(n+1)^2 4g^2 + (2n-1)^2 \frac{1}{3}a^2} : \alpha.$$

Passons au rapport entre le sinus ye et le cosinus eh de l'angle yhe.

1°. Pour $y\,e$.

Nous avons $ye = \sqrt{(yo)^2 - (oe)^2}.\ yo^2 = \left(\frac{n+1}{2n-1}\right)^2 \frac{4}{3}g^2$, d'après le calcul précédent. De plus, à cause de $eoy = 60^d$ et $yeo = 90^d$, $oe = \frac{1}{2}yo$.

Donc $ye = \sqrt{\frac{3}{4}(yo)^2} = \sqrt{\left(\frac{n+1}{2n-1}\right)^2 g^2}$.

2°. Pour eh. Les triangles semblables $b'oa$, $b'he$ donnent, $ab' : ao :: b'e : eh.\ ab' = \sqrt{(b'o)^2 + (ao)^2} = \sqrt{\frac{4}{3}g^2 + \frac{1}{9}a^2}$. $ao = \sqrt{\frac{1}{9}a^2}.\ b'e = b'o - oe = \sqrt{\frac{4}{3}g^2} - \left(\frac{n+1}{4n-2}\right)\sqrt{\frac{4}{3}g^2} =$

$$\left(1 - \frac{n-1}{4n-2}\right)\sqrt{\frac{4}{3}g^2} = \frac{3n-3}{4n-2}\sqrt{\frac{4}{3}g^2}.$$

Donc la proportion $ab' : ao :: b'e : eh$ devient,

$$\sqrt{\frac{4}{3}g^2 + \frac{1}{9}a^2} : \sqrt{\frac{1}{9}a^2} :: \frac{3n-3}{4n-2}\sqrt{\frac{4}{3}g^2} : eh.\ eh = \ . \ . \ . \ . \ .$$

$$\frac{\frac{3n-3}{4n-2}\sqrt{\frac{4}{27}a^2 g^2}}{\sqrt{\frac{4}{3}g^2 + \frac{1}{9}a^2}} = \frac{\frac{n-1}{2n-1}\sqrt{\frac{1}{3}a^2 g^2}}{\sqrt{\frac{4}{3}g^2 + \frac{1}{9}a^2}} = \frac{n-1}{2n-1}\sqrt{\frac{3a^2 g^2}{12g^2 + a^2}}.$$

Donc $ye : eh :: \sqrt{\left(\frac{n+1}{2n-1}\right)^2 g^2} : \frac{n-1}{2n-1}\sqrt{\frac{3a^2 g^2}{12g^2 + a^2}} :: n+1 :$

$(n-1)\sqrt{\frac{3a^2}{12g^2 + a^2}} :: (n+1)\sqrt{12g^2 + a^2} : (n-1)\sqrt{3a^2} ::$

$(n+1)\sqrt{12g^2 + 9p^2 - 3g^2} : (n-1)\sqrt{27p^2 - 9g^2} ::$

$(n+1)\sqrt{g^2 + p^2} : (n-1)\sqrt{3p^2 - g^2}.$

On connoît une variété de chaux carbonatée dont les sommets ont chacun six faces qui résultent d'un décroissement par trois rangées sur les bords supérieurs du noyau, et se combinent avec d'autres faces intermédiaires dont nous faisons ici abstraction. Pour appliquer à cette variété les formules précédentes, il faut donc faire $n = 3$, $g = \sqrt{3}$, $p = \sqrt{2}$ (1).

En substituant ces valeurs, ou trouvera,

1°. $b'r : pr :: \sqrt{89} : \sqrt{3}$, ce qui donne 79^d. $35'$ $47''$ pour l'angle $f'pr$, et 159^d. $11'$ $34''$ pour l'incidence de $b'am$ sur $f'am$.

2°. $ye : eh :: \sqrt{20} : \sqrt{3}$, ce qui donne 68^d. $49'$ $43''$ pour l'angle yhe, et 137^d. $39'$ $26''$ pour l'incidence de $b'am$ sur la face adjacente à ab'.

35. Cherchons s'il y a une loi possible de décroissement pour le dodécaèdre à triangles isocèles, ou composé de deux pyramides droites réunies base à base. Dans ce cas, $yo = b'o$. Donc aussi nx (*fig.* 11) $= gn$, ou bien $\dfrac{n+1}{2n-1} \sqrt{\tfrac{4}{3}g^2} = \sqrt{\tfrac{4}{3}g^2}$ (v. 34, 2°.) Ce qui donne $n = 2$. Donc la chose est possible, en vertu d'un décroissement par deux rangées.

Je n'ai point encore rencontré ce cas dans la nature. Mais il existe des dodécaèdres à triangles isocèles, produits par d'autres lois de décroissemens autour d'un noyau rhomboïdal.

36. A mesure que l'arête am se relève par son extrémité inférieure, en faisant des angles toujours plus ouverts avec l'axe ao (*fig.* 12), l'angle que fait $b'am$ avec la face adjacente à ab' va lui-même toujours en augmentant, et il y a un terme où ces deux faces se trouvent sur un même plan. Le cristal secondaire devient alors un rhomboïde, dont les diagonales obliques se confondent avec les arêtes ab', af', etc.

Pour trouver la loi qui donne ce rhomboïde, j'observe que

---

(1) Nous donnerons plus bas, n°. 54, la méthode de déterminer ces valeurs de g et de p.

dans le cas où il a lieu, le cosinus $e\,h$ s'évanouit. Donc (34) alors

$$\frac{n-1}{2\,n-1}\sqrt{\frac{3\,a^2\,g^2}{12\,g^2+a^2}} = 0.$$ Ou simplement $n-1=0$. Donc $n=1$, ce qui est d'ailleurs évident, d'après ce qui a été dit plus haut.

Déterminons les deux demi-diagonales du rhomboïde dont il s'agit ; soient g' et p' ces deux lignes. sm (*fig.* 11) étant la diagonale oblique du rhomboïde, mu sera la perpendiculaire sur l'axe. Donc $mu = \sqrt{\frac{4}{3}g'^2}$. Mais (33, 1°.) d'une autre part,

$$mu = \frac{n+1}{n}\sqrt{\frac{4}{3}g^2} = 2\sqrt{\frac{4}{3}g^2}.$$ Donc $g' = 2g$.

Remarquons maintenant que dans le même cas la ligne mu est relevée de manière qu'elle se trouve sur la direction de $g\,n$. C'est une suite nécessaire de ce que sm est la diagonale oblique. Donc alors $su = 2\,sr$, et $sm = 2\,sd$.

Donc $2\,p' = 2\sqrt{g^2+p^2}$, ou $p' = \sqrt{g^2+p^2}$. C'est-à-dire que la demi-diagonale horizontale g' est double de celle du noyau, et que la demi-diagonale oblique p' est égale à l'arête du noyau.

Ce cas existe dans plusieurs cristaux, et en particulier dans la variété de chaux carbonatée que j'ai nommée *équiaxe*. Ici $g = \sqrt{3}.\ p = \sqrt{2}.$ Donc $g' = \sqrt{12}$ et $p' = \sqrt{5}$, après quoi il est bien facile de déterminer les angles, en se servant des formules que j'ai données ci-dessus.

Supposons que le cristal secondaire soit un cube, et cherchons quel doit être dans ce cas le rapport entre les deux demi-diagonales du noyau. Nous pourrons faire $g' = 1$, $p' = 1$. Donc substituant dans les équations $g' = 2g$, $p' = \sqrt{g^2+p^2}$, nous aurons $1 = 2g$, ou $g = \frac{1}{2}$. $1 = \sqrt{g^2+p^2}$, ou $1 = g^2+p^2 = \frac{1}{4}+p^2$. Donc $p = \sqrt{\frac{3}{4}} = \frac{1}{2}\sqrt{3}$. Donc $g : p :: 1 : \sqrt{3}$. C'est-à-dire que le noyau est un rhomboïde aigu dont les angles sont de 60^{d}.

et $120^d.$ Ce cas seroit celui du cube de la chaux fluatée, si l'on substituoit à l'octaèdre régulier qui est le véritable noyau, le rhomboïde qui résulte de l'application de deux tétraèdres réguliers sur deux faces opposées de l'octaèdre.

2°. Décroissemens sur l'angle supérieur.

37. Ces décroissemens donneront constamment des rhomboïdes, pour formes secondaires. Continuons de nous servir de la *fig.* 11, dans laquelle ao représentera la diagonale oblique d'une des faces du rhomboïde secondaire, et so l'arête contiguë à cette diagonale, en sorte que si du point o on mène une perpendiculaire sur l'axe, elle coïncidera avec dr, puisque le point o doit être situé vis-à-vis le tiers de l'axe. De plus, atz qui dans le cas précédent remplaçoit le véritable triangle mensurateur deviendra ici d'un usage direct; et la quantité n désignera toujours le nombre des diagonales soustraites, avec la différence qu'il faudra doubler ce nombre pour avoir celui des rangées soustraites.

38. Proposons – nous d'exprimer d'une manière générale le rapport entre les deux demi-diagonales g' et p' du rhomboïde secondaire, en supposant que l'on connoisse g, p et n.

Nous avons d'abord $or : ar :: \sqrt{\frac{4}{3} g'^2} : \frac{2}{3} \sqrt{9 p'^2 - 3 g' 2}$. Et parce que les expressions de mu et au restent les mêmes que dans le cas des décroissemens sur les bords supérieurs (33, 1°. et 2°.), nous aurons, $or : ar :: mu : au ::$

$$\frac{n+1}{n} \sqrt{\tfrac{4}{3} g^2} : \frac{2n-1}{3n} \sqrt{9 p^2 - 3 g^2} :: \sqrt{\tfrac{4}{3} g'^2} : \frac{2}{3} \sqrt{9 p'^2 - 3 g'^2}.$$

Ou bien, en faisant disparoître les signes radicaux, et réduisant

$$g'^2 : 12 p'^2 - 4 g'^2 :: (n+1)^2 g^2 : (2n-1)^2 (3 p^2 - g^2).$$

Prenant le produit des extrêmes et celui des moyens, puis transposant, on trouve,

$$\left((2n-1)^2 3 p^2 + (n+1)^2 4 g^2 - (2n-1)^2 g^2 \right) g'^2 = (n+1)^2 12 g^2 p'^2,$$

Et développant $(n+1)^2\, 4g^2 - (2n-1)^2\, g^2$,

puis réduisant,

$$\left((2n-1)^2\, 3p^2 + (12n+3)\,g^2\right) g'^2 = (n+1)^2\, 12\,g^2\, p'^2.$$

Donc $g' : p' :: \sqrt{(n+1)^2\, 12\,g^2} : \sqrt{(2n-1)^2\, 3p^2 + (12n+3)\,g^2}$.

Supposons que le décroissement ait lieu par deux rangées, et que le noyau soit un rhomboïde dans lequel $g = \sqrt{9}$, $p = \sqrt{10}$; on aura $n = 1$, et la proportion devient

$$g' : p' :: \sqrt{144} : \sqrt{55}.$$

Ce résultat est réalisé dans le fer oligiste binaire.

39. Cherchons si parmi tous les rhomboïdes secondaires possibles, il y en auroit un qui fût semblable à celui qui résulte d'un décroissement par une rangée sur les bords supérieurs.

Nous avons vu que les diagonales obliques de ce dernier rhomboïde coïncidoient avec les bords supérieurs, tels que ag, du noyau. D'une autre part am est une des diagonales obliques du premier rhomboïde, et puisqu'ils sont semblables, il faut que l'on ait $gan = mau$, et par conséquent les triangles rectangles ang, aum sont eux-mêmes semblables.
Donc $mu : au :: gn : an$; ou bien

$$\frac{n+1}{n}\, \sqrt{\tfrac{1}{3}g^2} : \frac{2n-1}{3n}\, \sqrt{a^2} :: \sqrt{\tfrac{1}{3}g^2} : \tfrac{1}{3}.a, \; (\text{voyez } 33\,, \; 1^{\circ}.\text{ et } 2^{\circ}.).$$

Ou bien, $\dfrac{n+1}{n} : \dfrac{2n-1}{3n} :: 1 : \tfrac{1}{3}.$

D'où l'on tire $n = 2$. Donc le décroissement auroit lieu par quatre rangées.

Faisons $n = \tfrac{1}{2}$, ce qui est le cas d'un décroissement par une seule rangée; nous aurons, en prenant le rapport entre mu et au,

$$\frac{n+1}{n}\, \sqrt{\tfrac{1}{3}g^2} : \frac{2n-1}{3n}\, \sqrt{a^2} :: 3n+3 \sqrt{\tfrac{1}{3}g^2} : 2n-1 \sqrt{a^2} ::$$
$$\tfrac{9}{2}\sqrt{\tfrac{1}{3}g^2} : 0 \sqrt{a^2}.$$

Le rapport entre mu et au devient donc infini, dans ce cas, ce qui signifie que la diagonale ao est elle-même infinie, et que par conséquent la face sur laquelle elle tombe est horizontale (1). Ce cas a lieu dansla chaux carbonatée, la tourmaline, le fer sulfaté, etc. Alors ou bien il se fait un second décroissement d'où résultent des faces latérales dont les intersections limitent la face supérieure, ou bien il reste des faces parallèles à celles du noyau.

40. Si nous supposons maintenant des décroissemens en hauteur, il est facile de voir que les faces qui en résulteront se rejeteront du côté opposé à celui où naît le décroissement, en sorte que l'on aura encore des rhomboïdes secondaires toujours

---

(1) La construction suivante aidera à concevoir ce que signifient ces sortes de rapports que l'on dit être infinis lorsqu'ils expriment une quantité finie divisée par zéro, et infiniment petits dans le cas contraire. Soient nm, ec (*fig.* 13), deux parallèles qui tombent à angle droit ou autrement sur une droite cp. Par un point d pris à volonté sur nm, menons adf qui fasse un angle quelconque avec cp, puis menons db parallèle à cette dernière ligne. Faisons $ab = x$, $bd = a$, $dm = g$. Nous aurons $x : a :: g : fm = \dfrac{ag}{x}$.

Si nous supposons maintenant que la ligne adf restant fixe par le point d, s'abaisse par son extrémité a, de manière à prendre successivement la position odp, et d'autres positions qui soient telles, que le point o tende continuellement vers le point b, la ligne adf approchera de plus en plus du parallélisme avec cp, qui est la limite de toutes les positions dont il s'agit. En même temps dans l'équation $fm = \dfrac{ag}{x}$, la quantité fm ira en croissant, et la quantité x diminuera. Or lorsque x s'évanouit, auquel cas l'équation devient $fm = \dfrac{ag}{0}$, le point a se confond avec le point b, et la ligne fm est infinie, puisqu'elle ne peut plus rencontrer la ligne af, qui lui est devenue parallèle, en atteignant la limite de ses positions. On voitpar là dans quel sens on doit entendre que le rapport $\dfrac{ag}{0}$ représente une quantité infinie. C'est sous ce point de vue que la diagonale ao (*fig.* 11) du rhomboïde secondaire étant devenue parallèle, dans le cas que nous venons de considérer, à la ligne or, qu'elle rencontroit jusqu'alors, doit être considérée comme une quantité infinie.

moins

moins obtus, à mesure que la hauteur des lames ira en augmentant. Donnons aussi la manière de calculer les effets de ces décroissemens.

. Soit $agsd$ (*fig.* 14) la coupe principale du noyau, et azt le triangle mensurateur dans lequel az mesurera une simple rangée, c'est-à-dire qu'elle sera égale à une demi-diagonale oblique de molécule, et tz sera égale à autant d'arétes de molécule, qu'il y aura de rangées soustraites dans le sens de la hauteur.

Si l'on prolonge ta au-dessus de ag, la ligne ay coïncidera avec la diagonale oblique du rhomboïde secondaire, dont la coupe principale sera $apsk$.

Ayant prolongé sg jusqu'à la rencontre de ap, menons yu perpendiculairement sur l'axe as. Il s'agit avant tout de déterminer le rapport entre uy et au.

Cherchons d'abord uy.

Les triangles semblables sgm, syu donnent $sg : sy :: gm : uy$.
$sg = 2p. \ sy = sg + gy$. Cherchons gy.

Les triangles semblables atz, yag donnent $az : tz :: gy : ag$.

Ou $p : n\sqrt{g^2 + p^2} :: gy : \sqrt{g^2 + p^2}$.

Donc $gy = \dfrac{p}{n}$. Donc $sy = 2p + \dfrac{p}{n} = \dfrac{2np + p}{n}$.

De plus $gm = \sqrt{\tfrac{4}{3}g^2}$.

La proportion devient donc,

$$2p : \frac{2np+p}{n} :: \sqrt{\tfrac{4}{3}g^2} : uy = \frac{2n+1}{2n}\sqrt{\tfrac{4}{3}g^2}.$$

Reste à trouver au.

Or $au = as - us = \sqrt{9p^2 - 3g^2} - us$. Cherchons us.

Les triangles smg, suy donnent $sg : sy :: sm : us$.

Ou $2p : \dfrac{2np+p}{n} :: \tfrac{2}{3}\sqrt{a^2} : us$ (1). Donc $us = \dfrac{2n+1}{3n}\sqrt{a^2}$.

Donc $au = \sqrt{a^2} - \left(\dfrac{2n+1}{3n}\right)\sqrt{a^2} = \dfrac{n-1}{3n}\sqrt{a^2}$.

---

(1) La quantité a désigne ici l'axe du noyau.

Donc $uy : au :: \dfrac{2n+1}{2n} \sqrt{\tfrac{4}{3}g^2} : \dfrac{n-1}{3n} \sqrt{a^2} :: (6n+3)\sqrt{\tfrac{4}{3}g^2} : (2n-2)\sqrt{a^2}.$

41. Déterminons maintenant d'une manière générale le rapport entre les deux demi-diagonales g' et p' du rhomboïde secondaire.

Il est d'abord évident que dans le rhomboïde secondaire, lm est la demi-perpendiculaire sur l'axe et am le tiers de cet axe ; et parce que ml et am sont proportionnelles à uy et au, nous aurons

$$(6n+3)\sqrt{\tfrac{4}{3}g^2} : (2n-2)\sqrt{9p^2-3g^2} :: \sqrt{\tfrac{1}{3}g'^2} : \tfrac{1}{3}\sqrt{9p'^2-3g'^2}.$$

Et réduisant, puis supprimant les signes radicaux,
$$(2n+1)^2 4g^2 : (2n-2)^2 (3p^2-g^2) :: g'^2 : 3p'^2-g'^2.$$

Prenant le produit des extrêmes et celui des moyens,
$$\big((2n-2)^2 3p^2 - (2n-2)^2 g^2 + (2n+1)^2 4g^2\big) g'^2 = (2n+1)^2 12 g^2 p'^2,$$
et développant les quantités $(2n-2)^2$ et $(2n+1)^2$,
puis réduisant, et prenant le rapport entre g' et p', on trouve,
$$g' : p' :: \sqrt{(2n+1)^2 3g^2} : \sqrt{(n-1)^2 3p^2 + (3n^2+6n)g^2}.$$

Soit $n = \tfrac{3}{2}.$ $g = 1$, $p = \sqrt{3}.$ Comme dans le rhomboïde aigu de 60$^{\text{d.}}$ et 120$^{\text{d.}}$, nous aurons $g' : p' :: \sqrt{8} : \sqrt{3}$, résultat semblable à celui auquel on parviendroit, en supposant un décroissement par deux rangées en largeur sur deux angles quelconques opposés d'un noyau cubique. Ce résultat rapporté au rhomboïde aigu dont il s'agit ici, est réalisé dans une variété de cuivre gris (1).

42. Il est remarquable que les mêmes rhomboïdes qui résultent d'un décroissement en largeur sur l'angle supérieur, et dont les

---

(1) On considère alors le tétraèdre qui est la forme primitive de cette substance métallique, comme étant une pointe de rhomboïde, ainsi que nous l'exposerons plus en détail dans la suite.

faces sont tournées vers les diagonales obliques du noyau, soient encore susceptibles d'être produits en vertu d'un décroissement en hauteur, de manière que leurs faces correspondent aux arêtes du noyau. Cherchons une formule à l'aide de laquelle étant donné la loi relative à l'un de ces rhomboïdes, on puisse connoître aussitôt celle d'où l'autre dépend. Soit toujours n le nombre de rangées soustraites pour le décroissement en largeur ; désignons par n' celui qui répond au décroissement en hauteur. Pour que les deux rhomboïdes soient semblables, il faudra que le rapport entre la demi-perpendiculaire sur l'axe et le tiers de cet axe soit égal de part et d'autre.

Donc, $\dfrac{n+1}{n} \sqrt{\tfrac{4}{3}g^2} : \dfrac{2n-1}{3n} \sqrt{9p^2 - 3g^2} :: 6n' + 3\sqrt{\tfrac{4}{3}g^2} :$

$2n' - 2\sqrt{9p^2 - 3g^2}$ (voyez 33 et 40).

Ou en simplifiant, $n + 1 : 2n - 1 :: 2n' + 1 : 2n' - 2$.

Prenant le produit des extrêmes et celui des moyens, $2nn' + 4n = 4n' - 1$.

D'où l'on tire, $n = \dfrac{4n' - 1}{2n' + 4}$, et $n' = \dfrac{4n + 1}{4 - 2n}$.

Soit $n' = \tfrac{3}{2}$, comme dans le cas précédent. On aura $n = \tfrac{5}{7}$; décroissement dont aucune cristallisation n'a offert jusqu'ici d'exemple.

Soit $n = 2$. On trouvera $n' = \tfrac{9}{0}$, quantité infinie, qui fait connoître que dans ce cas la ligne ap coïncide avec la ligne ag, c'est-à-dire que le rhomboïde secondaire est semblable à celui qui résulte d'un décroissement par une rangée sur les bords supérieurs du noyau.

Au reste, nous verrons dans la suite que les résultats des décroissemens en hauteur dont nous venons de parler rentrent parmi ceux des décroissemens intermédiaires, auxquels il paroît plus naturel de les rapporter. Mais la méthode précédente peut servir à en simplifier le calcul.

3°. *Décroissemens sur les bords inférieurs.*

43. Les solides secondaires qui naissent de cette espèce de décroissement sont toujours des dodécaèdres à faces triangulaires scalènes, dont un des côtés se confond avec une des arêtes latérales bd, df, fq, etc. (*fig.* 9) du rhomboïde primitif.

44. Soit $adsg$ (*fig.* 15, *pl.* X) la coupe principale de ce rhomboïde, pu l'axe du dodécaèdre secondaire, pd, du deux arêtes contiguës de ce dodécaèdre. Soit dho le triangle mensurateur, dans lequel ho sera égale à une arête de molécule, et dh à autant de diagonales obliques de molécule qu'il y aura de rangées soustraites. Soit n le nombre de ces diagonales, p' la moitié de l'une des mêmes diagonales, et g' la moitié de la diagonale horizontale.

Nous aurons $ho = \sqrt{g'^2 + p'^2}$ et $dh = 2\,np'$.

45. Déterminons d'abord la partie ap de l'axe du cristal secondaire, ou la quantité dont cet axe dépasse de chaque côté celui du noyau.

Ayant prolongé ga jusqu'à la rencontre de dp, nous aurons les triangles semblables pal, psd, qui donnent $ds : ps :: al : ap$.

Or, 1°. $ds = \sqrt{g^2 + p^2}$.

2°. $ps = ap + as = ap + \sqrt{9p^2 - 3g^2}$.

3°. Pour al. Les triangles semblables dho, dal donnent $dh : oh :: ad : al$.

Ou $2\,np' : \sqrt{g'^2 + p'^2} :: 2p : al = \dfrac{p}{n}\sqrt{\dfrac{g'^2 + p'^2}{p'^2}}$.

Et parce que les dimensions des molécules sont proportionnelles à celles du noyau, on aura, en substituant le rapport $\dfrac{g^2 + p^2}{p^2}$ au rapport $\dfrac{g'^2 + p'^2}{p'^2}$, $al = \dfrac{1}{n}\sqrt{g^2 + p^2}$.

Donc la proportion $ds : ps :: al : ap$ devient

$$\sqrt{g^2 + p^2} : ap + \sqrt{9p^2 - 3g^2} :: \frac{1}{n} \sqrt{g^2 + p^2} : ap.$$

D'où l'on tire $ap = \dfrac{1}{n-1} \sqrt{9p^2 - 3g^2}.$

46. Déterminons maintenant les incidences respectives des faces du dodécaèdre, aux endroits des arêtes contiguës aux sommets. Soit as (*fig.* 16) le noyau, et bpd, dpf, fpq trois des faces du dodécaèdre. Menons la demi-diagonale horizontale de du rhombe $dfqs$, puis ayant prolongé pf, menons dk perpendiculaire sur ce prolongement, et joignons les points k, e, par une droite. L'angle dke mesurera la moitié de l'incidence de dpf sur fpq.

D'une autre part, menons la demi-diagonale horizontale fc du rhombe $abdf$, puis fz perpendiculaire sur dp, et joignons les points c, z, par une droite. L'angle fzc mesurera la moitié de l'incidence du triangle fpd sur bpd, et il est facile de voir que cette incidence sera toujours plus grande que la première.

Cherchons d'abord de et ek.

Il est évident que $de = g$. Reste à trouver ek.

Soit pg (*fig.* 15) l'arête qui passeroit par les mêmes points (*fig.* 16), et qui sera égale à pf. Ayant mené sy (*fig.* 15) perpendiculaire sur le prolongement de pg, et par le milieu t de sg une autre perpendiculaire tq sur le même prolongement, nous aurons $tq = ek$ (*fig.* 16). Pour avoir tq, cherchons sy qui en est le double.

Les triangles semblables png, pys donnent $pg : gn :: ps : sy$.

1°. Pour pg. Nous avons $pg = \sqrt{(pn)^2 + (gn)^2}$. $pn = ap +$
$an = \dfrac{1}{n-1} \sqrt{9p^2 - 3g^2} + \frac{1}{3} \sqrt{9p^2 - 3g^2} = \ldots\ldots$
$\dfrac{n+2}{3n-3} \sqrt{9p^2 - 3g^2}$ (voyez 45). $gn = \sqrt{\frac{4}{3}g^2}.$

Donc $pg = \sqrt{\left(\dfrac{n+2}{3n-3}\right)^2 a^2 + \frac{4}{3}g^2}.$

2°. Connoissant déjà gn, cherchons ps.

Or $ps = ap + as = \dfrac{1}{n-1}\sqrt{a^2} + \sqrt{a^2} = \dfrac{n}{n-1}\sqrt{a^2}.$

Donc la proportion $pg : gn :: ps : sy$ devient

$$\sqrt{\left(\frac{n+2}{3n-3}\right)^2 a^2 + \tfrac{4}{3}g^2} : \sqrt{\tfrac{4}{3}g^2} :: \frac{n}{n-1}\sqrt{a^2} : sy = \ldots :$$

$$\frac{n}{n-1}\sqrt{\frac{\tfrac{4}{3}a^2 g^2}{\left(\frac{n+2}{3n-3}\right)^2 a^2 + \tfrac{4}{3}g^2}}$$

Prenant donc la moitié de cette expression pour la valeur de ek

($fig.$ 16), nous aurons $de : ek :: g : \dfrac{n}{n-1}\sqrt{\dfrac{\tfrac{1}{3}a^2 g^2}{\left(\frac{n+2}{3n-3}\right)^2 a^2 + \tfrac{4}{3}g^2}}$

$$:: \sqrt{\left(\frac{n+2}{3n-3}\right)^2 a^2 + \tfrac{4}{3}g^2} : \sqrt{\left(\frac{n}{n-1}\right)^2 \tfrac{1}{3}a^2}.$$

Cherchons aussi fc et cz. $fc = g$. Reste à trouver cz.

Du point a ($fig.$ 15) pris à l'extrémité de l'axe, et du point c pris au milieu de ad, menons ax et cz toutes deux perpendiculaires sur dp. cz sera la même ligne que $fig.$ 16, et ax en sera le double.

Or les triangles semblables prd, pxa donnent $dp : dr :: ap : ax$.

dr et ap étant déjà connues, il ne faut plus que chercher dp.

Nous avons $dp = \sqrt{(pr)^2 + (dr)^2}.$ $pr = ap + ar = \dfrac{1}{n-1}\sqrt{a^2} + \tfrac{2}{3}\sqrt{a^2} = \dfrac{2n+1}{3n-3}\sqrt{a^2}$ (voyez 45).

Donc $dp = \sqrt{\left(\dfrac{2n+1}{3n-3}\right)^2 a^2 + \tfrac{4}{3}g^2}.$

Donc la proportion devient,

$$\sqrt{\left(\frac{2n+1}{3n-3}\right)^2 a^2 + \tfrac{4}{3}g^2} : \sqrt{\tfrac{4}{3}g^2} :: \frac{1}{n-1}\sqrt{a^2} : ax.$$

Prenant la moitié de la valeur de ax, nous aurons cz ($fig.$ 16);

$$\text{et } fc : cz :: g : \sqrt{\frac{\left(\frac{1}{n-1}\right)^2 \frac{1}{3} a^2 g^2}{\left(\frac{2n+1}{3n-3}\right)^2 a^2 + \frac{4}{3} g^2}} :: \sqrt{\left(\frac{2n+1}{3n-3}\right)^2 a^2 + \frac{4}{3} g^2}$$

$$: \sqrt{\left(\frac{1}{n-1}\right)^2 \frac{1}{3} a^2}.$$

47. Appliquons maintenant les différentes expressions que nous venons de trouver.

Si dans l'équation $ap = \dfrac{1}{n-1} \sqrt{9 p^2 - 3 g^2}$, nous faisons $n = 2$, elle devient $ap = \sqrt{9 p^2 - 3 g^2}$, c'est-à-dire que dans ce cas la partie de l'axe du dodécaèdre qui excède de chaque côté l'axe du noyau est égale à ce dernier axe, ou ce qui revient au même, l'axe du dodécaèdre est triple de celui du noyau. Cette propriété est générale.

48. Il ne sera pas inutile de remarquer en passant que le rapport des solidités est le même que celui des axes.

Pour le démontrer, faisons passer un premier plan par dps, et un second par spf; ces deux plans joints à dpf et dfs intercepteront une pyramide quadrangulaire, dont nous supposerons le sommet en f, d'où il suit que la base sera dps.

D'une autre part nous aurons dans le rhomboïde une pyramide correspondante dont les faces seront das, saf, daf et dfs. Supposons de même le sommet en f; la base sera das.

Or cette base est la moitié de la base dps de la première pyramide, à cause de $as = \frac{1}{2} ps$. Donc puisque les deux sommets se confondent, la pyramide prise dans le dodécaèdre sera le double en solidité de celle qui fait partie du rhomboïde.

Mais la partie du dodécaèdre que nous considérons ici est composée de six pyramides, ainsi que le rhomboïde. Donc sa solidité est double de celle de ce rhomboïde. Donc la solidité de sa partie excédente est égale à celle du rhomboïde. Donc la totalité du dodécaèdre qui est composé du rhomboïde plus des deux parties excédentes est triple de ce rhomboïde.

Si l'on suppose pour n d'autres valeurs à volonté, on aura un rapport différent entre les deux axes, mais que suivra toujours le rapport des solidités.

49. Faisons $n = 1$. Nous aurons $a p = \frac{1}{6} \sqrt{9 p^2 - 3 g^2}$ (voy. 45). Ce qui indique qu'alors l'axe devient une quantité infinie, et que par conséquent les plans produits par le décroissement sont verticaux. Ce cas a lieu dans le corindon.

50. Reprenons l'hypothèse dans laquelle $n = 2$. Faisons de plus $g = \sqrt{3}$ et $p = \sqrt{2}$, comme dans le rhomboïde primitif de la chaux carbonatée. Substituant ces valeurs dans les expressions (46, 2°.) de fc et de cz ($fig.$ 16), nous aurons $fc : cz ::$ $\sqrt{29} : \sqrt{3}$. Ce qui donne $144^{\mathrm{d}\cdot}$ $20'$ $26''$, pour l'incidence de fpd sur bpd.

51. Si nous substituons les mêmes valeurs dans les expressions (46, 1°.) de de et ek, nous trouverons $de : ek :: \sqrt{5} : \sqrt{3}$, ce qui donne $104^{\mathrm{d}\cdot}$ $28'$ $40''$ pour l'incidence de fpd sur fpq. Or cet angle est exactement le même que celui qui mesure l'incidence des faces primitives $bafd, gafq,$ qui correspondent aux faces secondaires fpd et fpq.

Supposons en effet que $amhl$ ($fig.$ 17) soit le quadrilatère que l'on obtiendroit en coupant le rhomboïde as ($fig.$ 9) à l'aide d'un plan qui passeroit par am, et seroit perpendiculaire sur $abdf$. Menons ai ($fig.$ 17), perpendiculaire sur hm, et qui répondra à la ligne ai ($fig.$ 9).

Or il est facile de voir que l'angle mal ($fig.$ 17) mesure l'incidence de deux faces du rhomboïde prises autour du même sommet, et par conséquent il mesure celle des rhombes $bafd, gafq$ ($fig.$ 9). Reste donc à prouver que le rapport mr à ar ($fig.$ 17) entre le sinus et le cosinus de la moitié de cet angle est le même que celui de de à ek ($fig.$ 16).

Nous avons eu plus haut (31, 1°.),

$$am \; (fig.\ 17) = \sqrt{\frac{4 g^2 p^2}{g^2 + p^2}} = \sqrt{\tfrac{24}{5}} = mh.$$

Nous

Nous avons eu aussi $ai = \sqrt{\dfrac{3g^2 p^2 - g^4}{p^2}} = \sqrt{\dfrac{9}{2}}$ (v. 31 , 2°.).

Mais par la construction $ml = 2g = \sqrt{12}$.

De plus $ar = \dfrac{ai \times mh}{ml} = \sqrt{\dfrac{\frac{9}{2} \times \frac{24}{5}}{12}} = \sqrt{\dfrac{9}{5}}$.

Donc $mr = g : ar :: \sqrt{3} : \sqrt{\dfrac{9}{5}} :: \sqrt{5} : \sqrt{3} :: de$ (*fig.* 16) $: ek$; ce qu'il falloit prouver.

52. Comparons maintenant l'angle solide f formé des trois angles plans pfd, pfq, dfq, avec l'angle solide a du noyau. Nous venons de démontrer que l'incidence de dpf sur pfq étoit égale à celle de $bafd$ sur $gafq$. De plus il y a égalité entre les angles pfd et pfq, comme il y a égalité entre les angles baf et gaf. Enfin l'angle dfq est égal à l'angle bag. Donc les deux angles solides sont égaux en tout point, et puisque bag est égal à chacun des deux autres angles baf et gaf, il s'ensuit que dfq est égal de son côté à chacun des deux angles pfd, pfq. Donc non-seulement l'incidence des faces du cristal secondaire adjacentes à l'arête pf est égale à celle des faces qui leur correspondent sur le noyau, mais encore l'angle plan obtus des faces du cristal secondaire est égal à celui des faces du noyau.

Le résultat précédent nous fournit un moyen très-simple pour avoir l'inclinaison de l'une quelconque dpf des faces du dodécaèdre sur celle qui lui est adjacente, en dessous de l'arête df. Car cette inclinaison est égale à celle de dpf sur $dfqs$, plus à la différence entre cette dernière et celle de $bafd$ sur $dfqs$. Or l'inclinaison de dpf sur $dfqs$ est de $104^{\mathrm{d.}}\ 28'\ 40''$, d'après ce qui a été dit. Celle de $bafd$ sur $dfqs$, supplément de la précédente , est de $75^{\mathrm{d.}}\ 31'\ 20''$. La différence est donc $28^{\mathrm{d.}}\ 57'\ 20''$. Ajoutant cette différence à $104^{\mathrm{d.}}\ 28'\ 40''$, on trouve $133^{\mathrm{d.}}\ 26'$ pour l'inclinaison cherchée.

53. Soit maintenant $bafd$ (*fig.* 18) le même rhombe que *fig.* 16. Menons by qui coupe af en deux parties égales. Je dis que le triangle bay est semblable à l'un quelconque dpf (*fig.* 16)

des triangles du dodécaèdre secondaire, de manière que les côtés de celui-ci sont doubles de ceux de l'autre.

Evaluons d'abord les trois côtés du triangle dpf.

Nous avons, 1°. $df = \sqrt{g^2 + p^2} = \sqrt{5}$.

2°. dp qui est la même ligne que *fig.* 15

$$= \sqrt{\left(\frac{2n+1}{3n-3}\right)^2 a^2 + \tfrac{4}{3}g^2} = \sqrt{\tfrac{25}{9}\cdot 9 + 4} = \sqrt{29} \text{ (voyez 46, 2°.)}.$$

3°. pg (*fig.* 15) $= pg$ ou pf (*fig.* 16)

$$= \sqrt{\left(\frac{n+2}{3n-3}\right)^2 a^2 + \tfrac{4}{3}g^2} = \sqrt{\tfrac{16}{9}\cdot 9 + 4} = \sqrt{20} \text{ (v. 46, 2°.)}.$$

Evaluons pareillement les trois côtés du triangle bay (*fig.* 18).

1°. $ay = \tfrac{1}{2}af = \tfrac{1}{2}\sqrt{5} = \tfrac{1}{2}df$ (*fig.* 16).

2°. Ayant mené ym perpendiculaire sur bf (*fig.* 15), nous aurons, $by = \sqrt{(bm)^2 + (my)^2} = \sqrt{(\tfrac{3}{4}bf)^2 + (\tfrac{1}{2}ac)^2}$

$$= \sqrt{\tfrac{9}{16}\cdot 12 + \tfrac{1}{4}\cdot 2} = \tfrac{1}{2}\sqrt{29} = \tfrac{1}{2}dp \text{ (*fig.* 16)}.$$

3°. ab (*fig.* 18) $= \sqrt{5} = \tfrac{1}{2}\sqrt{20} = \tfrac{1}{2}pf$ (*fig.* 16). Donc, etc.

On voit aussi que le moyen côté pf du triangle dpf est double du petit côté. Tous ces résultats ont lieu dans la variété de chaux carbonatée que j'ai nommée *métastatique*, parce que la cristallisation semble avoir *transporté* sur elle les angles du noyau.

54. Cette variété nous fournit encore le sujet d'un problème dont je donnerai dans la suite une autre solution. Il consiste à déterminer, d'après certaines données, le rapport entre les deux demi-diagonales g et p du noyau, ce qui permet ensuite de calculer les angles tant de ce noyau que des formes secondaires, avec une précision rigoureuse.

Choisissons pour données l'égalité observée entre les angles pfd et dfq (*fig.* 16), et la loi de décroissement par deux rangées, d'où résulte le cristal métastatique, ou si on l'aime mieux l'égalité entre la partie de l'axe de ce cristal qui excède celui du noyau de part et d'autre, et cet axe lui-même. Il s'agit, d'après ces deux données, de trouver le rapport entre g et p.

Pour y parvenir, j'observe que l'angle pfd étant égal à l'angle dfq, ou ce qui revient au même à l'angle baf, les angles dfk et dfa qui sont les supplémens des précédens seront aussi égaux. Donc puisque df est égale à af, le sinus dk de l'angle dfk sera égal au sinus am (*fig.* 9) de l'angle dfa (*fig.* 16).

Or $am = \sqrt{\dfrac{4\,g^2 p^2}{g^2 + p^2}}.$

Reste à trouver dk, pour mettre sa valeur en équation avec celle de am.

Le triangle dek est rectangle en e. Car le plan dfs étant perpendiculaire sur le plan afs, l'est aussi sur le plan pfs qui coïncide avec afs. Donc puisque de est en même temps couchée sur le plan dfs et perpendiculaire sur la commune section fs de ce plan avec pfs, elle sera aussi perpendiculaire sur ce dernier plan. Donc ke située sur le prolongement de pfs, et qui passe par le pied de de sera perpendiculaire sur cette dernière ligne. Donc le triangle dek est rectangle.

Donc $dk = \sqrt{(de)^2 + (ek)^2}.$

Or $dc = g.\, ek = \dfrac{n}{n-1} \sqrt{\dfrac{\frac{1}{3}a^2 g^2}{\left(\frac{n+2}{3n-3}\right)^2 a^2 + \frac{4}{3}g^2}}$ (voyez 46 , 2°.).

Et parce que $n = 2$, $ek = 2 \sqrt{\dfrac{\frac{1}{3}a^2 g^2}{\left(\frac{4}{3}\right)^2 a^2 + \frac{4}{3}g^2}} = \sqrt{\dfrac{3\,a^2 g^2}{4\,a^2 + 3\,g^2}}.$

Donc $dk = \sqrt{g^2 + \dfrac{3\,a^2 g^2}{4\,a^2 + 3\,g^2}} = \sqrt{\dfrac{7\,a^2 g^2 + 3\,g^4}{4\,a^2 + 3\,g^2}}.$

Egalant les valeurs des carrés de dk et am, $\dfrac{7\,a^2 g^2 + 3\,g^4}{4\,a^2 + 3\,g^2} = \dfrac{4\,g^2 p^2}{g^2 + p^2}.$

Et substituant à la place de a^2 sa valeur $9\,p^2 - 3\,g^2$,

$$\dfrac{7\,g^2 (9\,p^2 - 3\,g^2) + 3\,g^4}{4(9\,p^2 - 3\,g^2) + 3\,g^2} = \dfrac{4\,g^2 p^2}{g^2 + p^2}.$$

D'où l'on tire $\dfrac{7\,g^2 p^2 - 2\,g^4}{4\,p^2 - g^2} = \dfrac{4\,g^2 p^2}{g^2 + p^2}$, et faisant disparoître les deux dénominateurs, puis réduisant, et transposant,

$$g^4 - \tfrac{9}{2}\, p^2 g^2 = -\tfrac{9}{2}\, p^4.$$

Cette équation donne pour les deux valeurs de g^2, $g^2 = \tfrac{3}{2}\, p^2$, et $g^2 = 3\, p^2$.

Dans le premier cas, $g : p :: \sqrt{3} : \sqrt{2}$, ce qui est le rapport cherché entre les deux demi-diagonales du rhombe primitif. Dans le second cas, $g : p :: \sqrt{3} : 1$, ce qui convient à l'hypothèse dans laquelle le noyau et le cristal secondaire se confondroient sur un même plan, qui seroit un hexagone régulier.

55. On connoît une autre variété de chaux carbonatée que j'ai appelée *ascendante*, parce que les différentes lois dont elle dépend, agissent de bas en haut. Parmi les faces qui la terminent, douze résultent d'un décroissement sur les bords inférieurs, et en les supposant prolongées jusqu'à s'entrecouper, offriroient l'aspect d'un dodécaèdre du même genre que le métastatique.

Supposons que les triangles bpd, dpf, fpq, représentent trois des faces supérieures du dodécaèdre dont il s'agit. En mesurant l'incidence de dpf sur qpf, on trouve qu'elle est à peu près de 101^{d}, ce qui fait d'abord présumer qu'elle est égale au grand angle du rhombe primitif, c'est-à-dire à $101^{\mathrm{d}}\ 52'\ 13''$. Supposons donc l'égalité rigoureuse, et partons de cette donnée pour déterminer la loi du décroissement ou la valeur de n.

Nous aurons par l'hypothèse, $de : ek :: g : p :: \sqrt{3} : \sqrt{2}$. D'une autre part ($46$, 1°.), nous avons eu,

$$dc : ek :: \sqrt{\left(\frac{n+2}{5n-3}\right)^2 a^2 + \tfrac{4}{3}\, g^2} : \sqrt{\left(\frac{n}{n-1}\right)^2 \tfrac{1}{3}\, a^2}.$$

Et mettant à la place de a^2 sa valeur 9, et à la place de g^2 sa valeur 3,

$$de : ek :: \sqrt{\left(\frac{n+2}{3n-3}\right)^2 9 + 4} : \sqrt{\left(\frac{n}{n-1}\right)^2 3} :: \sqrt{3} : \sqrt{2}.$$

Prenant le produit des extrêmes et celui des moyens, puis supprimant les signes radicaux, $\left(\dfrac{n+2}{3n-3}\right)^2 18 + 8 = \left(\dfrac{n}{n-1}\right)^2 9.$

Ou, $\dfrac{(n+2)^2\,18 + (3n-3)^2\,8}{(3n-3)^2} = \left(\dfrac{n}{n-1}\right)^2 9.$

Ou, $\dfrac{(n+2)^2\,18 + (3n-3)^2\,8}{(3)^2} = 9\,n^2.$

Et faisant disparoître le dénominateur $(3)^2$, puis développant les quantités $(n+2)^2$, $(3n-3)^2$, et divisant tout par 9,

$$(n^2 + 4n + 4)\,2 + (n^2 - 2n + 1)\,8 = 9\,n^2.$$

D'où l'on tire, $n^2 - 8n + 16 = 0$. Donc $n - 4 = 0$, et $n = 4$. Donc le décroissement a lieu par quatre rangées.

A l'égard de l'incidence de dpf sur dpb, nous la trouverons en substituant à la place de g, a, n leurs valeurs, dans l'expression (46, $2°.$) du rapport entre fc et cz; nous aurons donc

$$fc:cz :: \sqrt{\left(\frac{2n+1}{3n-3}\right)^2 a^2 + \tfrac{4}{3}g^2} : \sqrt{\left(\frac{1}{n-1}\right)^2 \tfrac{1}{3}a^2} :: \sqrt{39} : \sqrt{3},$$

ce qui donne pour l'inclinaison cherchée $161^{\mathrm{d.}}\ 48'\ 18''$.

56. Une autre propriété du dodécaèdre dont il s'agit, en le supposant toujours complet, consiste en ce que le grand angle dfp de ses faces est droit.

Pour le prouver, évaluons les trois côtés df, pf et dp.

$1°.\ df = \sqrt{g^2 + p^2} = \sqrt{5}.$

$2°.\ dp\ (fig.\ 15) = \sqrt{\left(\frac{2n+1}{3n-3}\right)^2 a^2 + \tfrac{4}{3}g^2} = \sqrt{\tfrac{81}{81}\cdot 9 + 4}$

$= \sqrt{13}\ (\text{voyez } 46,\ 2°.).$

$3°.\ pf\ (fig.\ 16)$ ou son égale $pg\ (fig.\ 15) = \ .\ \ .\ \ .\ \ .\ \ .\ \ .$

$$\sqrt{\left(\frac{n+2}{3n-5}\right) a^2 + \tfrac{4}{3}g^2} = \sqrt{\tfrac{36}{81}\cdot 9 + 4} = \sqrt{8}\ (\text{voyez } 46,\ 1°.).$$

Donc $(fig.\ 16)\ (dp)^2 = (pf)^2 + (df)^2$. Donc le triangle dfp est rectangle en f.

$4°.$ *Décroissemens sur les angles latéraux.*

57. Les formes secondaires qui proviennent de cette espèce de décroissement sont en général des dodécaèdres, dans lesquels

trois des arêtes contiguës à chaque sommet sont parallèles aux diagonales obliques qui leur correspondent sur le noyau. C'est une suite nécessaire de ce que les soustractions se font par des rangées parallèles à ces mêmes diagonales.

58. Soit ti (*fig.* 19) un de ces dodécaèdres, et to l'une des arêtes parallèles aux diagonales du noyau. Soit b le point de l'arête tk, qui se confond avec l'angle solide latéral de ce noyau, ou qui est le point de départ des décroissemens. Soit bc la demi-diagonale horizontale du rhombe sur lequel agissent les mêmes décroissemens. Menons be perpendiculaire sur to, et joignons les points c, e, par une droite. Soit bnm le triangle mensurateur; désignons par g' la demi-diagonale horizontale de la molécule. Nous aurons $bn = 2ng'$. Quant à nm, elle coïncide avec la face latérale correspondante de la première lame de superposition, et de plus elle mesure la hauteur de cette face. Soit as (*fig.* 20) le noyau représenté séparément avec une position analogue à celle qu'il a dans l'intérieur du dodécaèdre. On concevra avec un peu d'attention que la face latérale dont nous venons de parler étant contiguë à une suite d'arêtes de molécule, situées parallèlement à ag et ds, doit être elle-même parallèle à la coupe principale qui passe par les points a, d, s, g. Et puisque nm (*fig.* 19) mesure la hauteur de cette face latérale, elle sera égale à la hauteur d'une molécule, ou à la ligne ak (*fig.* 10) en supposant que $adsg$ représente la coupe principale de la molécule.

Donc nous aurons nm (*fig.* 19) $= \sqrt{\dfrac{3g'^2p'^2 - g'^4}{p'^2}}$ (voyez 31, 2°.).

Donc $bn : nm :: 2gn : \sqrt{\dfrac{3g^2p^2 - g^4}{p^2}} :: 2n : \sqrt{\dfrac{3p^2 - g^2}{p^2}}$,

en substituant g à g' et p à p', parce que les dimensions de la molécule sont proportionnelles à celles du noyau.

59. Cherchons maintenant les incidences respectives des faces du dodécaèdre, en commençant par celle de pto (*fig.* 19) sur kto.

Il est facile de voir que l'angle bec est égal à la moitié de cette incidence, et parce que l'angle bce est droit, les deux triangles bnm, bce sont semblables. Donc $bc : ce :: bn : nm$

$$:: 2\,gn : \sqrt{\frac{3\,g^2 p^2 - g^4}{p^2}} :: 2\,n : \sqrt{\frac{3\,p^2 - g^2}{p^2}}.$$

Avant de chercher la seconde incidence, ou celle de otk sur rtk, déterminons la partie de l'axe du dodécaèdre, qui excède de chaque côté l'axe du noyau.

Soit $adsg$ ($fig.$ 21) la coupe principale de ce noyau, to une arête du cristal secondaire parallèle à la diagonale ad, et io l'arête inférieure contiguë à la précédente. Du point a et du milieu c de ad, menons ax et ce perpendiculaires l'une et l'autre sur to.

Les triangles semblables axt, aks donnent $ak : as :: ax$

$$= ce : at.\ \text{Or}\ ak = \sqrt{\frac{3\,g^2 p^2 - g^4}{p^2}}.\ as = \sqrt{9\,p^2 - 5\,g^2}.$$

ce étant la même ligne que $fig.$ 19, nous avons

$$bc = g : ce :: 2\,gn : \sqrt{\frac{3\,g^2 p^2 - g^4}{p^2}}.$$

$$\text{Donc}\ ce = \frac{1}{2\,n} \sqrt{\frac{3\,g^2 p^2 - g^4}{p^2}}.$$

Ainsi la proportion deviendra $\sqrt{\dfrac{3\,g^2 p^2 - g^4}{p^2}} : \sqrt{9\,p^2 - 3\,g^2} ::$

$$\frac{1}{2\,n} \sqrt{\frac{3\,g^2 p^2 - g^4}{p^2}} : at = \frac{1}{2\,n} \sqrt{9\,p^2 - 3\,g^2}.$$

Supposons un plan oyr ($fig.$ 19) perpendiculaire à l'axe. Soient oty, rty ($fig.$ 22) les portions des triangles otk, rtk ($fig.$ 19) interceptées par ce plan. Soit de plus tn la partie correspondante de l'axe, que nous supposerons égale à tn ($fig.$ 21). Ayant mené, on, rn et yn ($fig.$ 22), nous aurons yn égale à gn ($fig.$ 21), et on ou rn ($fig.$ 22) égale à nl ($fig.$ 21), ou au prolongement de gn jusqu'à la rencontre de to.

Menons oz (*fig.* 22) perpendiculaire sur ty, op perpendiculaire sur ny, puis joignons les points z, p, par une droite. L'angle ozp sera la moitié de celui qui mesure l'incidence de otk (*fig.* 19) sur rtk. Cherchons le sinus op (*fig.* 22) et le cosinus pz de l'angle ozp.

1°. Pour op. A cause de l'angle $onp = 60^{\mathrm{d}\cdot}$ et de l'angle droit opn, $op = on\sqrt{\tfrac{3}{4}}$. Cherchons on ou son égale nl (*fig.* 21). Les triangles semblables adr, tln donnent

$$ar : dr :: tn : nl :: at + an : nl.$$

$$\mathrm{Ou}\,\tfrac{2}{3}\sqrt{a^2} : \sqrt{\tfrac{1}{3}g^2} :: \left(\frac{1}{2n} + \frac{1}{3}\right)\sqrt{a^2} : nl = \frac{2n+3}{2n}\sqrt{\tfrac{1}{3}g^2} = on.$$

$$\text{Donc } op = \frac{2n+3}{2n}\sqrt{\tfrac{1}{3}g^2} \times \sqrt{\tfrac{3}{4}} = \frac{2n+3}{4n}\sqrt{g^2}.$$

2°. Pour pz. Les triangles semblables tny, pzy (*fig.* 22) donnent $ty : tn :: py : pz$.

$$tn = \left(\frac{1}{2n} + \frac{1}{3}\right)\sqrt{a^2} = \frac{2n+3}{6n}\sqrt{a^2}.\ ty = \sqrt{tn^2 + yn^2} =$$

$$\sqrt{\left(\frac{2n+3}{6n}\right)^2 a^2 + \tfrac{4}{3}g^2}.\ py = yn - pn = yn - \tfrac{1}{2}on = \sqrt{\tfrac{1}{3}g^2} -$$

$$\frac{2n+3}{4n}\sqrt{\tfrac{1}{3}g^2} = \left(2 - \left(\frac{2n+3}{4n}\right)\right)\sqrt{\tfrac{1}{3}g^2} = \frac{6n-3}{4n}\sqrt{\tfrac{1}{3}g^2}.$$

Donc la proportion $ty : tn :: py : pz$ devient

$$\sqrt{\left(\frac{2n+3}{6n}\right)^2 a^2 + \tfrac{4}{3}g^2} : \frac{2n+3}{6n}\sqrt{a^2} :: \frac{6n-3}{4n}\sqrt{\tfrac{1}{3}g^2} : pz$$

$$= \frac{\dfrac{(2n+3)(6n-3)}{4n \cdot 6n}\sqrt{\tfrac{1}{3}a^2 g^2}}{\sqrt{\left(\dfrac{2n+3}{6n}\right)^2 a^2 + \tfrac{4}{3}g^2}}.$$

Comparant op avec pz, on trouvera

$$op : pz :: \sqrt{\left(\frac{2n+3}{6n}\right)^2 a^2 + \tfrac{4}{3}g^2} : \frac{2n-1}{2n}\sqrt{\tfrac{1}{3}a^2}.$$

Soit $g = \sqrt{7}$, $p = \sqrt{3}$ comme dans la tourmaline. Supposons de plus $n = 1$, ce qui indique un décroissement par deux rangées.

Nous

Nous aurons d'une part bc (*fig.* 19) : ce : : $\sqrt{6}$: 1, ce qui donne 135ᵈ· 35′ 4″, pour l'incidence de pto sur kto.

D'une autre part op (*fig.* 22) : pz : : $\sqrt{27}$: 1, ce qui donne 158ᵈ· 12′ 48″, pour l'incidence de otk (*fig.* 19) sur rtk.

Ce résultat a lieu par rapport à six des faces qui composent l'un des sommets de la tourmaline prosennéaèdre.

60. A mesure que la loi des décroissemens varie, trois des arêtes longitudinales contiguës à chaque sommet, telles que to, tr, etc. (*fig.* 19) conservent la même inclinaison par rapport à l'axe, puisqu'elles sont constamment parallèles aux diagonales obliques du noyau, tandis que les trois arêtes intermédiaires font avec l'axe des angles plus ou moins ouverts, en se relevant ou en s'abaissant. Il y a donc un terme où les six arêtes étant également inclinées à l'axe deviennent égales, en sorte que le solide prend la forme d'un dodécaèdre composé de deux pyramides droites réunies par leurs bases. Cherchons si ce résultat peut être produit par une loi régulière de décroissement.

Il est évident que dans ce cas gn (*fig.* 21) $= nl$, ou $\sqrt{\frac{4}{3}g^2} = \frac{2n+3}{2n}\sqrt{\frac{1}{3}g^2}$. Ce qui donne $n = \frac{3}{2}$. C'est-à-dire que le décroissement a lieu par trois rangées. La cristallisation nous offre des exemples de ce décroissement dans les facettes qui forment une espèce d'anneau autour des bases du corindon uniternaire, dans celles qui sont situées latéralement deux à deux sur le fer oligiste binoternaire, etc.

61. Cherchons s'il y a un cas où le dodécaèdre ayant ses triangles deux à deux sur un même plan se trouveroit converti en rhomboïde. A ce terme, le cosinus pz (*fig.* 22) de l'angle ozp s'évanouit. Reprenant donc (59, 2°.) l'expression analytique de pz, et supprimant tout de suite son dénominateur, nous aurons $(2n+3)(6n-3)\sqrt{\frac{1}{3}a^2 g^2} = 0$. Ou simplement $6n-3 = 0$. D'où l'on tire $n = \frac{1}{2}$, ce qui indique un décroissement par une seule rangée de molécules. Plusieurs formes secondaires ont des

facettes qui rentrent dans ce cas; mais on connoît une variété de chaux carbonatée qui présente le rhomboïde complet, sans aucune modification.

62. Cherchons d'abord en général le rapport entre les deux demi-diagonales g' et p' du rhomboïde secondaire.

D'une part, gn (*fig.* 21) : tn : : $\sqrt{\frac{1}{3} g'^2} : \frac{1}{3} \sqrt{9 p'^2 - 3 g'^2}$: : $\sqrt{g'^2} : \sqrt{3 p'^2 - g'^2}$.

D'une autre part, $gn : tn$: : $\sqrt{\frac{4}{3} g^2} : \frac{2n+3}{6n} \sqrt{9 p^2 - 3 g^2} = \frac{4}{3} \sqrt{9 p^2 - 3 g^2}$, à cause de $n = \frac{1}{2}$. Donc $g'^2 : 3 p'^2 - g'^2$: : $\frac{4}{3} g^2 : \frac{4}{3} \cdot \frac{1}{3}$ ($9 p^2 - 3 g^2$) : : $g^2 : 12 p^2 - 4 g^2$.

Prenant le produit des extrêmes et celui des moyens, puis réduisant, $12 p^2 g'^2 - 3 g^2 g'^2 = 3 g^2 p'^2$.

D'où l'on tire, $g' : p'$: : $\sqrt{3 g^2} : \sqrt{12 p^2 - 3 g^2}$: : $\sqrt{g^2} : \sqrt{4 p^2 - g^2}$.

63. Dans la chaux carbonatée $g = \sqrt{3}$, $p = \sqrt{2}$; donc $g' : p'$: : $\sqrt{3} : \sqrt{5}$, c'est-à-dire que la demi-diagonale horizontale du rhomboïde secondaire est à l'oblique comme la demi-diagonale horizontale du noyau est à l'arête de ce même noyau.

Une autre propriété du rhomboïde secondaire que nous considérons ici consiste en ce que ses angles plans sont égaux aux incidences respectives des faces du rhomboïde primitif, et réciproquement. De plus les angles de la coupe principale sont les mêmes de part et d'autre.

Reprenons les formules relatives à ces trois espèces d'angles (31).

1°. Pour l'angle plan aigu , r : cos. : : $g^2 + p^2 : \pm g^2 \mp p^2$.

2°. Pour la plus petite incidence des faces ,

     r : cos. : : $2 p^2 : \pm g^2 \mp p^2$.

3°. Pour l'angle aigu de la coupe principale ,

     sin. : cos. : : $\sqrt{3 g^2 p^2 - g^4} : \pm g^2 \mp p^2$.

Or si l'on fait $g = \sqrt{3}, p = \sqrt{2}$, comme dans le rhomboïde primitif, et que l'on prenne les signes supérieurs , le premier rapport devient 5 : 1 ; le second 4 : 1 ; et le troisième 3 : 1.

Et si l'on fait $g=\sqrt{3}$, $p=\sqrt{5}$, comme dans le rhomboïde secondaire, et que l'on prenne les signes inférieurs, le premier rapport devient, $4:1$; le second, $5:1$; et le troisième, $3:1$. Donc il y a identité relativement au troisième angle, et à l'égard des deux autres, il y a inversion, ce qui a suggéré le nom de *chaux carbonatée inverse* que j'ai donné à cette variété.

5°. *Décroissemens sur l'angle inférieur.*

64. Ces décroissemens ont de l'analogie avec ceux qui se font sur l'angle supérieur, soit parce qu'ils produisent en général des rhomboïdes, soit parce qu'ils peuvent avoir également lieu en largeur et en hauteur. Dans le premier cas, les faces produites s'inclinent vers la partie supérieure de l'axe. Dans le second, elles se rejettent en sens contraire vers la partie inférieure. Occupons-nous d'abord des décroissemens en largeur.

65. Soit toujours $a\,d\,s\,g$ (*fig.* 23) la coupe principale du noyau, $p\,d$ la diagonale oblique du rhomboïde secondaire, et $u\,d$ l'arête inférieure contiguë à cette diagonale. Le triangle mensurateur $d\,h\,o$ ne différera point de celui que nous avons considéré (44) dans le cas des décroissemens sur les deux bords inférieurs (*fig.* 15), et nous aurons encore ici $d\,h$ (*fig.* 23) $:o\,h$ $::2\,np:\sqrt{g^2+p^2}$. Seulement le nombre de diagonales soustraites qui étoit égal au nombre de rangées soustraites, dans le cas précédent, indiquera un nombre double de rangées soustraites.

Nous aurons aussi, en suivant la même marche pour le calcul,

$$a\,p=\frac{1}{n-1}\sqrt{9\,p^2-3\,g^2}\ (\text{v. 45})\,;\text{et}\ p\,r=\frac{2\,n+1}{3\,n-3}\sqrt{9\,p^2-3\,g^2}$$

(voyez 46, 2°.).

66. Cherchons maintenant l'expression générale du rapport entre les deux demi-diagonales g' et p' du rhomboïde secondaire.

Soit $t\,z$ la demi-perpendiculaire sur l'axe relative à ce rhomboïde, nous aurons $tz : pz :: dr : pr :: \sqrt{\tfrac{1}{3}g^2} : \dfrac{2n+1}{3n-3}\sqrt{9p^2-3g^2}$

$:: \sqrt{\tfrac{1}{3}g'^2} : \tfrac{1}{3}\sqrt{9p'^2-3g'^2}$;

et simplifiant, $4g^2 : \left(\dfrac{2n+1}{n-1}\right)^2 (3p^2-g^2) :: g'^2 \cdot 3p'^2 - g'^2$.

Prenant le produit des extrêmes et celui des moyens, puis faisant disparoître le dénominateur $(n-1)^2$, et transposant

$(2n+1)^2 3p^2 g'^2 + (n-1)^2 4g^2 g'^2 - (2n+1)^2 g^2 g'^2 = (n-1)^2 12g^2 p'^2$,

et développant les quantités $(n-1)^2$ et $(2n+1)^2$,

puis réduisant, $(2n+1)^2 p^2 g'^2 + (1-4n) g^2 g'^2 = (n-1)^2 4g^2 p'^2$,

d'où l'on tire, $g' : p' :: \sqrt{(n-1)^2 4g^2} : \sqrt{(2n+1)^2 p^2 + (1-4n)g^2}$.

67. Soit $g = \sqrt{3}$, $p = \sqrt{2}$, comme dans la chaux carbonatée. Supposons $n = \tfrac{3}{2}$.

Nous trouverons $g' : p' :: \sqrt{3} : \sqrt{17}$.

Tel est le rapport des demi-diagonales, dans la variété que j'ai nommée *chaux carbonatée contrastante*, parce qu'elle offre à l'égard du rhomboïde équiaxe la même inversion d'angles, que le rhomboïde inverse comparé au primitif, inversion qui forme ici une espèce de contraste, en ce que l'un des rhomboïdes est très-aigu, et l'autre très-obtus.

En appliquant ici le calcul que nous avons donné ci-dessus (63), à l'occasion du rhomboïde inverse, et en faisant successivement $g = \sqrt{12}$, $p = \sqrt{5}$, pour le rhomboïde équiaxe, et $g = \sqrt{3}$, $p = \sqrt{17}$, pour le contrastant, on trouvera que dans le premier, le rapport entre le rayon et le cosinus du petit angle plan est celui de 17 : 7, et que le rapport entre le rayon et le cosinus de la plus petite incidence des faces est celui de 10 à 7. C'est le contraire dans le rhomboïde contrastant. De plus on trouvera que le rapport entre le sinus et le cosinus du petit angle de la coupe principale est de part et d'autre celui de 6 : 7.

68. Si dans la formule $ap = \dfrac{1}{n-1}\sqrt{9p^2 - 3g^2}$ (voyez 65), on fait $n = 1$, on trouve $ap = \frac{1}{0}\sqrt{9p^2 - 3g^2}$, comme pour les décroissemens sur les bords inférieurs, avec cette différence que les faces verticales résultent d'un décroissement par deux rangées. Ce cas est celui du prisme hexaèdre régulier de la chaux carbonatée.

69. Passons aux décroissemens qui se font en hauteur sur le même angle. Soit ou (*fig.* 24) une des diagonales obliques du rhomboïde secondaire, et op l'arête adjacente, d'où l'on voit que la première de ces lignes correspondra à une arête ds du noyau, et la seconde à une diagonale oblique ad. Soit dhe le triangle mensurateur, dans lequel $dh : eh :: p : n\sqrt{g^2 + p^2}$. Cherchons d'abord l'expression de ap. Ayant mené al prolongement de ad, nous aurons les triangles semblables pal, psg, qui donnent $gs : as + ap :: al : ap$. Or $gs = 2p$. $as = \sqrt{9p^2 - 3g^2}$. Reste à chercher al. Les triangles semblables gal, dhe donnent $eh : dh :: ga : al$.

Ou $n\sqrt{g^2 + p^2} : p :: \sqrt{g^2 + p^2} : al = \dfrac{p}{n}$.

Donc la proportion $gs : as + ap :: al : ap$ devient,

$$2p : \sqrt{9p^2 - 3g^2} + ap :: \dfrac{p}{n} : ap.$$

D'où l'on tire $ap = \dfrac{1}{2n-1}\sqrt{9p^2 - 3g^2} = us$. Concluons de là que $dr : ur :: \sqrt{\frac{4}{3}g^2} : \left(\dfrac{1}{2n-1} + \dfrac{1}{3}\right)\sqrt{9p^2 - 3g^2} :: \sqrt{\frac{4}{3}g^2} : \left(\dfrac{2n+2}{6n-3}\right)\sqrt{9p^2 - 3g^2}$.

Cherchons le rapport entre les diagonales g' et p' du rhomboïde secondaire.

La demi-perpendiculaire sur l'axe de ce rhomboïde est au tiers de cet axe comme $dr : ur$.

Donc $\sqrt{\tfrac{1}{3}g^2} : \dfrac{2n+2}{6n-3} \sqrt{9p^2 - 3g^2} :: \sqrt{\tfrac{1}{3}g'^2} : \tfrac{1}{3}\sqrt{9p'^2 - 3g'^2}$.

Simplifiant et faisant disparoître les signes radicaux,

$$(2n-1)^2 4g^2 : (2n+2)^2 (3p^2 - g^2) :: g'^2 : 3p'^2 - g'^2.$$

Prenant le produit des extrêmes et celui des moyens, puis transposant, et divisant tout par 2, $(n+1)^2 3p^2 g'^2 + (2n-1)^2 g^2 g'^2 - (n+1)^2 g^2 g'^2 = (2n-1)^2 3g^2 p'^2.$

Et développant les quantités $(2n-1)^2$ et $(n+1)^2$, puis réduisant,

$$(n+1)^2 3p^2 g'^2 + (3n^2 - 6n) g^2 g'^2 = (2n-1)^2 3g^2 p'^2,$$

d'où l'on tire

$$g' : p' :: \sqrt{(2n-1)^2 3g^2} : \sqrt{(n+1)^2 3p^2 + (3n^2 - 6n) g^2}.$$

70. On connoît une variété de chaux carbonatée dont la forme se rapproche tellement de celle du cube, qu'elle avoit été d'abord annoncée sous le nom de *spath calcaire cubique*. Mais la théorie seule suffiroit pour prouver que cette forme est impossible dans l'espèce dont il s'agit ici. Car de quelque manière qu'on la suppose produite, il faudra toujours que sa perpendiculaire sur l'axe et cet axe lui-même soient en rapport commensurable l'une avec dr et l'autre avec as, d'où il suit que les deux lignes dont il s'agit seront aussi entre elles en rapport commensurable, puisque $dr : as :: 2 : 3$. Or dans le cube le rapport de dr à as est celui de $\sqrt{2}$ à 3, c'est-à-dire qu'il est incommensurable. Donc, etc.

En mesurant avec soin les incidences des faces du rhomboïde que nous considérons ici, on trouve qu'il est un peu aigu, en sorte que la plus petite inclinaison de ses faces est d'environ 88^d. De plus on observe qu'il se divise par des coupes qui, en partant des sommets, interceptent les arêtes situées comme op (*fig.* 24), en faisant des angles égaux avec les faces adjacentes à ces arêtes, ce que l'on concevra aisément par la simple inspection de la figure. Cette observation indique que le décroissement qui donne ce rhomboïde se fait en hauteur sur l'angle inférieur du noyau.

Voyons maintenant comment on pourroit s'y prendre pour

déterminer la loi de ce décroissement, d'après l'observation des angles.

Le solide étant un peu plus aigu que le cube, il faut que le rapport $dr : ur$ qui résulte de sa loi génératrice soit un peu plus grand que le rapport $1 : \sqrt{2}$ qui a lieu pour le cube, et en même temps qu'il soit commensurable. Or en substituant successivement au rapport $1 : \sqrt{2}$, leurs égaux $\sqrt{2} : \sqrt{4}$; $\sqrt{3} : \sqrt{6}$; $\sqrt{4} : \sqrt{8}$, je m'apperçois qu'il suffit, dans cette dernière expression, d'augmenter d'une unité le nombre 8, en faisant $\sqrt{4} : \sqrt{9}$ pour avoir le rapport commensurable $2 : 3$, qui sera un peu plus grand que le premier. J'essaie donc ce rapport, en supposant que l'on ait $dr : ur :: 2 : 3$.

Ou, $\sqrt{\frac{4}{3} g^2} : \frac{2n+2}{6n-3} \sqrt{9p^2 - 3g^2} :: 2 : 3$ (voyez 69).

Et à cause de $g = \sqrt{3}$ et $p = \sqrt{2}$, $2 : \left(\frac{2n+2}{6n-3} \right) 3 :: 2 : 3$.

D'où l'on tire $6n - 3 = 2n + 2$, et $n = \frac{5}{4}$.

Donc puisque n exprime le nombre de rangées soustraites en hauteur, le décroissement se fait par quatre rangées en largeur et par cinq en hauteur.

Cherchons dans cette même hypothèse le rapport entre les demi-diagonales g' et p'. Nous avons eu ci-dessus,

$$g' : p' :: \sqrt{(2n-1)^2\, 3\, g^2} : \sqrt{(n+1)^2\, 3\, p^2 + (3n^2 - 6n)\, g^2} \quad \text{(v. 69).}$$

Et en faisant $n = \frac{5}{4}$, $g = \sqrt{3}$, $p = \sqrt{2}$.

$$g' : p' :: \sqrt{\tfrac{9}{4} . 3 . 3} : \sqrt{\tfrac{81}{16} . 3 . 2 - \tfrac{45}{16} . 3} :: \sqrt{12} : \sqrt{13}.$$

D'après cette donnée, on trouve que la plus petite inclinaison des faces est de $87^{d.}\ 47'\ 45''$, conformément à l'observation.

71. Il est souvent plus court de supposer successivement différentes valeurs à n, jusqu'à ce qu'il s'en trouve une qui conduise aux mesures d'angles observées. Mais dans les cas où ces mesures elles-mêmes fournissent un rapport très-simple entre les lignes qui servent de données, comme nous venons de le voir, cette

simplicité annonce seule avec une grande probabilité que la loi qui dépend de ce rapport est la véritable, et l'on se sauroit ici d'autant plus de gré d'être parti de ce même rapport, que l'on auroit évité par ce moyen les divers tâtonnemens qu'il eût fallu faire, pour arriver à la loi mixte qui produit le cristal cuboïde.

72. Cherchons si parmi tous les rhomboïdes secondaires possibles, il y en auroit un qui fut semblable au noyau. Dans ce cas $g' : p' :: g : p$. Substituant le second rapport au premier, dans la proportion que nous avons donnée plus haut (69), nous aurons,

$$g : p :: \sqrt{(2n-1)^2\, 3\, g^2} : \sqrt{(n+1)^2\, 3\, p^2 + (3\, n^2 - 6\, n)\, g^2}.$$

D'où l'on tire, en faisant disparoître les signes radicaux, et en développant les quantités $(2n-1)^2$ et $(n+1)^2$,

$$3\, n^2 p^2 + 6\, np^2 + 3\, p^2 + 3\, n^2 g^2 - 6\, n g^2 = 12\, n^2 p^2 - 12\, n p^2 + 3\, p^2.$$

Et réduisant, $n^2 (3\, p^2 - g^2) = n (6\, p^2 - 2\, g^2)$, ce qui donne $n = 2$.

C'est-à-dire que le résultat dont il s'agit est possible, en vertu d'un décroissement par deux rangées en hauteur. La cristallisation nous en offre des exemples dans la tourmaline surcomposée et dans le fer oligiste imitatif, relativement à une partie des faces qui terminent ces cristaux.

73. Si l'on compare (64 et 69) le rapport $dr : pr$ (*fig.* 23), ou $\sqrt{\frac{4}{3}g^2} : \frac{2n+1}{3n-3} \sqrt{9p^2 - 3g^2}$, avec le rapport $dr : ur$ (*fig.* 24), ou $\sqrt{\frac{4}{3}g^2} : \frac{2n+2}{6n-3} \sqrt{9p^2 - 3g^2}$, rapports dont le premier est pour les décroissemens en largeur et le second pour ceux en hauteur, on trouve qu'ils ne diffèrent que par la quantité qui dans le second terme multiplie l'expression de l'axe, et qui est $\frac{2n+1}{3n-3}$, d'une part et $\frac{2n+2}{6n-3}$ de l'autre. Désignons dans celle-ci le nombre n par n', pour le distinguer de n qui appartient à la précédente, et faisons $\frac{2n+1}{3n-3} = \frac{2n'+2}{6n'-3}$. De cette équation on tire, $n = \frac{4n'+1}{4-2n'}$ et $n' = \frac{4n-1}{2n+4}$; donc, puisque les valeurs

de

de n et de n' sont des nombres rationnels, il en résulte que la
même forme de rhomboïde qui est possible en vertu d'une loi
de décroissement en largeur l'est également par un décroissement différent dans le sens de la hauteur et réciproquement. On
pourra toujours passer de l'une à l'autre au moyen des formules
précédentes.

74. On demande, par exemple, quel seroit le décroissement
en largeur qui produiroit un rhomboïde secondaire semblable
au cuboïde. Pour résoudre la question, je prends la formule
$n = \dfrac{4n' + 1}{4 - 2n'}$, dans laquelle je fais $n' = \frac{5}{4}$, ce qui donne $n = 4$.
Donc la loi cherchée auroit lieu par huit rangées dans le sens
de la largeur.

Ces problêmes à double solution ne sont pas rares, dans la
théorie relative aux cristaux. Mais je ne connois jusqu'ici que
le prisme hexaèdre régulier qui existe dans une même substance
en vertu de deux lois différentes.

Des décroissemens intermédiaires relatifs au rhomboïde.

75. Les décroissemens nommés *intermédiaires* dépendent de
deux élémens variables, qui doivent entrer dans leur calcul.
L'un est le rapport entre les nombres d'arêtes de molécule soustraites sur les deux côtés de l'angle vers lequel se fait le décroissement. L'autre est le nombre de rangées soustraites ou la distance entre le même angle et le bord de la première lame de
superposition. La fraction $\dfrac{y}{x}$ représentera le rapport dont je
viens de parler, et je continuerai de désigner par n le nombre
de rangées soustraites.

A mesure que y diminue par rapport à x, le bord de chaque
lame s'incline toujours davantage sur l'arête dont x fait partie,
jusqu'à ce qu'enfin il se confonde avec cette arête, lorsque y
s'évanouit. D'une autre part, à mesure que y augmente par

rapport à x, le bord de chaque lame décroissante approche davantage du parallélisme avec la diagonale opposée à l'angle vers lequel se fait le décroissement, et lorsque y devient égale à x, on a un décroissement ordinaire sur les angles.

Il suit de là que cette dernière espèce de décroissement n'est autre chose que le dernier terme de la série des décroissemens intermédiaires, en sorte que dans les formules générales qui représentent ces décroissemens, et dont la recherche est l'objet de cet article, il suffira de faire $y = x$, pour avoir les résultats relatifs aux décroissemens proprement dits sur les angles. Je n'ai pas laissé de donner des formules particulières pour ces derniers décroissemens, qui sont beaucoup plus familiers à la cristallisation, parce que l'usage de ces formules revenant à chaque instant, il est plus commode de les trouver toutes préparées, sans être obligé de les simplifier, en faisant disparoître x et y.

Je me bornerai au calcul des décroissemens intermédiaires qui se font vers les angles latéraux et vers l'angle supérieur du rhomboïde, parce que les formules qui en dépendent sont les seules qui aient des applications à des résultats connus de la cristallisation.

76. Je me propose d'abord de considérer les effets d'un décroissement intermédiaire vers les angles latéraux b, u (*fig.* 25) d'un rhomboïde quelconque dont une de ses faces supérieures est représentée par $abdu$. Je supposerai que $\gamma\lambda$ soit le bord de la première lame de superposition, de manière que $b\gamma$, $b\lambda$ mesurent des nombres quelconques d'arêtes de molécule, avec cette seule condition que $b\lambda$ ou x soit toujours plus grande que $b\gamma$ ou y.

Dans ce cas, le solide secondaire sera en général un dodécaèdre H X (*fig.* 26, *pl. XI*) à faces triangulaires. Soit $agsd$ (*fig.* 27) la coupe principale du noyau, et hx l'axe du cristal secondaire. Il est aisé de voir que de deux arêtes contiguës, telles que hq, qx, la première passera par l'angle d, tandis que l'autre se formera à une certaine distance, au-dessus de la diagonale ad.

Menons dp parallèle à cette dernière arête ; dp sera située comme la diagonale oblique d'un rhomboïde résultant d'un décroissement sur l'angle d, dans lequel la distance d'une lame à l'autre, prise dans le sens de da seroit la même que pour le dodécaèdre dont il s'agit ici. Soit dkf le triangle mensurateur rapporté au plan pdr. kf représentera une arête de molécule. Reste à trouver l'expression de dk.

Pour y parvenir, menons $\lambda\mu$ ($fig.$ 25) parallèle à da, $\gamma\pi$ perpendiculaire sur $\lambda\mu$, $d\iota$ parallèle à $\gamma\lambda$, puis ayant pris $\iota\vartheta$ égale à $b\gamma$, menons $\vartheta\nu$ parallèle à $d\iota$, et enfin $\nu\varphi$ parallèle à ab. Il est clair que $d\iota$, $\nu\vartheta$ répondront aux bords de deux lames consécutives, et par conséquent $d\nu$ sera la distance d'une lame à l'autre, prise dans le sens de da, en ne supposant toujours qu'une rangée soustraite. Ainsi l'on aura $d\nu \times n = dk$ ($fig.$ 27). La question se réduit donc à trouver l'expression algébrique de $d\nu$ ($fig.$ 25.)

Or $\lambda\mu$ mesure autant de fois la demi-diagonale oblique d'une molécule qu'il y a d'arêtes de molécule contenues dans $b\lambda + b\mu = 2x$. Donc désignant par p' la demi-diagonale oblique de la molécule, on peut représenter $\lambda\mu$ par $2p'x$. D'une autre part $\omega\nu = \iota\vartheta = b\gamma = y$. Or les triangles semblables $\omega\nu d$, $\gamma\mu\lambda$, donnent $\gamma\mu : \lambda\mu :: \omega\nu : d\nu$. Ou, $x - y : 2p'x :: y : d\nu = \dfrac{2p'xy}{x-y}$.

Donc dk ($fig.$ 27) $= \dfrac{2p'nxy}{x-y}$. Donc désignant par g' la demi-diagonale horizontale d'une molécule, nous aurons,

$$kd : kf :: \frac{2p'nxy}{x-y} : \sqrt{g'^2 + p'^2},$$

ou parce que les dimensions de la molécule sont proportionnelles à celles du noyau, $dk : kf :: \dfrac{2pnxy}{x-y} : \sqrt{g^2 + p^2}$.

77. Proposons-nous maintenant de déterminer les incidences respectives des faces voisines vers un même sommet du dodécaèdre HX ($fig.$ 26), dans lequel l'arête QX est censée être la même que qx ($fig.$ 27).

Commençons par l'incidence de C X Q (*fig.* 26) sur N X Q. Soit *b u* une des diagonales horizontales du noyau, et *b a u* la moitié du rhombe auquel appartient cette diagonale. Soient *b r, u y,* les sections du même rhombe prolongé convenablement, sur les triangles C X Q , N X Q. Si nous prolongeons de même ces sections jusqu'à ce qu'elles se rencontrent en un point commun *m,* le triangle *b m o* sera semblable au triangle $\gamma \lambda \pi$ (*fig.* 25), puisque *b m, u m* (*fig.* 26) ou leurs parties *b r, u y,* représentent nécessairement les deux bords décroissans d'une même lame de superposition.

Menons *b n* perpendiculaire sur Q X (*fig.* 26), puis joignons les points *o, n* par une droite. L'angle *b n o* sera la moitié de celui qui mesure l'incidence de C X Q sur N X Q. Donc il faut chercher le rapport entre le sinus *b o* et le cosinus *o n* de l'angle *b n o.* Mais *b o = g.* Reste à trouver *o n.*

Du point *o* (*fig.* 27) milieu de *a d* et du point *a,* menons les lignes *o n* et *a b* perpendiculaires sur *q x,* et prolongeons *g a* jusqu'à la rencontre de *d p.* La ligne *o n* sera la même que *o n* (*fig.* 26) dont il s'agit d'avoir l'expression algébrique.

Or les triangles *m o n* (*fig.* 26) et *d o z* (*fig.* 27) sont semblables, puisque *o m* (*fig.* 26) coïncide avec *o d* (*fig.* 27), *o n* avec *o z,* et que *d p* (*fig.* 27), dont *d z* fait partie, est parallèle à *m* X (*fig.* 26), sur laquelle est située *m n.*

Donc *o m : o n* (*fig.* 26) :: *o d : o z* (*fig.* 27) :: *a d : a l.* Il faut donc chercher *o m, a d* et *a l,* pour trouver *o n.* Mais nous avons déjà *a d = 2 p.* Reste *o m* et *a l.*

1º. Pour *o m.* Les triangles $\gamma \pi \lambda$ (*fig.* 25) et *b o m* (*fig.* 26) sont semblables, comme nous l'avons déjà dit. Donc $\gamma \pi : \pi \lambda$ :: *b o : o m.* Or $\pi \lambda$ mesure autant de demi-diagonales *p* qu'il y a d'arêtes contenues dans $b \lambda + b \gamma = x + y,$ et $\gamma \pi$ mesure autant de demi-diagonales *g* qu'il y a d'arêtes contenues dans $\gamma \mu = x - y.$ Donc $\gamma \pi : \pi \lambda :: g x - g y : p x + p y :: b o$ (*fig.* 26) : *o m* :: *g : o m.*

D'où l'on tire $o m = \dfrac{p x + p y}{x - y}.$

2°. Pour al (*fig.* 27). Les triangles alp, drp, donnent $ap : al :: dp : dr$. Mais $dr = \sqrt{\frac{4}{3}g^2}$. Reste à chercher ap et dp.

1°. Pour ap. Les triangles pay, psd donnent $ap : ay :: ap + as : ds$. $as = \sqrt{a^2}$. $ds = \sqrt{g^2 + p^2}$. Cherchons ay. Les triangles dkf, day donnent $dk : fk :: da : ay$.

Ou $\dfrac{2pnxy}{x-y} : \sqrt{g^2 + p^2} :: 2p : ay = \dfrac{x-y}{nxy}\sqrt{g^2 + p^2}$.

Donc la proportion $ap : ay :: ap + as : ds$ devient

$$ap : \frac{x-y}{nxy}\sqrt{g^2 + p^2} :: ap + \sqrt{a^2} : \sqrt{g^2 + p^2}.$$

D'où l'on tire

$$ap = \left(\frac{x-y}{nxy}\right) ap + \frac{x-y}{nxy}\sqrt{a^2}. \text{ Et } ap = \frac{x-y}{nxy - x + y}\sqrt{a^2}.$$

2°. Pour dp. Nous avons $dp = \sqrt{(pr)^2 + (dr)^2}$. $(dr)^2 = \frac{4}{3}g^2$.

Cherchons pr. $pr = ap + ar = \left(\dfrac{x-y}{nxy - x + y} + \dfrac{2}{3}\right)\sqrt{a^2}$

$= \dfrac{2nxy + x - y}{3nxy - 3x + 3y}\sqrt{a^2}.$

Donc $dp = \sqrt{\left(\dfrac{2nxy + x - y}{3nxy - 3x + 3y}\right)^2 a^2 + \frac{4}{3}g^2}.$

Donc la proportion $ap : al :: dp : dr$ deviendra

$$\frac{x-y}{nxy - x + y}\sqrt{a^2} : al :: \sqrt{\left(\frac{2nxy + x - y}{3nxy - 3x + 3y}\right)^2 a^2 + \frac{4}{3}g^2} : \sqrt{\frac{4}{3}g^2}.$$

Donc $al = \dfrac{\dfrac{x-y}{nxy - x + y}\sqrt{\frac{4}{3}a^2 g^2}}{\sqrt{\left(\dfrac{2nxy + x - y}{3nxy - 3x + 3y}\right)^2 a^2 + \frac{4}{3}g^2}}.$

Reprenant la proportion $om : on :: ad : al$, et substituant

$$\frac{px + py}{x - y} : on :: 2p : \frac{\dfrac{x-y}{nxy - x + y}\sqrt{\frac{4}{3}a^2 g^2}}{\sqrt{\left(\dfrac{2nxy + x - y}{3nxy - 3x + 3y}\right)^2 a^2 + \frac{4}{3}g^2}}.$$

D'où l'on tire , $o\,n = \dfrac{\dfrac{x+y}{n\,x\,y - x + y}\sqrt{\frac{1}{3}\,a^2\,g^2}}{\sqrt{\left(\dfrac{2\,n\,x\,y + x - y}{3\,n\,x\,y - 3\,x + 3\,y}\right)^2 a^2 + \frac{4}{3}\,g^2}}.$

Donc $b\,o : o\,n :: g :$ la fraction précédente ; et faisant dispa‑
roître le dénominateur de cette fraction , puis divisant les deux

termes du rapport par g, $b\,o : o\,n :: \sqrt{\left(\dfrac{2\,n\,x\,y + x - y}{3\,(n\,x\,y - x + y)}\right)^2 a^2 + \frac{4}{3}\,g^2}$

$: \dfrac{x+y}{n\,x\,y - x + y}\sqrt{\tfrac{1}{3}\,a^2} :: \sqrt{\tfrac{1}{3}\,(2\,n\,x\,y + x - y)^2\,a^2 + (n\,x\,y - x + y)^2\,4\,g^2}$

$: (x + y)\sqrt{a^2}.$

78. On n'auroit besoin à la rigueur que de ce rapport joint
à la loi que subit le décroissement, pour déterminer un cristal
du genre de ceux dont il s'agit ici. Un exemple fera connoître la
manière dont on peut se conduire dans cette détermination.

Supposons que H X (*fig.* 26) représente la chaux carbonatée
paradoxale , abstraction faite des facettes qui modifient la forme
dominante. En essayant de diviser mécaniquement le cristal , je
remarque que chaque coupe, telle que $\iota\delta\zeta$, part de l'une des
arêtes les plus courtes, et se relève de manière que son angle δ
contigu à l'arête Q X est d'environ 45^{d}.

Cela posé, je trace le rhombe $a\,b\,\delta\,u$ (*fig.* 28) semblable au
rhombe primitif, et du point δ je mène $\delta\iota,\delta\zeta$ dont chacune fait
avec la diagonale $a\,\delta$ un angle de $22^{\mathrm{d}} \tfrac{1}{2}$; il est clair que ces
deux lignes représentent les positions des deux bords décroissans
d'une même lame, en sorte que $b\,\iota$ et $b\,\delta$ sont entre elles comme
les nombres d'arêtes de molécule soustraites des deux côtés de
l'angle vers lequel se fait le décroissement. Or en comparant ces
mêmes lignes , je trouve que $b\,\delta$ est sensiblement double de $b\,\iota$,
d'où je conclus que dans la formule ci-dessus , $x = 2$ et $y = 1$.
Comme je ne connois point n, je lui suppose d'abord la valeur
la plus simple, en faisant $n = 1$. D'ailleurs $a^2 = 9$ et $g^2 = 3$.
Substituant ces quantités dans les expressions de $b\,o$ et $o\,n$, on
trouve $b\,o : o\,n :: \sqrt{29} : \sqrt{27}$, ce qui donne $92^{\mathrm{d}}\ 3'\ 10''$ pour

l'incidence de CXQ sur NXQ. Or cette mesure étant d'accord avec l'observation, j'en conclus que le décroissement se fait par une rangée de molécules doubles.

79. Si l'on suppose $x = y$, ou ce qui revient au même $x = 1$ et $y = 1$, le rapport entre le sinus et le cosinus de la moitié l'incidence de CXQ devient $bo : on :: \sqrt{\frac{4}{9} a^2 + \frac{4}{3} g^2} : \frac{2}{n} \sqrt{\frac{1}{3} a^2}$.

Et remettant à la place de a^2 sa valeur $9 p^2 - 3 g^2$,

$$bo : on :: n : \sqrt{\frac{3 p^2 - g^2}{p^2}}.$$

Ce rapport ne diffère de celui que nous avons trouvé (59) pour les décroissemens sur les angles, savoir $2 n : \sqrt{\frac{3 p^2 - g^2}{p^2}}$, qu'en ce que dans celui-ci la quantité n est multipliée par 2, ce qui provient de ce qu'elle indique le nombre de diagonales soustraites, au lieu que dans l'autre rapport n indique le nombre de rangées soustraites qui est la moitié de celui des diagonales.

80. Pour déterminer maintenant l'incidence de CXB sur CXQ, nous avons besoin de l'expression de hr (*fig.* 27).

Or, $hr = ux = ax + au = ap + px + au$. Mais nous connoissons $ap = \frac{x - y}{nxy - x + y} \sqrt{a^2}$ et $au = \frac{1}{3} \sqrt{a^2}$.

Reste à trouver px.

Les triangles semblables bax, lap donnent $al : bl :: ap : px$. Mais $bl = nz = on - oz = on - \frac{1}{2} al$. Donc $al : on - \frac{1}{2} al :: ap : px$. Mais nous avons eu (77, 2°.),

$$al = \frac{\frac{x - y}{nxy - x + y} \sqrt{\frac{4}{3} a^2 g^2}}{\sqrt{\left(\frac{2 nxy + x - y}{3 nxy - 3x + 3y}\right)^2 a^2 + \frac{4}{3} g^2}}$$

$$\text{et } on = \frac{\frac{x + y}{nxy - x + y} \sqrt{\frac{1}{3} a^2 g^2}}{\sqrt{\left(\frac{2 nxy + x - y}{3 nxy - 3x + 3y}\right)^2 a^2 + \frac{4}{3} g^2}},$$

d'où l'on voit que al et on sont égales, la première à $(x-y)\sqrt{4}$ ou à $2x-2y$, et la seconde à $x+y$, multipliées l'une et l'autre par une même fraction. Donc nous pouvons écrire ainsi la proportion, $2x-2y : x+y-x+y :: \dfrac{x-y}{nxy-x+y}\sqrt{a^2} : px$.

D'où l'on tire $px = \dfrac{y}{nxy-x+y}\sqrt{a^2}$. Donc $hr = \ldots$

$$\left(\frac{x-y}{nxy-x+y} + \frac{y}{nxy-x+y} + \frac{1}{3}\right)\sqrt{a^2} = \frac{nxy+2x+y}{3(nxy-x+y)}\sqrt{a^2}.$$

Concevons maintenant un plan qui en passant par quelque point de l'arête CX (*fig.* 26), soit perpendiculaire à l'axe HX. Soient qxv, bxv (*fig.* 29) les deux portions des faces BXC, QXC (*fig.* 26) interceptées par ce plan. Supposons pour plus de simplicité que le plan dont il s'agit passe à une telle distance du sommet que la partie xr (*fig.* 29) qu'il intercepte sur l'axe soit égale à pr (*fig.* 27). Dans ce cas on aura qr (*fig.* 29) ou br égale à dr (*fig.* 27).

Ayant mené pt (*fig.* 27) parallèle à gx, prolongeons dr jusqu'à la rencontre de pt. La ligne vr (*fig.* 29) sera égale à rt (*fig.* 27).

Nous avons donc xr (*fig.* 29) $= \dfrac{2nxy+x-y}{3nxy-3x+3y}\sqrt{a^2}$ (voyez 77);

$qr = \sqrt{\tfrac{1}{3}g^2}$. Cherchons vr ou son égale rt (*fig.* 27). Les triangles semblables prt, hrd donnent $hr : dr :: pr : rt$, ou

$$\frac{nxy+2x+y}{3(nxy-x+y)}\sqrt{a^2} : \sqrt{\tfrac{1}{3}g^2} :: \frac{2nxy+x-y}{3(nxy-x+y)}\sqrt{a^2} : rt =$$

$$\frac{2nxy+x-y}{nxy+2x+y}\sqrt{\tfrac{1}{3}g^2} = vr \ (\text{*fig.* 29}).$$

Menons bq, ensuite qz perpendiculaire sur vx, puis lz. L'angle qzl sera la moitié de celui qui mesure l'incidence de qxv sur bxv, ou de BXC (*fig.* 26) sur QXC. Or il est facile d'avoir le rapport entre ql (*fig.* 29) et lz, en valeurs de qr, xr et vr, par une méthode analogue à celle que nous avons déjà suivie ailleurs (voyez 34), pour le rapport entre ye, eh (*fig.* 12).

On trouvera d'abord $ql = \dfrac{qr}{2}\sqrt{3}$. On aura ensuite lz à l'aide

de

de la proportion $v\,x : x\,r :: v\,l : l\,z$; ou, $\sqrt{\overline{(xr)^2} + \overline{(vr)^2}}$
: $xr :: vr - rl : lz :: vr - \tfrac{1}{2}qr : lz$. D'où l'on tire $lz =$
$xr\ \dfrac{(vr - \tfrac{1}{2}qr)}{\sqrt{(xr)^2 + (vr)^2}}$. Donc $ql : lz :: \dfrac{qr}{2}\sqrt{\overline{3}} : \dfrac{xr\,(vr - \tfrac{1}{2}qr)}{\sqrt{(xr)^2 + (vr)^2}} ::$
$qr\ \sqrt{\overline{3(\overline{(xr)^2} + \overline{(vr)^2})}} : xr\,(2vr - qr)$. Or, en faisant $g =$
$\sqrt{\overline{3}}$, $p = \sqrt{\overline{2}}$, $n = 1$, $x = 2$, $y = 1$, dans les expressions
algébriques de qr, xr et vr indiquées ci-dessus, on a $qr = 2$,
$xr = 5$, $vr = \tfrac{10}{7}$; et substituant ces valeurs à la place de
qr, xr et vr, dans le rapport de ql à lz, on trouve $ql : lz ::$
$2\sqrt{\overline{3(25 + \tfrac{100}{49})}} : 5\,(\tfrac{20}{7} - 2) :: \sqrt{\overline{33}} : \sqrt{\overline{3}}$, ce qui donne pour
l'incidence de CXB sur CXQ (*fig.* 26), 153ᵈ. 13′ 58″.

81. L'espèce particulière de décroissement intermédiaire dont
nous venons de parler, peut être ramenée à un décroissement ordinaire en hauteur sur les angles latéraux, et dont le signe
seroit $\tfrac{1}{2}E^{\tfrac{1}{2}}$. Car soit as (*fig.* 30) le rhomboïde primitif. Si l'on
conçoit un plan orx tellement situé, que bx mesure deux arêtes
de molécule, et chacune des deux lignes ob, br une seule arête,
il est visible que ce plan sera parallèle à la face CXQ (*fig.* 26),
et que, de plus la loi dont il dépend pourra être représentée
par $E^{\tfrac{1}{2}}$, l'angle abn' (*fig.* 30) étant ici celui que nous désignons
par E. Maintenant si l'on suppose un second plan ofz qui ait la
même position en sens contraire, c'est-à-dire, qui soit tellement
situé que bz réponde à deux arêtes, et chacune des lignes bf,
bo, à une seule arête, ce plan sera parallèle à CXB (*fig.* 26),
et la loi qui le produit pourra être représentée par $\tfrac{1}{2}E$, l'angle
abd étant celui que désigne E. Mais dans cette hypothèse, les
effets des deux décroissemens se croisent de manière qu'aucune
partie de la face produite en vertu de chacun d'eux, ne répond
à la face primitive dont on suppose le décroissement originaire;
par exemple, la face CXQ (*fig.* 26) existe toute entière au-
dessus du rhombe $abdu$ (*fig.* 30), tandis que le décroissement

dont elle provient, dans la supposition présente, a pour ligne de départ *or*, qui coïncide avec le rhombe voisin *abn'g*. Or, il paroît singulier de rapporter une face secondaire à un décroissement dont l'effet est, en quelque sorte, nul sur la face primitive où il est censé prendre naissance. Il est plus naturel de regarder alors le décroissement comme intermédiaire, parce que, dans ce cas, les faces qui en dérivent correspondent par leurs positions aux faces primitives sur lesquelles se trouvent les lignes de départ ; et c'est ainsi que j'en userai ordinairement par rapport aux décroissemens de ce genre.

La même considération s'applique aux décroissemens en hauteur sur l'angle supérieur *bau*. Soit *npk* un plan tellement situé, que *ak* soit égale à deux arêtes de molécule, et chacune des lignes *an*, *ap*, à une seule arête. Ce plan se trouvera parallèle à une facette produite par un décroissement, dont le signe rapporté à la face *abdu*, sera $\overset{\frac{1}{2}}{A}$; mais si on le rapporte à la face *bagn'*, il aura pour signe ($AB' B^2$), qui exprime une loi intermédiaire. Or, cette manière de considérer le décroissement est aussi la plus naturelle, pour des raisons semblables à celles que j'ai exposées précédemment.

Mais, d'une autre part, il est plus simple de soumettre le décroissement au calcul, en supposant qu'il ait lieu sur la face *abdu*; et c'est pour cela qu'à l'article des décroissemens sur l'angle supérieur du rhomboïde, j'ai appliqué aussi la théorie au cas où ils auroient lieu dans le sens de la hauteur.

Quant aux décroissemens en hauteur sur l'angle inférieur, on peut en rapporter l'effet directement à cet angle, lors même que les faces produites se rejettent vers l'extrémité inférieure de l'axe, parce qu'elles recouvrent toujours, en partie, les faces primitives sur lesquelles naît le décroissement ; et ainsi il n'y a aucun inconvénient à employer alors les lois ordinaires dans l'expression du signe représentatif.

82. Revenons au dodécaèdre (*fig.* 26), et cherchons s'il peut arriver qu'il ait tous ses triangles isocèles, ou qu'il soit composé de deux pyramides droites réunies par leurs bases.

Dans ce cas, $eh = ex$. Or, $pr : ex : : dr : qe : : hr : eh$. Donc $ex : eh : : pr : hr$. Donc, dans le même cas, $pr = hr$, ou

$$\frac{2\,nxy + x - y}{3\,nxy - 3x + 3y} = \frac{nxy + 2x + y}{3nxy - 3x + 3y} \quad (\textit{voyez } 77 \textit{ et } 80);\ \text{ou}$$

simplement $2nxy + x - y = nxy + 2x + y$, d'où l'on tire $n = \dfrac{x + 2y}{xy}$.

On voit par là qu'il y a pour chaque rapport, entre x et y, un nombre n de rangées soustraites, qui donne le dodécaèdre à triangles isocèles. Si l'on fait $x = 1$ et $y = 1$, on trouve $n = 3$, ce qui rentre dans le cas des décroissemens ordinaires sur l'angle latéral, dont nous avons parlé plus haut.

83. Dans tous les cas de cette espèce, le rayon de la base commune des deux pyramides, ou la ligne menée du centre de cette base à l'un des angles, sera à la hauteur de la même pyramide, comme qe (*fig.* 27) : eh, ou comme $dr : hr$. Désignant le rayon par r et la hauteur par h, on aura donc $h : r : :$

$$\frac{nxy + 2x + y}{3(nxy - x + y)}\, \sqrt{a^2} : \sqrt{\tfrac{4}{3}\,g^2}.$$

On trouvera aussi que le sinus de la moitié de l'incidence des faces voisines sur une même pyramide est au cosinus comme $\sqrt{3(h^2 + r^2)} : h$; rapport dans lequel il ne s'agit plus que de mettre à la place de h et de r leurs valeurs algébriques.

84. L'argent antimonié sulfuré nous offre une variété intéressante de cette même espèce, dont le C. Gillet a un très-bel échantillon, et qui est représentée (*fig.* 31). C'est une combinaison de deux pyramides droites hexaèdres incomplètes par leurs sommets, dont une auroit pour faces latérales, les trapèzes extrêmes m, m, m', m', etc.; et l'autre, les trapèzes r, r, r', r' situés dans la partie moyenne. Pour déterminer cette variété, j'ai considéré d'abord qu'il y avoit ici deux cas possibles; le

premier, dans lequel les deux décroissemens se feroient, l'un à
l'ordinaire par 3 rangées sur les angles latéraux du rhomboïde
primitif, l'autre suivant une loi intermédiaire; le second, dans
lequel les décroissemens seroient tous deux intermédiaires. En
supposant le premier cas, qui étoit le plus simple, il falloit que
la loi ordinaire eût produit les trapèzes extrèmes, et la loi intermédiaire ceux de la partie moyenne. Car les trapèzes originaires
de la première loi devoient avoir leurs arêtes de jonction inclinées à l'axe de la même quantité que les diagonales obliques du
noyau, au lieu que les arêtes de jonction des trapèzes produits
par la loi intermédiaire, devoient former des angles plus petits
avec l'axe, comme cela est évident par l'inspection de la fig. 27,
où l'on voit que l'arête qx ou la ligne dp qui lui est parallèle,
se relève en dessus de la diagonale oblique ad. Donc, puisque
l'arête x (*fig.* 30) forme un angle plus petit avec l'axe que
l'arête z, il s'ensuivoit que les trapèzes m, m' devoient appartenir à la loi ordinaire, et les trapèzes r, r', à la loi intermédiaire.

D'après cette réflexion, j'essayai de faire $n=\frac{5}{2}$ dans le rapport $2n : \sqrt{\dfrac{3\,p^2 - g^2}{p^2}}$ (*voyez* 58), entre le sinus et le cosinus de
la moitié de l'incidence des faces, dans les décroissemens ordi-
naires sur les angles, et faisant de plus $g = \sqrt{5}$ et $p = \sqrt{3}$,
comme dans l'argent antimonié sulfuré; je trouvai pour l'incidence cherchée 137ᵈ. 52′, ce qui s'accordoit avec l'observation.

A l'égard de la loi intermédiaire qui donnoit les trapèzes r,
r', etc., l'hypothèse qui m'a réussi est celle dans laquelle $x=3$
et $y=1$, auquel cas (82) la formule $n = \dfrac{x+2y}{xy}$ donne $n = \frac{5}{3}$.
Donc en continuant de désigner par h la hauteur de la pyra-
mide, et par r le rayon de la base, on a $h : r :: \sqrt{16} : \sqrt{3}$.
Substituant à la place de h et de r leurs valeurs dans le rapport
$\sqrt{3(h^2 + r^2)} : h$, entre le sinus et le cosinus de la moitié de

l'inclinaison des faces, on trouve que le premier est au second : :
$\sqrt{65} : \sqrt{16}$, d'où l'on déduit pour l'incidence de deux faces
voisines 126ᵈ. 50′, conformément à l'observation.

85. Supposons maintenant $ch = 2$ (ex). Dans ce cas, le
solide secondaire sera un rhomboïde qui aura la ligne qe pour
perpendiculaire sur l'axe. On aura donc $nxy + 2x + y = 2(2nxy + x - y)$ ($voyez$ 82), d'où l'on tire $n = \frac{1}{x}$, expression qui aura toujours lieu, quelque valeur que l'on donne à y.
Voici ce que signifie ce résultat. Soit an ($fig.$ 32) un rhomboïde qui ait ses sommets en a et en n. Supposons un décroissement ordinaire par plus d'une rangée sur l'angle bdf, et soit
osr un plan parallèle à la face qui en résultera. Ce décroissement en entraînera deux intermédiaires sur les angles bdn, fdn
des faces adjacentes ; et il est facile de voir que si l'on considère, par exemple, celui qui a lieu sur l'angle bdn, on aura
$do = x$, $ds = y$. De plus, le décroissement se fera en hauteur,
de manière que dr représentera le nombre de rangées soustraites
dans le même sens. Donc si l'on désigne par n la distance entre
d et os, on aura $n = \frac{1}{dr}$. Mais $dr = do = x$. Donc $n = \frac{1}{x}$, ce
qui aura toujours lieu, quelle que soit la valeur de do ou de y.
Le cas dont il s'agit ici se rapporte donc implicitement à l'effet
d'un décroissement ordinaire, dans lequel le décroissement
intermédiaire agit subsidiairement.

86. Si l'on fait $x = 2$, on aura $n = \frac{1}{2}$. Supposons de plus,
$y = 1$. On trouve dans ce cas ap ($fig.$ 27) $= \frac{1}{o}\sqrt{a^2}$ ($voyez$
77), ce qui indique que l'axe du rhomboïde est infini ; et ainsi
les faces produites sont disposées comme les pans d'un prisme
hexaèdre régulier. Ce cas est celui de la chaux carbonatée
prismatique, dans laquelle les décroissemens intermédiaires qui
secondent l'effet du décroissement principal ont lieu, en effet,
par des soustractions de deux rangées en hauteur. C'est ce que

l'on concevra aisément, si l'on fait attention que le décroisse-ment principal ayant lieu par deux rangées, on a (*fig.* 32) do ou $x = 2$, et $dr = 2$, donc n, ou $\frac{1}{dr} = \frac{1}{2} = \frac{1}{x}$. A l'égard de ds ou de y, il est visible qu'elle égale l'unité.

Dans les résultats précédens, nous nous sommes bornés, pour plus de simplicité, à considérer le rapport entre eh et ex (*fig.* 27), qui est le même qu'entre hr et pr. Mais il pourroit arriver que l'on eût besoin des valeurs absolues de eh et ex, pour mettre en projection un cristal de l'espèce de ceux dont il s'agit ici. On parviendra facilement à ces valeurs, au moyen de celle de ax. Or, $ax = ap + px$. $ap = \frac{x - v}{xny - x + y} \sqrt{a^2}$; (*voyez* 77, 2°.) $px = \frac{v}{nxy - x + y} \sqrt{a^2}$ (*voy.* 80). Donc $ax = \frac{x}{nvy - x + y} \sqrt{a^2}$. Ajoutant l'axe as du noyau au double de ax, on aura la valeur de l'axe hx du cristal secondaire.

Mais $ex : eh :: pr : hr :: 2nxy + x - y : nxy + 2x + y$. Donc puisque l'on connoît l'axe hx et le rapport entre ses deux parties ex et eh, il sera facile de déterminer chacune d'elles.

On aura aussi qe parallèle à dr, à l'aide de la proportion $hr : dr :: eh : qe$; ou $\frac{nvy + 2x + v}{3(nxy - x + y)} \sqrt{a^2} : \sqrt{\frac{3}{4}} g^2 :: eh : qe$, dans laquelle il ne s'agira que de substituer à eh sa valeur obtenue par l'opération précédente. Il seroit de même facile de trouver l'expression de ce située sur le prolongement de qe.

87. Imaginons maintenant un autre décroissement qui ait toujours lieu vers les angles latéraux du rhomboïde primitif, mais de manière qu'il y ait plus d'arêtes de molécule sous-traites dans le sens du côté supérieur db (*fig.* 33) que dans celui du côté inférieur ab. Soit $\lambda\gamma$ le bord de la première lame de superposition; nous désignerons ici $b\lambda$ par x, et $b\gamma$ par y.

Menons $\lambda\mu$ parallèle à la diagonale da, $\gamma\pi$ perpendiculaire sur $\lambda\mu$, $d\epsilon$ parallèle à $\gamma\lambda$, puis ayant pris $\epsilon\vartheta = b\gamma$, menons ϑv parallèle à $d\epsilon$ et, enfin, $\iota\varphi$ parallèle à ab. $d\epsilon$, $\iota\vartheta$ seront situés comme les bords de deux lames consécutives ; d'où il suit que dv mesurera la distance d'une lame à l'autre, dans le cas d'une rangée soustraite.

Or, $\lambda\mu$ mesure autant de fois la demi-diagonale oblique d'une molécule, qu'il y a d'arêtes contenues dans $b\lambda + b\mu = 2x$. Donc on peut représenter $\lambda\mu$ par $2p'x$, en désignant par p' une demi-diagonale oblique de molécule. D'une autre part, $\omega\nu = \iota\vartheta = b\gamma = y$. Or, les triangles semblables $\omega\iota d$, $\gamma\mu\lambda$, donnent $\gamma\mu : \lambda\mu :: \omega\nu : d\nu$, ou $x - y : 2p'x : : y : \dfrac{2p'\,x\nu}{x - y}$. Donc appelant n le nombre de rangées soustraites, on aura, pour la distance d'une lame à l'autre, dans le sens de da, $\dfrac{2p'n\,\nu}{x - y}$.

88. Soit $agsd$ (*fig.* 34) la coupe principale du noyau, et soient xm, hm deux arêtes du dodécaèdre secondaire. Menons gu, dr perpendiculaires sur l'axe, puis ayant prolongé sd, menons al parallèle à mx, jusqu'à ce qu'elle rencontre le prolongement. Menons aussi dc perpendiculaire sur al, puis ab perpendiculaire sur xm, et du milieu o de ad, on parallèle à ab.

Soit akf le triangle mensurateur rapporté au plan $gads$; nous aurons $ak : kf : : \dfrac{2p'nxy}{x - y} : \sqrt{g'^2 + p'^2} :: \dfrac{2pnxy}{x - y} : \sqrt{g^2 + p^2}$.

Soit XH (*fig.* 35) le solide secondaire, bu une des diagonales horizontales du noyau, et bau la moitié supérieure du rhombe auquel appartient cette diagonale. Soient br, uy les sections faites par le prolongement du même rhombe, sur les triangles CXQ, NXQ. Si nous prolongeons de même ces sections jusqu'à ce qu'elles se rencontrent en un point commun m, ce point sera situé sur le prolongement de QX ; et si par le milieu de bu et par le point a, on mène la ligne oam, le triangle bmo sera semblable au triangle $\gamma\lambda\pi$ (*fig.* 32). Or $\pi\lambda$ mesure autant de demi-diagonales p qu'il y a d'arêtes contenues dans $b\lambda + b\gamma = x + y$, et $\gamma\pi$ mesure autant de demi-diagonales g qu'il y a d'arêtes contenues dans $\gamma\mu = x - y$. Donc $\gamma\pi : \pi\lambda :: gx - gy : px + py :: bo : om$ (*fig.* 34). Donc, puisque $bo = g$, $om = \dfrac{px + py}{x - y}$.

89. Cela posé, menons on (*fig.* 35) perpendiculaire sur QX, puis bn. L'angle bno mesurera la moitié de l'incidence de CXQ sur NXQ. Donc, pour avoir cet angle, il faut chercher le rapport entre son sinus bo et son cosinus on.

Mais $bo = g$. Reste à chercher on.

Les triangles semblables mon (*fig.* 35), aoz (*fig.* 34) donnent $ao : oz :: om : on$. Or $ao = p$. $om = \dfrac{px + py}{x - y}$. Il ne nous faut donc plus que la valeur de oz.

$oz = \frac{1}{2} dc$. Donc l'expression de dc nous donnera celle de oz.

Menons ae (*fig.* 34) perpendiculaire sur ds; si nous prenons la double expression du triangle adl, nous aurons, d'une part, $\frac{1}{2} ae \times dl$, et de l'autre, $\frac{1}{2} dc \times al$.

Donc $al : ae :: dl : dc$.

Cherchons successivement dl, al et ac.

1°. Pour dl. Les triangles semblables akf, adl, donnent $ak : kf :: ad : dl$. Ou $\dfrac{2pnxy}{x-y} : \sqrt{g^2 + p^2} :: 2p : dl = \dfrac{x - y}{nxy} \sqrt{g^2 + p^2}$.

2°. Pour al.

$al = \sqrt{(ly)^2 + (ay)^2}$. Cherchons ly et ay.

1°. pour ly. Les triangles semblables sdr, sly donnent $sd : sl :: dr : ly$. Or $sd = \sqrt{g^2 + p^2}$. $sl = sd + dl = \sqrt{g^2 + p^2} + \dfrac{x - y}{nxy} \sqrt{g^2 + p^2} = \dfrac{nxy + x - y}{nxy} \sqrt{g^2 + p^2}$.

$dr = \sqrt{\frac{4}{3} g^2}$.

Donc la proportion devient, $\sqrt{g^2 + p^2} : \dfrac{nxy + x - y}{nxy} \sqrt{g^2 + p^2} :: \sqrt[4]{g^2} : ly = \dfrac{nxy + x - y}{nxy} \sqrt{\frac{4}{3} g^2}$.

2°. Pour

2°. Pour ay. $ay = as - sy = a - sy$. Les triangles semblables sdr, sly donnent $sd : sl :: sr : sy$.

Ou $\sqrt{g^2 + p^2} : \dfrac{nxy + x - y}{nxy}\sqrt{g^2 + p^2} :: \tfrac{1}{3}\sqrt{a^2} :$

$$sy = \frac{nxy + x - y}{3nxy}\sqrt{a^2}.$$

Donc $ay = \sqrt{a^2} - \left(\dfrac{nxy + x - y}{3nxy}\right)\sqrt{a^2} = \dfrac{2nxy - x + y}{3nxy}\sqrt{a^2}$.

Donc $al = \sqrt{\left(\dfrac{nxy + x - y}{nxy}\right)^2 \tfrac{4}{3}g^2 + \left(\dfrac{2nxy - x + y}{3nxy}\right)^2 a^2}$.

3°. Pour ae. $ae = \dfrac{dr \times as}{ds} = \dfrac{\sqrt{\tfrac{4}{3}g^2} \times \sqrt{a^2}}{\sqrt{g^2 + p^2}} = \sqrt{\dfrac{4a^2 g^2}{3(g^2 + p^2)}}$.

Donc la proportion $al : ac :: dl : dc$ deviendra . . . .

$$\sqrt{\left(\frac{nxy + x - y}{nxy}\right)^2 \tfrac{4}{3}g^2 + \left(\frac{2nxy - x + y}{3nxy}\right)^2 a^2} : \sqrt{\frac{4a^2 g^2}{3(g^2 + p^2)}} ::$$

$$\frac{x - y}{nxy}\sqrt{g^2 + p^2} : dc = \frac{(x - y)\sqrt{g^2 + p^2} \times \sqrt{\dfrac{4a^2 g^2}{3(g^2 + p^2)}}}{\sqrt{(nxy + x - y)^2 \tfrac{4}{3}g^2 + \left(\dfrac{2nxy - x + y}{3}\right)^2 a^2}}$$

$$= x - y\sqrt{\frac{\tfrac{4}{3}a^2 g^2}{(nxy + x - y)^2 \tfrac{4}{3}g^2 + \left(\dfrac{2nxy - x + y}{3}\right)^2 a^2}}.$$

Prenant la moitié de dc on aura $oz = (x - y) \times$

$$\sqrt{\frac{a^2 g^2}{(nxy + x - y)^2 4g^2 + 3\left(\dfrac{2nxy - x + y}{3}\right)^2 a^2}}.$$

Donc la proportion $ao : oz :: om : on$ devient $p :$

$$x - y\sqrt{\frac{a^2 g^2}{(nxy + x - y)^2 4g^2 + 3\left(\dfrac{2nxy - x + y}{3}\right)^2 a^2}} :: \frac{px + py}{x - y} : on$$

$$= (x + y)\sqrt{\frac{a^2 g^2}{(nxy + x - y)^2 4g^2 + 3\left(\dfrac{2nxy - x + y}{3}\right)^2 a^2}}.$$

ToME I.   K k

Comparant $bo = g$ avec on, on trouve $bo : on$

$$:: \sqrt{(nxy + x - y)^2 4g^2 + \tfrac{1}{3}(2nxy - x + y)^2 a^2} : (x + y)\sqrt{a^2}.$$

90. Si l'on vouloit ramener ce rapport à ce qu'il seroit dans le cas d'un décroissement ordinaire, on feroit $x = 1$, $y = 1$, ce qui donne $bo : on :: \sqrt{4n^2 g^2 + \tfrac{4}{3} n^2 a^2} : 2\sqrt{a^2}$ $:: n\sqrt{3g^2 + a^2} : \sqrt{3a^2}$, et mettant à la place de a^2 sa valeur $9p^2 - 3g^2$, puis réduisant $bo : on :: n : \sqrt{\dfrac{3p^2 - g^2}{p^2}}$, ce qui est précisément le même rapport que celui qui représente les décroissemens ordinaires, excepté que dans ce dernier la quantité n est multipliée par 2, parce qu'elle indique le nombre de diagonales soustraites, et non pas simplement le nombre de rangées soustraites.

91. En comparant le rapport que nous venons d'obtenir, avec celui que nous avons trouvé (77), pour le cas où le nombre d'arêtes de molécule soustraites est plus grand dans le sens de bd (*fig.* 25) que de ab, on voit que ces deux rapports ne diffèrent que par les signes des quantités simples x et y, dans le premier terme. On a donc, en général, pour toutes les relations possibles, entre les nombres d'arêtes soustraites sur les deux côtés de l'angle, $bo : on$ . . . . .

$$:: \sqrt{(nxy \pm x \mp y)^2 4g^2 + \tfrac{1}{3}(2nxy \mp x \pm y)^2 a^2} : (x + y)\sqrt{a^2}.$$

Les signes supérieurs étant relatifs au cas où le plus grand nombre d'arêtes soustraites est dans le sens du côté supérieur du rhombe primitif, et les inférieurs à celui où le même nombre est dans le sens du côté inférieur.

92. Avant de faire une application, cherchons encore la valeur de ax (*fig.* 34).

Les triangles semblables abx, aly donnent $ly : al :: ab : ax$.

Mais $ly = \dfrac{nxy + x - y}{nxy} \sqrt{\tfrac{4}{3}g^2}$.

$$al = \sqrt{\left(\frac{nxy + x - y}{nxy}\right)^2 \tfrac{4}{3}g^2 + \left(\frac{2nxy - x + y}{3nxy}\right)^2 a^2}.$$

Reste à trouver ab.

$ab = zn = on - oz$. Soustrayant la valeur de oz trouvée ci-dessus de celle de on, on trouve . . . .

$$ab = \frac{2y \sqrt{a^2 g^2}}{\sqrt{(nxy+x-y)^2 4g^2 + \frac{1}{3}(2nxy-x+y)^2 a^2}}.$$

Donc la proportion, en supprimant dans les deux premiers termes le dénominateur commun nxy, devient . . .

$$(nxy+x-y)\sqrt{\tfrac{4}{3}g^2} : \sqrt{(nxy+x-y)^2 \tfrac{4}{3}g^2 + \left(\tfrac{2nxy-x+y}{3}\right)^2 a^2} ::$$

$$\frac{2y \sqrt{a^2 g^2}}{\sqrt{(nxy+x-y)^2 4g^2 + \frac{1}{3}(2nxy-x+y)^2 a^2}} : ax.$$

Désignons par m la quantité $(nxy+x-y)^2 \tfrac{4}{3} g^2$ $+\left(\tfrac{2nxy-x+y}{3}\right)^2 a^2$. La proportion sera, $(nxy+x-y)\sqrt{\tfrac{4}{3}g^2}$

$: \sqrt{m} :: 2y \sqrt{\dfrac{a^2 g^2}{3m}} : ax.$

D'où l'on tire $ax = \dfrac{y\sqrt{a^2}}{nxy+x-y}$, valeur qui ne diffère encore de celle de ax (86) (*fig.* 27) relative au cas où le plus grand nombre d'arêtes de molécule soustraites est dans le sens du côté inférieur du rhombe primitif, que par les signes de x et y dans le dénominateur.

Ayant trouvé l'expression de ax, on aura facilement celle de ux, en y ajoutant $\tfrac{1}{3}\sqrt{a^2}$, ce qui donnera $ux = \dfrac{nxy+2y+x}{3(nxy+x-y)}$ $\sqrt{a^2} = hr$, après quoi il est facile de déterminer l'incidence de CXQ sur CXB (*fig.* 34), comme nous le verrons dans un instant.

Si l'on a un cristal qui dépende de quelque loi de cette espèce, et qui puisse être divisé par des coupes nettes, chacune de ces coupes présentera un angle semblable à rmy (*fig.* 35), d'après lequel on déterminera le rapport entre x et y, par une marche analogue à celle que nous avons indiquée pour le cas relatif à la *fig.* 26. Alors il suffira de considérer une des deux incidences, par exemple, celle de CXQ sur NXQ, pour que le cristal soit déterminé.

93. Je n'ai encore observé qu'un seul exemple d'une loi semblable à celle dont il s'agit ici. Le cristal qui la présente appartient à l'argent antimonié sulfuré ; c'est la variété que je nomme sexoctodécimale, et dont le signe est $\overset{1}{D}$ ('E'B³D²) $\overset{2}{A}$. Je ferai abstraction des faces produites par les lois $\overset{1}{D}$, $\overset{2}{A}$, pour ne considérer que l'effet de la loi intermédiaire. Cette espèce de substance métallique n'étant pas susceptible d'une division mécanique nette et facile, il a fallu plus de tâtonnement pour trouver une loi qui satisfit à l'observation des angles. Je me suis arrêté à celle qui donne $x = 3$, $y = 2$, $n = 1$. On a de plus, dans l'argent antimonié sulfuré, $g = \sqrt{5}$. $p = \sqrt{3}$. $a = \sqrt{12}$.

D'après ces données, cherchons les incidences respectives des faces du dodécaèdre qui résulteroit de l'effet complet de la loi dont je viens de parler.

1°. Pour l'incidence de NXQ sur CXQ. Si dans le rapport trouvé plus haut (89) entre *bo* et *on*, on substitue à la place de x, y, n, g et a, leurs valeurs numériques, on aura $bo : on ::$

$$\sqrt{49.20 + \tfrac{1}{3}.121.12} : 5\sqrt{12} :: \sqrt{122} : 5,$$

d'où il résulte que l'incidence cherchée est de 131ᵈ. 26′.

2°. Pour l'incidence de CXQ sur CXB.

Supposons, à l'ordinaire, un plan coupant qui passe par quelque point de l'arête CX, et soit perpendiculaire à l'axe HX. Soient *hxq*, *hxb* (*fig.* 36) les deux portions des faces CXQ et CXB (*fig.* 35) détachées par la section de ce plan. Soit *xy* (*fig.* 36) la partie correspondante de l'axe; menons *yq*, *yb*, *yh*, puis *bq*, ensuite *qm* perpendiculaire sur *xh* et enfin *mn*. L'angle *qmn* sera la moitié de celui qui mesure l'incidence de CXQ sur CXB (*fig.* 35).

Par la construction, la ligne qx (*fig.* 36) répond à QX (*fig.* 35), ou à mx (*fig.* 34). Donc qy et xy (*fig.* 36) sont entre elles dans le rapport des lignes ly et ay (*fig.* 34). Donc qy

$$(\textit{fig.}\,36) : xy :: \frac{nxy + x - y}{nxy} \sqrt{\tfrac{4}{3}g^2} : \frac{2nxy - x + y}{3nxy} \sqrt{a^2} :: nxy + x -$$

$$y \sqrt{12g^2} : 2nxy - x + y \sqrt{a^2} :: 7\sqrt{60} : 11\sqrt{12} :: \sqrt{245} : 11.$$

D'une autre part, si l'on fait attention que les arêtes également inclinées à l'axe alternent entre elles non-seulement vers chaque sommet, mais encore d'un sommet à l'autre, on en conclura que l'inclinaison de xh sur l'axe xy est égale à celle de hd sur hr (*fig.* 34). Donc xy (*fig.* 36) : hy :: hr (*fig.* 34) : dr ::

$$\frac{nxy + 2y + x}{3(nxy + x - y)} \sqrt{a^2} : \sqrt{\tfrac{4}{3}g^2} :: \tfrac{13}{21} \sqrt{12} : \sqrt{\tfrac{20}{3}} :: 13 : \sqrt{245}.$$

Soit $xy = 13$, et $hy = \sqrt{245}$. Substituant à la place de xy sa valeur dans la proportion $qy : xy :: \sqrt{245} : 11$, on aura $qy = \tfrac{13}{11}\sqrt{245}$.

Or, en suivant une marche semblable à celle que nous avons déjà indiquée, on trouve $qn : mn :: qy \sqrt{3((xy)^2 + (hy)^2)} : xy(2hy - qy)$. Et substituant les valeurs numériques, $qn : mn ::$

$$\tfrac{13}{11}\sqrt{245} \times \sqrt{3(169 + 245)} : 13(2\sqrt{245} - \tfrac{13}{11}\sqrt{245}) ::$$

$$\tfrac{1}{11}\sqrt{3.414} : \tfrac{9}{11} :: \sqrt{46} : \sqrt{3},$$ d'où l'on déduit 151ᵈ. 20′ pour l'incidence de CXQ (*fig.* 35) sur CXB.

94. Je passe à une autre espèce de décroissement intermédiaire qui se rapporte à un noyau cubique et qui a lieu en même temps sur tous les angles. Mais je supposerai, pour plus grande simplicité, que le cube fasse ici la fonction de rhomboïde, et que le décroissement n'agisse que sur les angles contigus aux sommets. Soit cx (*fig.* 37) une projection horizontale de ce cube, et soit a l'un des sommets. Concevons que les bords des lames décroissantes soient alignés comme ef, $\beta\lambda$, $\delta\iota$, de manière que l'on ait $ae = 2af$, $a\lambda = 2a\beta$, et $a\iota = 2a\delta$, d'où

l'on voit que chaque bord est incliné en sens contraire de ceux qui sont situés sur les faces voisines.

95. Si l'on suppose que les décroissemens produisent complétement leur effet, le solide secondaire sera un rhomboïde dont les sommets se confondront avec ceux du noyau, et dans lequel ce noyau sera engagé de biais ; en sorte que si qgz (*fig.* 38) représente le triangle formé par les trois diagonales horizontales supérieures du rhomboïde secondaire, dbx pourra représenter la section de ce triangle sur le noyau cubique, ou, ce qui revient au même, l'assemblage des trois diagonales horizontales supérieures du cube. Donc, si l'on mène np perpendiculaire sur db, et nt perpendiculaire sur gq, ces lignes seront les demi-perpendiculaires sur l'axe relativement au noyau et au rhomboïde secondaire. Avant d'aller plus loin, prolongeons np et bd jusqu'à la rencontre de gq, puis traçons le triangle $\beta\delta t$ qui ait ses côtés parallèles à ceux du triangle dbx, et en même temps contigus à ceux du triangle qgz.

D'une autre part, soit $actx$ (*fig.* 39) *pl. XII* la coupe principale du noyau, ap la moitié de sa diagonale oblique, pn la demi-perpendiculaire sur l'axe, et as une droite qui coïncide avec la face du cristal secondaire située en dessus de ax. Prolongeons cnp jusqu'à la rencontre de as, puis menons par le point p la ligne rpo perpendiculaire sur ax, et par le point o la ligne oz perpendiculaire sur ps. Il est aisé de voir que np et ps seront les mêmes lignes que sur la *fig.* 38.

Soit alk (*fig.* 39) le triangle mensurateur rapporté au plan cas, et dans lequel lk sera égale à une arête de molécule. Il s'agit d'avoir l'expression de al, sur quoi je dois prévenir que dans tous les calculs qui vont suivre, nous supposerons, pour simplifier, $g = 1$, $p = 1$, d'où il suit que l'expression de l'arête sera $\sqrt{2}$.

Maintenant soit $adcb$ (*fig.* 40) la même face que *fig.* 37, soudivisée en une multitude de petits carrés, qui soient les faces extérieures d'autant de molécules. Menons *ar* dans le sens de la diagonale oblique, puis *ch*, *io* parallèles à la diagonale horizontale *db*, et enfin *ef*, *ih*, *km*, *do*, parallèles aux bords décroissans des lames de superposition.

Il est facile de concevoir que *az* sera l'excès en largeur d'une lame sur l'autre, suivant la direction *ar*, dans le cas d'une seule rangée soustraite. Or, à cause des triangles semblables *azf*, *ezr*, nous avons $az : af :: zr : er$. Mais $af = \frac{1}{2}(er)$. Donc $az = \frac{1}{2}(zr) = \frac{1}{3}(ar) = \frac{2}{3}(au)$. Donc *n* désignant le nombre de rangées soustraites, al (*fig.* 39) $= n \times \frac{2}{3}(au)$ (*fig.* 40) $= n \times \frac{2}{3} \times 2$, à cause de $p = 1$. Donc al (*fig.* 39) $: lk :: \frac{4}{3}n : \sqrt{2}$.

Supposons un second triangle mensurateur dans le sens de la diagonale horizontale, sur quoi j'observe que l'on peut prendre un triangle de ce genre dans un plan quelconque, pourvu que sa base coïncide avec la face du noyau sur laquelle s'opère le décroissement, et que son hypothénuse, dans le cas où il seroit rectangle comme ici, soit sur le plan de la face produite par le décroissement.

Pour bien concevoir la position du triangle dont il s'agit ici, raisonnons d'abord dans l'hypothèse d'une seule rangée soustraite, et imaginons que les deux petits rectangles *eitx*, *fxrh*, ainsi que les autres qui sont situés dans toute la partie postérieure du carré *adcb* (*fig.* 40), s'élèvent parallélement à eux-mêmes de la hauteur d'une molécule, auquel cas ils seront de niveau avec la surface supérieure de la première lame de superposition. Soient $e'i't'x'$, $f'x'r'h'$, etc. (*fig.* 41), ces rectangles ainsi relevés. Si nous prenons le triangle mensurateur sur la surface composée de ces rectangles, comme nous en sommes les maitres, $e'h'$ sera la base de ce triangle. Imaginons de plus que les rectangles $e'i't'x'$, $f'x'r'h'$ restant fixes, les rectangles $k'i't's'$, $t'x'r'p'$, $r'h'm'q'$, et les autres qu'il faut concevoir situés derrière eux, s'élèvent de nouveau d'une quantité égale à la hauteur d'une molécule, auquel cas ils coïncideront avec la surface supérieure de la seconde lame de superposition. Soit $e'h'$ (*fig.* 42) la même ligne que *fig.* 41. Il est visible que le point h' considéré sur le rectangle $r'h'm'q'$, se trouvera transporté en h'' (*fig.* 42), de manière que $h'h''$ représentera une arête de molécule, et deviendra en même temps un des côtés du triangle mensurateur, puisque la face produite par le décroissement passera nécessairement par les points e', h'', en sorte que si l'on mène $e'h''$, elle coïncidera avec cette même face.

Concluons de là que dans le cas d'une rangée soustraite, la base $e'h'$ (*fig.* 41 et 42) du triangle mensurateur sera égale à deux diagonales horizontales de molécule. S'il y a soustraction de deux rangées, auquel cas les droites ih, do (*fig.* 40) répondront aux bords de deux lames consécutives, la base du triangle mensurateur, dont la position répondra à io, sera égale à quatre diagonales de molécule, etc. Quant au côté $h'h''$ (*fig.* 42) du triangle mensurateur, il sera toujours égal à une arête de molécule.

En général, n étant le nombre de rangées soustraites (1),

on aura $e'h' : h'h'' :: 2n \times 2 : \sqrt{2} :: 4n : \sqrt{2}.$

96. Tout ceci étant bien conçu, proposons-nous de déterminer le rapport entre les deux demi-diagonales g' et p' du rhomboïde secondaire.

Soit an (*fig.* 43) la même ligne que *fig.* 39, et nt (*fig.* 43) la même ligne que *fig.* 38. Ayant complété le triangle ant nous

aurons $at : nt :: p' : \sqrt{\frac{1}{3}g'^2}$. Donc, connoissant nt et at, il sera facile d'avoir les valeurs de p' et de g'. Cherchons d'abord nt.

---

(1) Nous supposons que le triangle $e'h'h''$ représente maintenant, en général, le triangle mensurateur, relativement à un cas quelconque.

Les

Les triangles semblables ups, nts (*fig.* 38) donnent $us : pu :: ns : nt$.

Cherchons successivement pu, us et ns.

1°. Pour pu. Soit pu (*fig.* 44) la même ligne que *fig.* 38, et po (*fig.* 44) la même ligne que *fig.* 39. Ayant mené ou (*fig.* 44), nous aurons le triangle upo, qui sera semblable au triangle $e'h'h''$ (*fig.* 42). Donc $e'h' : h'h'' :: pu : po$. Or nous avons déjà $e'h' : h'h'' :: 4n : \sqrt{2}$. Reste à chercher po.

Les triangles semblables alk, apo (*fig.* 39) donnent $al : lk :: ap : po$. Ou, $\frac{4}{3}n : \sqrt{2} :: 1 : po = \frac{1}{n}\sqrt{\frac{9}{8}}$. Donc la proportion $e'h' : h'h'' :: pu : po$ devient $4n : \sqrt{2} :: pu :: \frac{1}{n}\sqrt{\frac{9}{8}}$. Donc $pu = 3$ (1).

2°. Pour us. $us = \sqrt{(pu)^2 + (ps)^2}$. $(pu)^2 = 9$. Reste à chercher ps.

ps (*fig.* 39) $= pz + sz$. Cherchons successivement ces deux quantités.

1°. Pour pz. Les triangles semblables nrp, poz donnent $nr : pn :: oz : pz$. Or le point r étant situé au milieu de l'axe at, et an étant le tiers de cet axe, on a $nr = \frac{1}{2} at - \frac{1}{3} at = \frac{1}{6} at = \frac{1}{6}\sqrt{6} = \sqrt{\frac{1}{6}}$. $pn = \sqrt{\frac{1}{3}}$. Cherchons oz.

Les mêmes triangles donnent $pr : nr :: po : oz$. Ou $\frac{1}{2} tx = \sqrt{\frac{1}{2}} : \sqrt{\frac{1}{6}} :: \frac{1}{n}\sqrt{\frac{9}{8}} : oz = \frac{1}{n}\sqrt{\frac{3}{8}}$.

Donc la proportion $nr : pn :: oz : pz$ devient $\sqrt{\frac{1}{6}} : \sqrt{\frac{1}{3}} :: \frac{1}{n}\sqrt{\frac{3}{8}} : pz = \frac{1}{n}\sqrt{\frac{3}{4}}$.

2°. Pour sz. Les triangles ans, ozs donnent. . . . .

---

(1) Nous reviendrons, par la suite, sur cette quantité, pour faire concevoir comment elle est constante.

$an : ns = nz + sz :: oz : sz.$ $an = \sqrt{\tfrac{2}{3}}.$ $nz = np + pz = \sqrt{\tfrac{1}{3}}$ $+ \dfrac{1}{n}\sqrt{\tfrac{3}{4}}.$ $oz = \dfrac{1}{n}\sqrt{\tfrac{3}{8}}.$

Donc la proportion deviendra $\sqrt{\tfrac{2}{3}} : \sqrt{\tfrac{1}{3}} + \dfrac{1}{n}\sqrt{\tfrac{3}{4}} + sz :: oz : sz.$

Prenant le produit des extrêmes et celui des moyens, et transposant, $sz\,\sqrt{\tfrac{2}{3}} - sz.\dfrac{1}{n}\sqrt{\tfrac{3}{8}} = \dfrac{1}{n}\sqrt{\tfrac{1}{8}} + \dfrac{1}{n^2}\sqrt{\tfrac{9}{32}}.$ Donc sz

$$= \frac{\dfrac{1}{n^2}\sqrt{\tfrac{9}{32}} + \dfrac{1}{n}\sqrt{\tfrac{1}{8}}}{\sqrt{\tfrac{2}{3}} - \dfrac{1}{n}\sqrt{\tfrac{3}{8}}}.$$

Réunissant les valeurs de pz et de sz, nous aurons ps

$$= \frac{1}{n}\sqrt{\tfrac{3}{4}} + \frac{\dfrac{1}{n^2}\sqrt{\tfrac{9}{32}} + \dfrac{1}{n}\sqrt{\tfrac{1}{8}}}{\sqrt{\tfrac{2}{3}} - \dfrac{1}{n}\sqrt{\tfrac{3}{8}}} \quad \ldots \ldots \ldots$$

$$= \frac{\dfrac{1}{n}\sqrt{\tfrac{1}{2}} - \dfrac{1}{n^2}\sqrt{\tfrac{9}{32}} + \dfrac{1}{n^2}\sqrt{\tfrac{9}{32}} + \dfrac{1}{n}\sqrt{\tfrac{1}{8}}}{\sqrt{\tfrac{2}{3}} - \dfrac{1}{n}\sqrt{\tfrac{3}{8}}} \quad \ldots \ldots \ldots$$

$$= \frac{\dfrac{1}{n}\sqrt{\tfrac{1}{2}} + \dfrac{1}{n}\sqrt{\tfrac{1}{8}}}{\sqrt{\tfrac{2}{3}} - \dfrac{1}{n}\sqrt{\tfrac{3}{8}}} = \frac{\dfrac{1}{n}\sqrt{\tfrac{1}{2}} + \dfrac{1}{n}\sqrt{\tfrac{1}{8}}}{\dfrac{1}{n}\sqrt{\tfrac{2n^2}{3}} - \dfrac{1}{n}\sqrt{\tfrac{3}{8}}} = \frac{\sqrt{\tfrac{1}{2}} + \sqrt{\tfrac{1}{8}}}{\sqrt{\tfrac{2n^2}{3}} - \sqrt{\tfrac{3}{8}}}$$

$$= \frac{\sqrt{\tfrac{12}{24}} + \sqrt{\tfrac{3}{24}}}{\sqrt{\tfrac{16n^2}{24}} - \sqrt{\tfrac{9}{24}}} = \frac{\sqrt{12} + \sqrt{3}}{4n - 3} = \frac{2\sqrt{3} + \sqrt{3}}{4n - 3} = \frac{3\sqrt{3}}{4n - 3} = \frac{\sqrt{27}}{4n - 3}.$$

Or nous avons eu $pu = 3.$ Donc us $\ldots \ldots$

$$= \sqrt{9 + \frac{27}{16n^2 - 24n + 9}} = \frac{6\sqrt{4n^2 - 6n + 3}}{4n - 3}.$$

$3^\circ.$ Pour $ns.$ $ns = pn + ps = \sqrt{\tfrac{1}{3}} + \dfrac{\sqrt{27}}{4n - 3} = \dfrac{4n\sqrt{\tfrac{1}{3}} - \sqrt{3} + \sqrt{27}}{4n - 3}$

$$= \sqrt{3}\,\frac{(4n\sqrt{\tfrac{1}{3}} - \sqrt{3} + \sqrt{27})}{(4n - 3)\sqrt{3}} = \frac{4n\sqrt{3}\cdot\sqrt{\tfrac{1}{3}} - \sqrt{3}\cdot\sqrt{3} + \sqrt{3}\cdot\sqrt{27}}{(4n - 3)\sqrt{3}}$$

$$= \frac{4n + 6}{(4n - 3)\sqrt{3}}.$$

Donc la proportion $us : pu :: ns : nt$ devient $\dfrac{6\sqrt{4n^2 - 6n + 3}}{4n - 3}$

$: 3 :: \dfrac{4n + 6}{(4n - 3)\sqrt{3}} : nt = \dfrac{2n + 3}{\sqrt{3}(4n^2 - 6n + 3)}$. Maintenant at ($fig.$ 43) $= \sqrt{nt^2 + an^2} = \sqrt{\dfrac{4n^2 + 12n + 9}{12n^2 - 18n + 9} + \dfrac{2}{3}}$

$= \sqrt{\dfrac{4n^2 + 5}{4n^2 - 6n + 3}}.$

Donc $p' : \sqrt{\frac{1}{3}g'^2} :: \sqrt{\dfrac{4n^2 + 5}{4n^2 - 6n + 3}} : \dfrac{2n + 3}{\sqrt{3}(4n^2 - 6n + 3)}$

$:: \sqrt{4n^2 + 5} : \dfrac{2n + 3}{\sqrt{3}}$. D'où l'on tire $g' : p' :: 2n + 3$

$: \sqrt{4n^2 + 5}.$

97. Faisons $n = \frac{3}{2}$, nous aurons $g' : p' :: \sqrt{18} : \sqrt{7}$. C'est d'après cette loi que sont formés les triangles qui remplacent trois à trois les angles solides du noyau cubique, dans le fer sulfuré triacontaèdre, ainsi que nous l'exposerons, dans la suite, avec plus de détail.

Dans le même cas, pu ($fig.$ 38) $: ps :: 3 : \sqrt{\frac{27}{3}} :: \sqrt{3} : 1$. C'est-à-dire, que l'angle $pus = 30^d$. Donc aussi $\beta\delta g = 30^d$., d'où il suit que $\delta g = \frac{1}{2} \beta g = \frac{1}{2} \delta z$, et par conséquent le triangle $\beta\delta\iota$ est situé de manière que ses angles correspondent aux tiers des côtés du triangle qgz. Ce résultat nous sera utile lorsque nous parlerons du fer sulfuré pantogène.

98. Si l'on suppose successivement à n différentes valeurs qui aillent en augmentant, les faces du rhomboïde secondaire approcheront toujours davantage de coïncider avec celles du noyau, et en même temps l'angle formé par chaque côté, tel que gq ($fig.$ 38) du triangle gqz, avec le côté correspondant db du triangle dbx ira en diminuant. Au-delà d'un certain terme la ligne pu sortira du premier triangle, comme on le voit ($fig.$ 45), et coupera le prolongement de gq, de manière à conserver constamment la même valeur.

Si, au contraire, on suppose que les valeurs de n diminuent et représentent successivement des décroissemens qui augmentent dans le sens de la hauteur, l'angle formé par gq avec db ira lui-même en croissant et, passé un certain terme, chacune des faces produites par le décroissement intermédiaire se rejettera vers une des faces du noyau, voisine de celle où le décroissement aura pris naissance; alors le côté gq sera censé avoir tourné de manière à se rapprocher du parallélisme avec xd, et lorsque l'un et l'autre seront devenus exactement parallèles, comme on le voit *fig.* 46, le rhomboïde secondaire pourra être conçu comme étant produit par un décroissement ordinaire sur les angles supérieurs, dont le décroissement intermédiaire ne fera plus que seconder l'action.

99. Dans ce même cas, on aura $n = \frac{1}{2}$. Effectivement, si l'on substitue cette valeur à la place de n dans le rapport $2n + 3 : \sqrt{4n^2 + 5}$, on trouve $g' : p' : : 4 : \sqrt{6} : : \sqrt{8} : \sqrt{3}$, ce qui est le rapport auquel on parvient, en supposant deux rangées de soustraites, dans le sens de la largeur. Ce cas a lieu pour les facettes qui, sur l'analcime triépointé, remplacent trois à trois les angles solides du noyau cubique de cette substance.

D'après la même hypothèse, on trouve que nt ou $n\,t' = 4\sqrt{\frac{1}{3}}$, et si l'on mène bn qui sera sur le prolongement de $t'n$, on aura $bn = 2\sqrt{\frac{1}{3}}$; et $bp' = 3\sqrt{\frac{1}{3}}$. Mais $p'\,t' = n\,t' - np' = 4\sqrt{\frac{1}{3}} - \sqrt{\frac{1}{3}} = 3\sqrt{\frac{1}{3}}$. Donc $p'\,t' = bp'$. Donc aussi $du = bd = 2$. Donc $pu = 3$, comme d'ailleurs cela doit être, d'après la valeur générale trouvée pour cette ligne.

100. Si l'on fait $n = 2$, on trouve $g' : p' : : 7 : \sqrt{21} : : \sqrt{7} : \sqrt{3}$, résultat jusqu'à présent hypothétique, mais qui mérite d'être cité, en ce qu'il offre le passage du cube à un rhomboïde parfaitement semblable à la forme primitive de la tourmaline.

Des formes secondaires composées relatives au rhomboïde.

101. Les formes secondaires composées, surtout celles qui ont un rhomboïde pour noyau, ne sont, la plupart, qu'une combinaison de plusieurs formes simples, qui ont assez souvent une existence isolée dans des variétés particulières de la même substance. Lorsque les facettes qui appartiennent à chacune d'elles sont assez rapprochées sur la surface dont elles font partie, et ont assez d'étendue pour permettre de mesurer leurs incidences mutuelles, la forme composée peut être déterminée d'après le seul calcul de ces incidences, qui est toujours simple et facile. Mais il est quelquefois nécessaire et souvent utile de pouvoir aussi mesurer les incidences des facettes d'un ordre sur celles d'un autre ordre. Il y a même des cas où il devient intéressant de connoître les angles plans de ces facettes ; et pour résoudre ces deux espèces de problème, il faut être exercé à concevoir et à déterminer les résultats des intersections de plusieurs plans inclinés en divers sens. Mais on a cet avantage, dans le rhomboïde, que la détermination peut se faire analytiquement, d'après les rapports entre les quantités qui représentent le système de lignes relatif à cette espèce de solide.

102. Je me bornerai à un seul exemple pris dans l'espèce de la chaux carbonatée, et je choisirai la variété que j'ai nommée *analogique*, à cause des nombreuses propriétés qui la mettent en relation avec d'autres solides.

Cette variété dérive de la chaux carbonatée prismatique par ses six faces verticales, de la métastatique par les douze faces situées six à six de part et d'autre des précédentes, et de l'équiaxe par ses faces terminales, au nombre de trois à chaque extrémité. Ces différentes faces sont situées si avantageusement, que la connoissance acquise d'ailleurs des angles que forment entre elles celles d'un même ordre, suffiroient pour vérifier les lois dont le cristal dépend. Mais en faisant abstraction de cette connoissance, je me propose de déterminer ici d'abord les angles plans des différentes faces, et ensuite les incidences des faces d'un ordre sur celles de l'ordre voisin.

Soit $criz$ (*fig.* 47) une des faces verticales, $c\gamma pr$, $c\iota sz$ deux des faces qui appartiennent au cristal métastatique, et $\gamma c\iota\mu$ une des faces de l'équiaxe.

Soient, de plus, $d\upsilon f$, $q\upsilon f$, $d\mu f$, $q\mu f$ quatre faces du cristal métastatique supposé complet. Menons l'axe $o\upsilon$, les deux diagonales ci, rz du trapézoïde $criz$, la grande diagonale γr du trapézoïde $c\gamma pr$, et les deux $c\mu$, $\gamma\iota$ du trapézoïde $\gamma c\iota\mu$.

Commençons par $criz$. Les points r, z étant situés au milieu des arêtes df, qf, qui sont communes au cristal métastatique et au noyau, il est évident que $rz = g = \sqrt{3}$.

Donc $rh = \sqrt{\frac{3}{4}}$. Soit h (*fig.* 48) le même point que *fig.* 47. Si nous menons hc (*fig.* 48) parallèle à l'axe, cette ligne sera aussi la même que *fig.* 47. Or, le point h (*fig.* 48) est situé au $\frac{1}{4}$ de la diagonale oblique ft; donc $fh = \frac{1}{2} p$. Mais $fh : ft :: hc : to$. De plus $to = 2a = 6$. Donc la proportion devient $1 : 2 :: hc : 6$. Donc $hc = \frac{3}{4}$. Donc (*fig.* 47) $rh : hc :: \sqrt{\frac{3}{4}} : \frac{3}{4}$ $:: 1 : \sqrt{3}$. Donc le triangle rcz est équilatéral.

D'une autre part, hi (*fig.* 48) est égale à la même ligne (*fig.* 47), et en comparant les triangles semblables fhi, ftu (*fig.* 48), on en conclura que $hi = \frac{1}{4} tu = \frac{3}{4}$. Donc hi (*fig.* 47) $= \frac{1}{2} hc$. D'après ces données on aura, $rcz = 60^d$. cri ou czi $= 100^d. 53' 37''$; $riz = 98^d. 12' 46''$.

Déterminons, en second lieu, le trapézoïde $\gamma c\iota\mu$. Soient $o\upsilon$, υf, uf, $c\mu$ (*fig.* 49), les mêmes lignes que *fig.* 47; par le point ζ (*fig.* 49), qui est le même que *fig.* 47, menons $o\zeta$ (*fig.* 49) prolongée indéfiniment. Cette ligne est évidemment dans le plan $\gamma o\iota$ (*fig.* 47), ou, ce qui revient au même, dans le plan $d\upsilon q$. Donc elle passe par le milieu de la diagonale qui va de d en q. Soit ϑ (*fig.* 49) ce point du milieu. Menons $\vartheta\phi$, $c\sigma$, $\zeta\upsilon$

perpendiculaires sur l'axe , puis $\zeta\tau$ perpendiculaire sur $c\tau$. Il s'agit de faire voir que $c\zeta = 2\zeta\mu$.

Les triangles semblables $c\tau\zeta$, $c\sigma\mu$ donnent $c\tau : \tau\sigma :: c\zeta : \zeta\mu$. Donc on aura $c\zeta = 2\zeta\mu$, s'il est prouvé que $c\tau = 2\tau\sigma$. Cherchons successivement les valeurs de $c\tau$ et de $\tau\sigma$.

1°. Pour $c\tau$. $c\tau = c\lambda + \lambda\tau$.

$c\lambda = c\sigma - \sigma\lambda$.

Pour avoir $\sigma\lambda$, j'observe que la ligne $\vartheta\varphi$ étant la demi-perpendiculaire sur l'axe par rapport à l'un des rhombes inférieurs du noyau , sa position est la même que gn (*fig.* 48). Donc $o\varphi$ (*fig.* 49) $= og$ (*fig.* 48) $= oa + ag = 3 + 2 = 5$.

De plus $\vartheta\varphi$ (*fig.* 49) $= \sqrt{\frac{1}{3}g^2} = 1$. Maintenant, les triangles semblables $o\sigma\lambda$, $o\varphi\vartheta$ donnent $o\sigma : \sigma\lambda :: o\varphi : \varphi\vartheta :: 5 : 1$. Reste à chercher $o\tau$. Si du point c (*fig.* 48) nous menons une perpendiculaire sur l'axe, elle tombera à l'extrémité a de cet axe. Car $cf = \frac{1}{4} of$. Donc, puisque ca est parallèle à fr, la distance ar sera $\frac{1}{4}$ de or. Donc $ar = \frac{1}{4} ao$, d'où il suit que l'extrémité a de la perpendiculaire se confond avec celle de l'axe du noyau. Donc puisque la ligne $c\sigma$ (*fig.* 49) correspond à ca (*fig.* 48), le point σ (*fig.* 49) est tellement situé , que $o\sigma$ est l'excès de l'axe du métastatique sur celui du noyau. Donc $o\sigma = 3$. Donc la proportion $o\sigma : \sigma\lambda :: 5 : 1$, devient $3 : \sigma\lambda :: 5 : 1$. Donc $\sigma\lambda = \frac{3}{5}$.

Cherchons maintenant $c\sigma$ ou son égale ac (*fig.* 48). $or : fr :: ao : ac$. Ou, $4 : 2 :: 3 : ac = \frac{3}{2} = c\sigma$. Donc l'équation $c\lambda = c\sigma - \sigma\lambda$ devient $c\lambda = \frac{3}{2} - \frac{3}{5} = \frac{9}{10}$.

Reste à chercher $\lambda\tau$. Les triangles $c\tau\zeta$ et $c\sigma\mu$ donnent $c\tau : \tau\zeta :: c\sigma : \sigma\mu$. Ou $c\lambda + \lambda\tau : \tau\zeta :: c\sigma : \sigma\mu$. Or, d'une part, $\tau\zeta = 5\lambda\tau$, parce que ces quantités sont proportionnelles à $o\sigma = 3$ et $\sigma\lambda = \frac{3}{5}$.

D'une autre part, appelant g' et p' les deux demi-diagonales de l'équiaxe, on a $c\tau : \tau\mu :: \sqrt{\frac{1}{3}g'^2} : \frac{1}{3}\sqrt{9p'^2 - 3g'^2}$ $:: \sqrt{\frac{1}{3}.12} : \frac{1}{3}\sqrt{9.3 - 3.12} :: \sqrt{4} : \sqrt{1} :: 2 : 1$. Enfin $c\lambda = \frac{9}{10}$.

Donc la proportion $c\lambda + \lambda\tau : \tau\zeta :: c\sigma : \sigma\mu$ devient $\frac{9}{10} + \lambda\tau : 5\lambda\tau :: 2 : 1$. D'où l'on tire $\lambda\tau = \frac{1}{10}$.

Donc substituant à la place de $c\lambda$ et de $\lambda\tau$ leurs valeurs dans l'équation $c\tau = c\lambda + \lambda\tau$, on aura $c\tau = \frac{9}{10} + \frac{1}{10} = 1$.

2°. Pour $\tau\sigma$. $\tau\sigma = c\sigma - c\lambda - \lambda\tau = \frac{3}{2} - \frac{9}{10} - \frac{1}{10} = \frac{5}{10} = \frac{1}{2}$. Donc $c\tau = 2\tau\sigma$; donc aussi $c\zeta = 2\zeta\mu$, ce qu'il falloit prouver.

Maintenant, puisque $\zeta\mu$ (*fig.* 47) $: \tau\zeta :: \sqrt{5} : \sqrt{12}$, nous aurons $c\zeta : \tau\zeta :: \sqrt{20} : \sqrt{12} :: \sqrt{5} : \sqrt{3}$, ce qui est précisément le rapport entre les deux demi-diagonales du rhomboïde inverse. Ainsi, des deux triangles $\tau\mu\nu$, $\tau c\nu$, l'un appartient à l'équiaxe et l'autre à l'inverse ; et les deux hauteurs $c\zeta$, $\mu\zeta$ de ces triangles ont entre elles le même rapport que les hauteurs ch, ih des triangles qui composent le trapézoïde $ircz$.

Passons au trapézoïde $cypr$, et cherchons d'abord les expressions des trois côtés du triangle cyr.

1°. Pour cy. $cy = \sqrt{(c\zeta)^2 + (y\zeta)^2}$. $c\zeta$ (*fig.* 49) $= \sqrt{(c\tau)^2 + (\tau\zeta)^2}$ $= \sqrt{(c\tau)^2 + (5\lambda\tau)^2} = \sqrt{1 + \frac{25}{100}} = \sqrt{1 + \frac{1}{4}} = \sqrt{\frac{5}{4}}$. De plus, $y\zeta$ (*fig.* 47) $: c\zeta :: \sqrt{3} : \sqrt{5}$. Ou $y\zeta : \sqrt{\frac{5}{4}} :: \sqrt{3} : \sqrt{5}$. Donc $y\zeta = \sqrt{\frac{3}{4}}$. Donc $cy = \sqrt{\frac{5}{4} + \frac{3}{4}} = \sqrt{2}$.

2°. Pour cr. $cr = \sqrt{(ch)^2 + (hr)^2} = \sqrt{\frac{9}{4} + \frac{3}{4}} = \sqrt{3}$.

3°. Pour yr. Si l'on fait passer par la ligne yx un plan perpendiculaire à l'axe, ce plan coupera l'axe au point ν (*fig.* 49). Cherchons la valeur de $o\nu$. Nous avons $o\nu = o\sigma - \sigma\nu = o\sigma - \tau\zeta = o\sigma - 5\lambda\tau = 3 - \frac{5}{10} = \frac{5}{2}$. Or l'axe $ou = 9 = \frac{18}{2}$. Donc le point y (*fig.* 47) qui est à la hauteur du point ν (*fig.* 49) se trouve situé vis-à-vis les $\frac{5}{18}$ de l'axe. Mais le point d (*fig.* 47 et 48) est situé vis-à-vis les $\frac{5}{9}$ de l'axe, puisque $og = 5$. Donc le point y (*fig.* 47) est au milieu de l'arête od. Mais le point r est au milieu de l'arête df. Donc $yr = \frac{1}{2} of = \frac{1}{2} \sqrt{(or)^2 + (fr)^2}$ (*fig.* 48) $= \frac{1}{2} \sqrt{16 + 4} = \sqrt{5}$.

D'ailleurs, $cr = \sqrt{3}$ et $cy = \sqrt{2}$. Concluons de là : 1°. que l'angle ycr est droit ; 2°. que le triangle cyr est semblable et

égal

égal au quart d'une des faces du noyau divisée par les deux diagonales.

Ayant déjà l'angle zcr de 90ᵈ., cherchons encore les angles zpr et czp.

1°. Pour l'angle zpr. Cet angle est le supplément de dpr. Or, dans le triangle rpd, nous connoissons $dr = \frac{1}{2} df = \frac{1}{2}\sqrt{5}$. De plus, $pr = ir = \sqrt{(rh)^2 + (ih)^2} = \sqrt{\frac{5}{4} + \frac{9}{16}} = \frac{1}{4}\sqrt{21}$. Donc $dr : pr :: \sqrt{20} : \sqrt{21}$.

Enfin, l'angle pdr, qui appartient à l'une des faces du cristal métastatique, est censé connu, et sa valeur est de 54ᵈ. 27′ 30″. D'après ces données, on trouve que $dpr = 52$ᵈ. 34′ 7″, d'où il suit que $zpr = 127$ᵈ. 25′ 53″.

2°. Pour l'angle czp. Cet angle est composé des deux angles czr et pzr, dont le premier est la moitié de l'angle obtus du rhombe primitif, c'est-à-dire, qu'il est de 50ᵈ. 46′ 6″. Reste à trouver pzr, ce qui sera facile d'après la connoissance de $zpr = 127$ᵈ. 25′ 53″, de $pr = \frac{1}{4}\sqrt{21}$, et de $zr = \sqrt{5}$. On aura $pzr = 24$ᵈ. 0′ 24″; laquelle valeur ajoutée à celle de czr, donne 74ᵈ. 46′ 30″ pour l'angle czp. Le quatrième angle crp sera donc de 67ᵈ. 47′ 37″.

Nous avons encore à déterminer l'incidence de $czpr$ sur $czir$ et celle de czu sur $czpr$.

1°. Pour l'incidence de $czpr$ sur $czir$.

Soit rcz (*fig.* 50) le même triangle que *fig.* 47. Menons cn (*fig.* 50) située comme cf (*fig.* 47), et tellement prolongée que les lignes rn, zn menées à son extrémité soient perpendiculaires sur elle. Menons aussi ch, hauteur du triangle rcz, ensuite nh, puis ng perpendiculaire sur cr, na perpendiculaire sur ch, et enfin ag. L'angle nga qui mesure l'incidence de ncr sur crz sera le supplément de celui qui mesure l'incidence mutuelle des plans $criz$, $czpr$ (*fig.* 47). Le problème se réduit donc à la recherche de l'angle nga (*fig.* 50). Déterminons successivement ng et na.

2°. Pour na. A cause du triangle rectangle cnh, $na = \dfrac{cn \times hn}{ch}$.

$ch = \sqrt{\frac{9}{4}}$. $rh : hn :: \sqrt{5} : \sqrt{3}$, parce que l'angle mz mesure la plus petite incidence des faces du cristal métastatique. Mais $rh = \sqrt{\frac{5}{4}}$. Donc $hn = \sqrt{\frac{5}{4} \cdot \frac{3}{5}} = \sqrt{\frac{9}{20}}$. $cn = \sqrt{(ch)^2 - (hn)^2}$ $= \sqrt{\frac{9}{4} - \frac{9}{20}} = \sqrt{\frac{9}{5}}$. Donc $na = \dfrac{\sqrt{\frac{9}{4} \times \frac{9}{20}}}{\sqrt{\frac{9}{4}}} = \sqrt{\frac{9}{20}}$.

2°. Pour ng. $ng = \dfrac{cn \times nr}{cr}$.

Nous avons déjà $cn = \sqrt{\frac{9}{5}}$. $nr = \sqrt{(rh)^2 + (hn)^2} = \sqrt{\frac{3}{4} + \frac{9}{20}}$ $= \sqrt{\frac{6}{5}}$. $cr = \sqrt{(ch)^2 + (rh)^2} = \sqrt{\frac{9}{4} + \frac{3}{4}} = \sqrt{3}$. Donc ng $= \dfrac{\sqrt{\frac{9}{5} \times \frac{6}{5}}}{\sqrt{3}} = \sqrt{\frac{18}{25}}$.

Donc $ng : na :: \sqrt{18} : \sqrt{9} :: \sqrt{2} : 1$. D'où il suit que $nga = 45^d$. ; et par conséquent l'incidence de $cypr$ sur $czir$ est de 135^d.

2°. Pour l'incidence de $cyus$ (*fig.* 47) sur $cypr$.

Soit ycs (*fig.* 51) le même triangle que *fig.* 47. Menons cy (*fig.* 51) située comme co (*fig.* 4), et limitée dans sa longueur, de manière que les droites yv, sv (*fig* 51) menées à son extrémité soient perpendiculaires sur elle. Menons aussi $v\zeta$ perpendiculaire sur ys, $v\lambda$ perpendiculaire sur $c\zeta$, $v\pi$ perpendiculaire sur $c\zeta$, et enfin $\lambda\pi$. L'angle $v\lambda\pi$ sera le supplément de celui qui mesure l'incidence proposée. Cherchons successivement $v\lambda$ et $v\pi$.

1°. Pour $v\lambda$. $v\lambda = \dfrac{cv \times yv}{cy}$.

Nous avons trouvé plus haut $cy = \sqrt{2}$. Mais $cv = \sqrt{(c\zeta)^2 - (\zeta v)^2}$; et nous avons eu aussi $c\zeta = \sqrt{\frac{5}{4}}$; de plus $y\zeta = \sqrt{\frac{3}{4}}$; or $y\zeta : \zeta v$ $:: \sqrt{5} : \sqrt{3}$.

Donc $\zeta v = \sqrt{\frac{9}{20}}$. Donc $cv = \sqrt{\frac{5}{4} - \frac{9}{20}} = \sqrt{\frac{16}{20}} = \sqrt{\frac{4}{5}}$.

$yv = \sqrt{(y\zeta)^2 + (\zeta v)^2} = \sqrt{\frac{3}{4} + \frac{9}{20}} = \sqrt{\frac{6}{5}}$. Donc $v\lambda = \dfrac{\sqrt{\frac{4}{5} \times \frac{6}{5}}}{\sqrt{2}}$ $= \sqrt{\frac{12}{25}}$.

2°. Pour $\nu\pi$. $\nu\pi = \dfrac{c\nu \times \zeta\nu}{c\zeta}$. $c\nu = \sqrt{\tfrac{4}{5}}$. $\zeta\nu = \sqrt{\tfrac{9}{40}}$. $c\zeta = \sqrt{\tfrac{5}{4}}$. Donc

$$\nu\pi = \frac{\sqrt{\tfrac{4}{5}} \times \sqrt{\tfrac{2}{10}}}{\sqrt{\tfrac{5}{4}}} = \sqrt{\tfrac{36}{25 \cdot 5}}.$$

Donc $\nu\lambda : \nu\pi :: \sqrt{\tfrac{12}{25}} : \sqrt{\tfrac{36}{25 \cdot 5}} :: \sqrt{5} : \sqrt{3}$, ce qui est le rapport entre le côté du rhombe primitif et la moitié de la diagonale horizontale. Donc l'angle $\nu\lambda\pi = \dfrac{101^{d}.32'\,13''}{2} = 50^{d}.$ 46′ 6″; d'où il suit que l'incidence de $cy\mu\iota$ (*fig.* 47) sur $cypr$ est de 129^{d}. 13′ 54″.

103. Je terminerai cet article par une recherche dont le résultat fera connoître jusqu'où s'étendent les ressources de la cristallisation pour varier et multiplier ses produits, et combien seroit prodigieuse la quantité des corps réguliers dont elle peupleroit le monde souterrain, si elle usoit de toute sa puissance. Bornons-nous à considérer les effets des différentes lois de décroissemens par une, deux, trois et quatre rangées, et cherchons le nombre de toutes les variétés qui peuvent naître de leurs combinaisons une à une, deux à deux, trois à trois, etc. Ces lois ne peuvent agir que dans le sens de la largeur sur les bords supérieurs, sur les inférieurs et sur les angles latéraux ; elles peuvent agir soit en largeur, soit en hauteur sur l'angle supérieur et sur l'inférieur, ce qui feroit en tout sept espèces de lois. Mais, pour ne rien forcer, n'ayons égard aux décroissemens en hauteur que par rapport à l'angle inférieur, et faisons abstraction de ceux qui agiroient sur l'angle supérieur, et dont je n'ai trouvé, jusqu'ici, qu'un seul exemple dans le tétraèdre, qui ne se rapporte qu'indirectement au rhomboïde.

Les six décroissemens simples dans lesquels nous nous renfermons, étant donc supposés être susceptibles chacun seulement de quatre variations, nous aurons 24 quantités, auxquelles il faut en ajouter une 25e., pour le cas où le cristal secondaire a des faces parallèles à celles du noyau. Mais il est à remarquer que l'effet des décroissemens par une simple rangée sur

l'angle inférieur, est le même dans le sens de la largeur et
dans celui de la hauteur, c'est-à-dire, que dans l'un et l'autre
cas, la différence d'une lame à l'autre, en largeur, est égale à
une demi - diagonale oblique, et que la différence en hauteur
est égale à une épaisseur de molécule. De plus, ce décroissement se confond avec celui qui se fait aussi par une rangée
sur les angles latéraux. Il ne reste donc plus que 23 quantités
qu'il faut combiner une à une, deux à deux, etc. Mais parmi
les combinaisons une à une, il y en a trois à retrancher,
savoir : celles qui résultent, l'une du décroissement par une
rangée sur l'angle supérieur, la seconde par une rangée encore
sur les arêtes inférieures, et la troisième par deux rangées
sur l'angle inférieur, parce que le premier décroissement donnant des faces horizontales et les deux autres des faces verticales, ces faces ne peuvent exister solitairement, et ont besoin
du concours d'un autre décroissement qui en limite l'étendue.
Le nombre de tous les résulats possibles, réellement distincts,
sera donc $2^{23} - 4 = 8.388.604$ (1).

---

(1) Dans la formule $a^m b^0 + m a^{m-1} b + m . \dfrac{m-1}{2} a^{m-2} b^2$ etc., le coéfficient
m du 2ᵉ. terme représente le nombre des combinaisons possibles d'un nombre
m de quantités prises une à une ; le coéfficient $m . \dfrac{m-1}{2}$ du 3ᵉ. terme représente le nombre des combinaisons possibles de m quantités prises deux
à deux, et ainsi de suite, en se bornant aux combinaisons réellement distinctes. Donc la somme de tous les coéfficiens, excepté celui du premier
terme, qui est l'unité, représente le nombre de toutes les combinaisons
réellement distinctes de m quantités prises une à une, deux à deux, etc.
Or, si l'on prend pour binome la quantité $1 + 1$, la somme des coéfficiens
ne sera pas distinguée de la puissance elle-même. Donc le nombre de
toutes les combinaisons de m quantités peut être représenté par $(1 + 1)^m$
$- 1$ ou $2^m - 1$; donc si l'on fait $m = 23$ et que l'on retranche 3 du
résultat, on aura pour le nombre de toutes les formes possibles,
$2^{23} - 4$, comme ci-dessus.

Remarquons que l'on a ici la somme de toutes les diverses structures qui peuvent naître des décroissemens supposés, et non pas précisément celle de toutes les formes réellement distinctes produites en vertu de ces lois, puisqu'il est possible que deux formes extérieures semblables résultent de deux lois différentes de décroissement.

Le nombre auquel nous sommes parvenus, quoique déjà très-considérable, n'approche point de celui que donneroit le calcul, si l'on y faisoit entrer les décroissemens en hauteur sur l'angle supérieur, ainsi que les décroissemens mixtes et les intermédiaires ; et, de plus, ceux par 5 et 6 rangées qui ont lieu quelquefois Au reste, il s'en faut de beaucoup, sans doute, que tout ce qui peut exister, même dans l'hypothèse des décroissemens les plus ordinaires, existe réellement ; et ces résultats qui ont paru effrayans à quelques personnes, n'ont pour but, au contraire, que d'annoncer l'espérance de pouvoir expliquer facilement toutes les nouvelles formes cristallines, quelles qu'elles soient, qui s'offriront, dans la suite, aux observations des naturalistes.

Des formes secondaires dont le noyau est un cube.

104. Nous avons vu que les décroissemens qui produisoient les formes secondaires dérivées du rhomboïde, avoient une marche dépendante d'un seul axe, qui passoit par les deux angles solides composés de trois angles plans égaux. Mais dans le cube, où tous les angles solides sont semblables, on peut considérer trois axes perpendiculaires entre eux, et dont chacun passe par les milieux de deux faces opposées, et les décroissemens qui se rapportent à ces différens axes, s'assimilent entre eux. Il en résulte, 1°. que les cristaux secondaires se présentent sous leur aspect le plus naturel, lorsqu'ils se trouvent tellement situés que deux des faces opposées de leur noyau sont dans des plans horizontaux ; 2°. que les cristaux

dont il s'agit peuvent changer de position, sans changer
d'aspect, par une suite de la répétition des mêmes décroissemens sur les différentes faces du noyau. Ainsi, quoique le
cube soit la limite dont les rhomboïdes sont censés approcher
de plus en plus, à mesure que la différence entre leur angle
supérieur ou inférieur et leurs angles latéraux diminue, il a
cependant un rang à part dans les résultats de la cristallisation,
et j'ai dû réserver pour un article séparé, les détails relatifs à ce
solide, qui va nous offrir plusieurs variétés de forme doublement intéressantes, soit en elles-mêmes, soit par leur analogie avec différens polyèdres géométriques auxquels nous les
comparerons.

103. La figure 52, *pl. XIII*, représente un noyau cubique dont
les faces sont divisées en deux par des lignes *fg*, *f' g'*, *f'' g''*,
situées dans trois directions qui se croisent à angle droit. Concevons douze décroissemens en largeur par des nombres égaux
quelconques de rangées, et dont deux ayent lieu sur la face
cdat, parallélement à *fg*, deux autres sur la face *bdcr*, parallélement à *f'g'*, deux encore sur la face *bdah*, parallélement à
f''g'', et les six autres semblablement et deux à deux, sur
les faces opposées aux précédentes. Supposons de plus que l'effet
de chaque décroissement se prolonge de l'autre côté de l'arête,
qui est son terme de départ, de manière que le cube primitif
soit entièrement masqué (1). Le résultat des décroissemens
sera, en général, un dodécaèdre à plans pentagones tous égaux
et semblables (*fig.* 53), inclinés deux à deux sur des arêtes
pr, *om*, *cn*, qui répondront aux lignes *gf*, *g'f'*, *g''f''* (*fig.* 52);
et ces inclinaisons pourront varier à l'infini, suivant que la
loi des décroissemens variera elle-même. De plus, il est aisé de

____

(1) Si l'on supposoit que les prolongemens résultassent d'une loi directe
de décroissement, il est visible que cette loi auroit lieu dans le sens de
la hauteur, et seroit en raison inverse de la première.

voir que dans chaque pentagone, tel que *pdnar* (*fig.* 53), les quatre côtés *dp*, *dn*, *an*, *ar* seront égaux entre eux ; car les bases *dc*, *at*, *da* des triangles *dpc*, *art*, *dna* étant égales, puisqu'elles coïncident avec trois des arêtes du cube primitif, et les sommets *p*, *r*, *n* de ces triangles étant à des distances égales des bases, à cause de la symétrie avec laquelle agissent les décroissemens, les triangles eux-mêmes sont égaux ; et parce que d'ailleurs ils sont isocèles, on a évidemment $dp = ar = dn = an$. Mais l'arête *pr*, que nous considérons ici comme la base du pentagone, sera plus grande ou plus petite que chacun des quatre autres côtés, suivant que la marche du décroissement sera plus ou moins rapide.

Menons les hauteurs *nx*, *lx* des deux pentagones *pdnar*, *pcltr*. Soit *xx'* (*fig.* 54) une coupe du dodécaèdre qui coïncide avec ces hauteurs, lesquelles sont ici désignées par les mêmes lettres. Les lignes *en*, *il* se confondront l'une avec l'arête *en* (*fig.* 53), l'autre avec l'arête opposée à la précédente, et les lignes *ex'*, *ix'* (*fig.* 54) seront les hauteurs des pentagones opposés à *pdnar*, *pcltr* (*fig.* 53). Soit *ukvμ* (*fig.* 54) la coupe correspondante du noyau cubique. Menons *xy* par le milieu de *uk*, et par le point *l* menons *lz* perpendiculaire sur *xy* prolongée convenablement. Soit *kϑλ* le triangle mensurateur relatif au trapèze *ctrp* (*fig.* 53), et soit *n* le nombre de rangées soustraites, *a'* l'arête de la molécule, et *a* celle du noyau. Nous aurons $kϑ : ϑλ :: a'n : a' :: an : a$. Cherchons l'expression générale de *li*. Nous avons $li = ky - 2\,(gk) = a - 2\,(gk)$. Or les triangles semblables *lgk*, *kyx* donnent $ky : yx :: lg : gk$. Mais $ky = \frac{1}{2}\,a.\ yx = lg.\ kϑ : ϑλ :: ky : yx$. Ou, $an : a :: \frac{1}{2}a$ $: yx = \frac{a}{2n}$. Donc la proportion $ky : yx :: lg : gk$ devient

$$\frac{1}{2}a : \frac{a}{2n} :: \frac{a}{2n} : gk = \frac{a}{2n^2}.\ \text{Donc}\ li = a - \frac{a}{n^2} = \frac{an^2 - a}{n^2}$$

$= pr$ (*fig.* 53).

106. Si l'on fait $n = 1$, on trouve $pr = \frac{0}{1}$; c'est-à-dire,

qu'alors la base des pentagones s'évanouit, et que le cristal devient un dodécaèdre à plans rhombes égaux et semblables.

107. Si l'on fait $n = 2$, on trouve $pr = \frac{3}{4} a$, ce qui est le cas du fer sulfuré dodécaèdre. D'après cela, il est bien facile d'exécuter artificiellement ce dodécaèdre, par des coupes faites dans un cube donné (*fig.* 52). Ayant tracé les lignes gf, $g'f'$, $g''f''$, et celles qui leur correspondent sur les faces opposées, on prendra sur chacune de ces lignes, telle que gf, une portion om, de manière que l'on ait gm ou $of = \frac{1}{8}(gf)$. Ensuite on fera passer par om deux plans coupans, dont l'un ira rencontrer l'extrémité m'' de la ligne $o''m''$, et l'autre celle de la ligne semblablement située sur la face opposée à $bdah$. On fera passer de même par $o'm'$ deux plans, dont l'un ira rencontrer l'extrémité m de la ligne om, et l'autre celle de la ligne correspondante sur la face opposée à $cdal$. Ce qui reste à faire se présente de soi-même. On aura ainsi douze plans coupans qui mettront à découvert le dodécaèdre proposé.

108. Cherchons maintenant le rapport entre la base pr (*fig.* 53) de chaque pentagone et l'un des quatre autres côtés, tel que lt. Nous avons déja $pr = \frac{3}{4} a$. Mais $lt = \sqrt{(tk)^2 + (kl)^2}$.

$$tk = \frac{a}{2}. \quad kl = \sqrt{(lg)^2 + (gk)^2} \quad (\textit{fig. } 54) = \sqrt{\frac{a^2}{4n^2} + \frac{a^2}{4n^4}}$$

$$= \sqrt{\frac{a^2 n^2 + a^2}{4n^4}}.$$

Donc $lt = \sqrt{\frac{a^2}{4} + \frac{a^2 n^2 + a^2}{4n^4}} = \sqrt{\frac{a^2 n^4 + a^2 n^2 + a^2}{4n^4}} = \frac{a}{8}\sqrt{21}$. Donc

$$pr : lt :: \frac{3a}{4} : \frac{a}{8}\sqrt{21} :: \sqrt{12} : \sqrt{7}.$$

Quant à la détermination des incidences mutuelles des faces et de leurs angles plans, elle est si facile, qu'il seroit superflu de nous y arrêter.

109. J'ai remarqué ailleurs que de célèbres naturalistes avoient pris le dodécaèdre qui nous occupe ici pour celui de la géométrie, dont tous les pentagones sont réguliers. On pourroit

demander

demander si parmi toutes les lois imaginables de décroissement il n'y en auroit pas une qui fût susceptible de produire ce dernier dodécaèdre.

Pour résoudre la question, il suffit d'égaler la valeur de la base pr de l'un des pentagones à celle du côté lt, et de dégager n, qui, dans le cas où le dodécaèdre régulier seroit possible, devra être une quantité rationnelle.

Nous aurons donc $\left(\dfrac{an^2-a}{n^2}\right)^2 = \dfrac{a^2 n^4 + a^2 n^2 + a^2}{4n^4}$ (*voyez* 105 *et* 108). D'où l'on tire $n^4 - 3n^2 = -1$, et $n = \sqrt{\tfrac{3}{2} \pm \tfrac{1}{2}\sqrt{5}}$, ce qui fait voir que l'existence du dodécaèdre régulier est incompatible avec toutes les lois de décroissement, dans l'hypothèse d'un noyau cubique.

110. Pour mieux concevoir ce que signifient les deux valeurs que nous venons de trouver pour n, prenons le rapport entre $ky : yx$, dont l'une est le sinus et l'autre le cosinus de la moitié de l'incidence mutuelle des deux pentagones *pdnar*, *pcltr*. Nous avons $ky : yx :: an : a :: n : 1$. Et substituant successivement à la place de n ses deux valeurs, $ky : yx :: \sqrt{3 + \sqrt{5}} : \sqrt{2}$, et $ky : yx :: \sqrt{3 - \sqrt{5}} : \sqrt{2}$.

Ce dernier rapport convient au cas que nous considérons ici; l'autre est celui de gk à gl, qui est l'inverse du précédent.

Effectivement $\sqrt{3 + \sqrt{5}} : \sqrt{2} :: \sqrt{2} : \sqrt{3 - \sqrt{5}}$, puisque le produit des extrêmes et celui des moyens sont égaux entre eux. Le calcul en donnant une double solution du problème, exprime que le dodécaèdre est également déterminé en vertu du rapport de ky à yx et du rapport de gk à gl. C'est ce que l'on concevra encore mieux, si l'on suppose que les différens pentagones se meuvent sur les arêtes cd, ct, at, ad, etc. (*fig.* 53), du noyau cubique, comme sur autant de charnières; de manière que les trapèzes *cprt* et *dpra* se relèvent au-dessus du carré *adct*, tandis que les triangles *clt*, *dna* s'abaisseront en sens contraire; et ainsi des autres pentagones. Il est facile de voir que pendant ces mouvemens, les arêtes *pr*, *om*, *en*, etc., iront toujours en diminuant de longueur, et finiront par se réduire à un point; et si au-delà de ce terme les mêmes mouvemens continuent, il se formera de nouvelles arêtes qui seront situées à angle droit par rapport aux précédentes ; or, il y aura une époque où le dodécaèdre sera encore régulier. Alors chaque trapèze *cprt* se trouvera transformé en un triangle semblable à *clt*, et réciproquement ; d'où il suit que le rapport *gk* à *gl* (*fig.* 54) prendra la place du rapport *ky* à *yx*.

Le calcul donne pour la valeur de l'angle *kxy*, dans le cas du dodécaèdre régulier, 58ᵈ. 16′ 46″; et ainsi les incidences mutuelles des pentagones sont de 116ᵈ. 33′ 32″.

111. Si l'on cherche le rapport, en nombres, de *ky* à *yx*, à moins d'un millième près, on trouve *ky* : *yx* :: 0, 707 : 0, 457, par où l'on voit combien seroient compliquées les lois de décroissement qui produiroient un dodécaèdre peu différent du régulier.

112. Il est facile de construire artificiellement ce dernier dodécaèdre avec un cube donné, par une méthode analogue à celle que nous avons indiquée (107), relativement au dodécaèdre du fer sulfuré. Servons-nous encore du cube représenté par la *fig.* 52. Ayant tracé un triangle isocèle *sut* (*fig.* 53), dont la base *st* soit égale à *gf* (*fig.* 52), et dont l'angle au sommet *u* soit de 108ᵈ., auquel cas les côtés *us*, *ut* appartiennent à un pentagone régulier, on prendra sur chaque ligne située comme *gf* (*fig.* 52), une portion *om* égale à *us* ou à *ut* (*fig.* 53), de manière que les excédens *mg*, *of* (*fig.* 52) soient égaux entre eux ; ensuite on fera passer par chaque ligne *om*, *o′ m′*, etc., deux plans coupans qui aillent rencontrer les extrémités des lignes semblablement situées sur les deux faces voisines attenantes aux arêtes parallèles à *om*, *o′ m′*, etc.; en sorte, par exemple, que des deux plans menés par *om*, l'un touche le point *m″* et l'autre le point correspondant sur la face opposée à *bdah*. Tous ces plans, au nombre de douze, donneront les faces du dodécaèdre demandé.

113. Passons à l'icosaèdre du fer sulfuré (*fig.* 56). On peut concevoir géométriquement ce solide, comme étant un dodécaèdre (*fig.* 53) dans lequel les huit angles solides *c*, *d*, *a*, *t*, etc., du noyau auroient été interceptés par autant de facettes triangulaires équilatérales *opl*, *mpn*, *rnq*, *lrs*, etc. (*fig.* 56), de manière que les résidus des douze pentagones seroient des triangles isocèles *mpo*, *cmn*, *eqn*, etc. ; mais considéré minéralogiquement, il dépend d'une combinaison de la loi qui produit l'octaèdre régulier, avec celle d'où résulte le dodécaèdre. Or, il est à remarquer que le noyau, dans ce cas, n'est plus égal à celui qu'auroit le dodécaèdre réputé complet. Il est nécessairement plus petit, et a ses angles solides situés aux centres des triangles équilatéraux. Donc il faut supposer deux époques pour les lois de décroissement, en sorte que celle qui donne l'octaèdre soit censée avoir agi seule jusqu'à un certain terme, au-delà duquel l'autre loi auroit commencé à agir concurremment avec elle. Il s'agit de déterminer ces deux époques.

La première loi, pendant qu'elle étoit seule en action, a dû produire, à l'endroit de chaque angle solide du noyau cubique, un triangle équilatéral, tel que $\delta\iota\lambda$ (*fig.* 56), qui, par l'intervention de la seconde loi, est devenu le triangle *mnp*. Déterminons la manière dont le petit triangle est engagé dans le grand, ce qui se réduit à trouver le rapport entre *p*ι et ι*m*. La ligne $\delta\iota$ est nécessairement sur un plan parallèle à l'une des faces du noyau de l'icosaèdre, puisqu'elle est le bord d'une des lames de superposition dont le décroissement tendoit à produire l'octaèdre. Donc si nous menons ιϑ parallèle à *mo*, le plan $\delta\iota\vartheta$ se confondra avec celui dont nous venons de parler. Or, il est clair que ce même plan coïncide aussi avec une des faces du noyau relatif au dodécaèdre censé complet (*fig.* 53), puisque le décroissement qui, en le supposant seul, auroit produit ce dodécaèdre, ayant pour terme de départ la ligne $\vartheta\iota$, des deux côtés de laquelle son action s'est étendue, cette ligne fait nécessairement partie d'une des arêtes du noyau cubique dont nous venons de parler. Donc $\iota\vartheta$ sera la même ligne que (*fig.* 55), ou, ce qui revient au même, elle sera égale à $\delta\gamma$. Donc $p\iota$ (*fig.* 56) $= l\gamma$ (*fig.* 53), et $\iota m = \gamma r$. Or, $l\gamma : \gamma r :: lk$ (*fig.* 55 *et* 54) $: kx :: lg : gz = ky :: 1 : 2$. Donc $p\iota$ (*fig.* 56) $= \frac{1}{2} (\iota m)$. Donc le triangle $\iota\lambda\delta$ a ses angles situés aux tiers des côtés du triangle *pmn*.

Il est aisé maintenant de distinguer les deux époques relatives aux décroissemens. Pour y parvenir, menons du point p la ligne $ps\zeta$, qui passe par le centre s du triangle *pmn*. $p\zeta$ sera parallèle à $\iota\delta$, puisque l'angle $p\zeta m$ est droit comme l'angle $\iota\delta m$, à cause de $\delta m = \frac{1}{2}\iota m$, et de $\delta\iota m = 30^{\mathrm{d}}$.

Donc si l'on mène $p\omega$, qui fasse aussi un angle droit avec $o l$, le plan $\zeta p\omega$ sera parallèle au plan $\delta\iota\vartheta$; or celui-ci, à son tour, est parallèle à l'une des faces du noyau de l'icosaèdre. Donc le plan $\zeta p\omega$ coïncidera avec celui de cette même face, puisqu'il passe par l'angle s du noyau. Donc le point p est sur le plan de la face dont il s'agit ; donc le point r est sur le plan de la face opposée. Donc puisque pr est perpendiculaire sur l'une et l'autre face, elle sera égale à l'arête du noyau. Donc aussi *om* est égale à cette arête. Donc $\iota\vartheta$ est égale au tiers de cette même arête. Or, il est facile de voir que la lame de superposition, dont le bord passe par les points δ, ι, ϑ, a la figure d'un octogone, ainsi que toutes les lames précédentes. Donc le terme où commence la seconde époque a lieu, lorsque le côté de l'octogone, parallèle à l'arête du noyau, est le tiers de cette arête.

On voit par ce qui a été dit, que l'assortiment des deux triangles $\delta\iota\lambda$, *pmn* est le même que celui des triangles *dbx*, gqz (*fig.* 38), sur la coupe du rhomboïde secondaire, qui provient d'un décroissement intermédiaire par $\frac{3}{2}$ rangées de molécules doubles, sur les faces d'un noyau cubique. Ceci peut servir à expliquer la structure du fer sulfuré pantogène, qui n'est autre chose que l'icosaèdre, dont chaque triangle équilatéral porte une pyramide triangulaire. Car cette pyramide peut être considérée comme la partie supérieure du rhomboïde dont nous venons de parler, laquelle seroit appliquée sur le triangle de l'icosaèdre, par sa base gqz (*fig.* 38).

114. Cherchons maintenant si parmi toutes les combinaisons deux à deux des lois de décroissemens, il en existe une qui puisse produire l'icosaèdre régulier, autour d'un noyau cubique. Nous avons dit que l'icosaèdre du fer sulfuré pouvoit être considéré comme le dodécaèdre de la même substance, dont on auroit retranché les huit angles solides correspondans à ceux du noyau, par des coupes qui auroient remplacé ces angles par autant de triangles équilatéraux, de manière que les résidus des pentagones seroient des triangles isocèles. Si l'on faisoit la même opération sur le dodécaèdre régulier de la géométrie, on auroit encore des triangles isocèles pour restes des pentagones. Mais on peut supposer que les dimensions du dodécaèdre générateur soient telles que ces mêmes restes deviennent des triangles équilatéraux ; et il est évident que, dans ce cas, les sections dont nous avons parlé transformeroient le dodécaèdre en icosaèdre régulier.

La question se réduit donc à chercher s'il y a une loi admissible de décroissement pour le cas où l'on auroit $pl = pr$ (*fig.* 53). Déterminons, dans ce même cas, le rapport entre ky et yx, ou entre lz et zx, qui n'est autre chose que xy prolongée jusqu'à la rencontre de lz parallèle à ku.

Nous avons par l'hypothèse, $px : lx : : 1 : \sqrt{3}$. Cherchons une autre expression du rapport $px : lx$, dans laquelle il n'entre que lz et zx, et pour cela déterminons séparément lx et px.

1°. Pour lx. $lx = \sqrt{(lz)^2 + (zx)^2}$.

2°. Pour px. $px = \frac{1}{2}(pr) = \frac{1}{2}(li)$ (*fig.* 54) $= \frac{1}{2}(fg)$ $= \frac{1}{2}(ky) - gk = ky - gk$. Mais $ky = lz - lg$. $gk = zx - yx$. Donc substituant à la place de ky et gk leurs valeurs dans l'équation $px = ky - gk$, nous aurons $px = lz - lg - zx + yx$

$= lz - yx - zx + yx = lz - zx$. Donc $px : lx :: lz - zx$
$: \sqrt{(lz)^2 + (zx)^2}$.

Soit $lz = y$, $zx = u$. $y - u : \sqrt{y^2 + u^2} :: 1 : \sqrt{3}$. Ou, $y^2 - 2uy + u^2 : y^2 + u^2 :: 1 : 3$.

Prenant le produit des extrêmes et celui des moyens, puis réduisant, $y^2 - 3uy = - u^2$, d'où l'on tire $y = \frac{3}{2}u \pm \frac{1}{2}u\sqrt{5}$. Ce qui donne les deux rapports $y : u :: 3 + \sqrt{5} : 2$; et $y : u :: 3 - \sqrt{5} : 2$.

Or, ces rapports étant incommensurables, il s'ensuit que les deux côtés du triangle mensurateur, lequel peut être représenté par lzx, le sont aussi, et par conséquent, l'icosaèdre régulier n'est pas plus possible en minéralogie que le dodécaèdre.

On concevra ce que signifient, dans ce cas, les deux valeurs de y, en appliquant ici le raisonnement que nous avons fait au sujet du dodécaèdre régulier.

Si l'on cherche la valeur de l'angle lxn (*fig.* 53) ou l'incidence mutuelle des faces du dodécaèdre à l'endroit de l'arête pr, dans la même hypothèse, on trouvera qu'elle est de 138^d. 10'.

115. Il est remarquable que les termes des deux rapports $3 + \sqrt{5}$: 2 et $3 - \sqrt{5}$: 2, soient précisément les carrés des termes qui composent les rapports que nous avons trouvés plus haut (110) entre les lignes ly et yx considérées dans le dodécaèdre régulier.

116. Les résultats que nous venons d'obtenir fournissent un moyen simple pour construire artificiellement l'icosaèdre régulier avec un cube donné, en suivant une méthode analogue à celle que nous avons déjà indiquée (107 et 112) pour le dodécaèdre de la minéralogie et pour celui de la géométrie. Il ne s'agit que de déterminer la partie gm ou of (*fig.* 52) qui doit être retranchée de chaque ligne, telle que gf, et qui donne chaque point, tel que m, que rencontre le plan coupant qui passe par $o'm'$, en interceptant l'arête cd.

Ayant marqué le point b (*fig.* 54) au milieu de ky, cher-

chons le rapport entre bk et gk. Nous avons $ky : yx :: 3 + \sqrt{5} : 2$.
Soit $ky = 3 + \sqrt{5}$. $yx = 2$. Nous aurons aussi $lg : gk :: 3 + \sqrt{5} : 2$.
Mais $lg = yx = 2$. Donc $gk = \dfrac{4}{3 + \sqrt{5}}$. D'ailleurs $bk = ky$.
Donc $bk : gk :: 3 + \sqrt{5} : \dfrac{4}{3 + \sqrt{5}} :: 7 + 3\sqrt{5} : 2$. Or, il est visible que ce rapport est le même que celui de $\frac{1}{2}(gf)$ (*fig.* 52) à gm.

Cela posé, on tracera, à volonté, un triangle rectangle mst (*fig.* 57), dont le côté ms soit double du côté ts. On tracera ensuite séparément une ligne np (*fig.* 58) égale à $3ms + st + 3mt$ (*fig.* 57), et une seconde ligne nl (*fig.* 58) faisant un angle quelconque avec la première, et égale à ms (*fig.* 57). Ayant complété le triangle npl (*fig.* 57), on prendra sur np une portion nc égale à la moitié de gf (*fig.* 52), puis par le point c (*fig.* 58) on menera cg parallèle à pl, et ng sera égale à la partie gm ou fo (*fig.* 52), qu'il faudra retrancher de la ligne gf.

117. Il nous reste à parler du triacontaèdre, qui est encore une des variétés du fer sulfuré. Pour concevoir la structure de ce polyèdre, il faut se représenter les huit angles solides du cube primitif, comme subissant tous à la fois des décroissemens intermédiaires semblables à ceux que nous avons considérés plus haut, en supposant qu'il n'en existât que deux qui se rapportassent à un seul axe, comme dans le rhomboïde. Le solide secondaire seroit alors lui-même un rhomboïde. Mais si nous faisons agir simultanément les huit décroissemens, et si nous concevons de plus que leurs effets se combinent avec des faces parallèles à celles du noyau, nous aurons un solide $k'y$ (*fig.* 59) à trente faces, dont le signe analogue au noyau (*fig.* 60) sera $\overset{3}{\mathrm{A}}\mathrm{B}^2\,\mathrm{C}^1$, $\mathrm{A}^{\overset{3}{2}}\,\mathrm{B}^1\,\mathrm{G}^2$, $\overset{3}{}\mathrm{AG}^1\,\mathrm{C}^2\,\mathrm{P}$.

118. Commençons par exposer la méthode de construire artificiellement ce polyèdre avec un cube donné, parce qu'elle servira ensuite à faciliter la recherche des angles.

Soit bt (*fig.* 61) le cube générateur. Ayant divisé à l'ordinaire les faces en deux parties égales par des lignes gf, $g'f'$, $g''f''$, menées dans trois directions perpendiculaires entre elles, on prendra sur $g'f'$, par exemple, deux parties $g'm'$ et $f'o'$ égales chacune au quart de la ligne entière. On tracera sur la partie intermédiaire $o'm'$ un rhombe $o'l'm'k'$, dont la grande diagonale soit cette même ligne, et dont la petite diagonale $k'l'$ soit la moitié de la grande. On fera passer ensuite par chaque côté tel que $o'l'$ un plan coupant $o'mp$ qui aille toucher le petit angle m du rhombe situé sur la face voisine. On aura ainsi 24 plans coupans, d'où résulteront autant de trapézoïdes, qui, joints aux six rhombes dont nous avons parlé, donneront la surface du triacontaèdre.

Pour prouver que cela doit être, menons df', puis de tellement située que l'on ait $ce = \frac{2}{3} cf'$. Il est facile de voir que le plan cdf' est parallèle à la face produite en vertu du décroissement qui a lieu vers l'angle dcr; car puisque $dc = 2cf'$, la ligne df' est parallèle aux bords des lames de superposition, et la ligne ce qui est les $\frac{2}{3}$ de cf', se trouve en rapport avec la hauteur de ces lames, le décroissement ayant pour exposant $\frac{3}{2}$.

Concevons un plan qui passe par le côté $o'l'$ du rhombe $l'o'k'm'$ et qui soit parallèle à cdf'. Il faut prouver que ce plan ira toucher le rhombe $lokm$ au point m, en sorte que si sa section sur le carré $cdat$ est np, cette ligne passera par le point m.

Prolongeons io' jusqu'à la rencontre de cr, puis menons $o'y$ perpendiculaire sur $g'f'$. Menons aussi les lignes ef', ps, et ni.

Puisque les deux plans edf', $ispn$ sont parallèles, et que les faces du cube sur lesquelles passent les sections in, ef' et ps sont aussi parallèles, il s'ensuit que les lignes ef', ps, in étant elles-mêmes parallèles, les trois triangles ecf', pcs, ndi sont semblables.

Prouvons d'abord que $pe = dn$. $dn : di :: ce : cf'$. Donc $dn = \frac{2}{3} di = \frac{2}{3} f's = \frac{2}{3} o'y$. Mais $o'y = \frac{1}{2} o'f' = \frac{1}{4} cf'$. Donc

d

$dn = \frac{2}{3}.\frac{1}{4}cf' = \frac{1}{6}\,cf'$. D'une autre part, $pe = cp - cc$. $cp = \frac{2}{3}\,cs = \frac{2}{3}\,(cf' + f's) = \frac{2}{3}(cf' + \frac{1}{4}cf') = \frac{5}{6}\,cf'$; et $cc = \frac{2}{3}\,cf'$. Donc $pe = \frac{5}{6}\,cf' - \frac{2}{3}\,cf' = \frac{1}{6}\,cf' = dn$.

Maintenant um étant parallèle à pe et à dn, si l'on fait voir qu'elle leur est égale, il sera nécessaire que pn passe par le point m. Or $um = gm - gu$. $gm = \frac{1}{2}\,cf'$. $gu = \frac{1}{2}\,co = \frac{1}{2}.\frac{2}{3}\,cf' = \frac{1}{3}\,cf'$. Donc $um = (\frac{1}{2} - \frac{1}{3})\,cf' = \frac{1}{6}\,cf' = dn$. Donc les rhombes $olnk$, $o'\,l'\,m'\,k'$, etc., ont les dimensions convenables pour que les plans coupans rencontrent leurs angles aigus, sans rester en-deçà, ni aller au-delà, en anticipant sur la surface de ces rhombes.

119. Passons au calcul des angles du triacontaèdre, et cherchons d'abord l'incidence de chaque rhombe, tel que $o'l'm'k'$ (*fig.* 59) sur l'un quelconque $m'l'me$ des trapézoïdes adjacens. Soit arz (*fig.* 64) le triangle mensurateur, et $agst$ (*fig.* 63) un assemblage de deux facettes de molécule. Menons la diagonale gt, puis ar perpendiculaire sur cette diagonale, et qui sera égale au côté horizontal ar (*fig.* 64) du triangle mensurateur. Soit $ag = 1$ (*fig.* 63). Nous aurons $ar = \dfrac{ag \times at}{gt} = \dfrac{2}{\sqrt{5}}$.

Mais rz (*fig.* 64) $= \frac{2}{3}$. Donc $ar : rz :: 3 : \sqrt{5}$. Ce qui donne $zar = 36^{\mathrm{d}}. \ 41' \ 57''$. Or l'incidence de $o'l'm'k'$ (*fig.* 59) sur $m'l'me$ est le supplément de cet angle. Donc elle est de $143^{\mathrm{d}}. \ 18' \ 3''$.

120. Déterminons ensuite les angles plans. Il est très-facile d'avoir ceux des rhombes $okml$, $o'k'm'l'$, etc., d'après le rapport 2 : 1 entre les diagonales. On trouvera que le grand angle est de $126^{\mathrm{d}}. \ 52' \ 10''$, d'où il suit qu'il est égal à l'incidence mutuelle des pentagones du fer sulfuré dodécaèdre, aux endroits des arêtes que nous avons prises pour bases de ces pentagones.

Reste à trouver les angles de l'un des trapézoïdes, tels que $m'l'me$ (*fig.* 59). Si nous menons les diagonales $m'm$, mm'' et $m'm''$ des trois trapézoïdes situés autour de l'angle solide e, le triangle $mm'm''$ sera équilatéral, puisque les points m, m', m''

considérés sur le cube générateur (*fig.* 61), sont placés tous les trois d'après les mêmes conditions. Donc le solide intercepté par le triangle *mm'm''* (*fig.* 59), peut être assimilé à une moitié de rhomboïde, où tout est censé connu. Nous verrons, dans un instant, l'utilité de cette remarque.

Imaginons que les quatre trapézoïdes *m'l'me*, *o'l'mr*, etc., qui environnent le rhombe *l'o·k'm'* (*fig.* 59), s'étendent jusqu'à se réunir sous la forme d'une pyramide droite, dont la base passe par le point *m*. Soit *pmyzs* (*fig.* 62) cette pyramide. Menons les diagonales *py*, *mz* du rhombe de la base, ensuite la hauteur *su*, puis *sx* perpendiculaire sur *pm*, et joignons les points *u*, *x*, par une droite.

De plus, le rhombe *l'o'k'm'* étant le même que *fig.* 59, menons les lignes *mm'*, *mo'* (*fig.* 62) qui seront aussi les mêmes que *fig.* 59, ensuite la diagonale *o'm'* du rhombe *l'o'k'm'*, et enfin la ligne *mt* qui rencontre *m'o'* à l'endroit où celle-ci est coupée par la hauteur *su*. Cela posé, cherchons successivement les trois angles *m'em* (*fig.* 59), *m'l'm* et *l'me*, dont la somme retranchée de 360$^{\rm d}$. donnera le quatrième *l'm'e*.

1°. Pour *m'em*. La pyramide *mm'm''e* pouvant être considérée comme la moitié supérieure d'un rhomboïde dans lequel le rapport entre les deux demi-diagonales g' et p', tel que nous l'avons trouvé plus haut, est celui de $\sqrt{18}$ à $\sqrt{7}$, on en conclura que *m'em* $= 116^{\rm d}. 6' 13''$.

2°. Pour *m'l'm*. Cet angle étant le supplément de *m'l's* ou de *pms* (*fig.* 62), il s'agit de trouver celui-ci.

Soit *pu* $= 2$. Nous aurons *mu* $= 1$. $ux = \dfrac{pu \times mu}{\sqrt{(pu)^2 + (mu)^2}}$ $= \sqrt{\frac{4}{5}}$. Mais le triangle *xus* est semblable au triangle mensurateur *arz* (*fig.* 64). Donc *ux* : *us* (*fig.* 62) :: $3 : \sqrt{5}$. Donc puisque *ux* $= \sqrt{\frac{4}{5}}$, nous aurons *us* $= \sqrt{\frac{4}{9}}$, mais, d'une part, *sx* $= \sqrt{(ux)^2 + (us)^2} = \sqrt{\frac{4}{5} + \frac{4}{9}} = \sqrt{\frac{56}{45}}$. D'une autre part, *sm* $= \sqrt{(mu)^2 + (us)^2} = \sqrt{1 + \frac{4}{9}} = \sqrt{\frac{13}{9}}$.

Donc $sm : sx :: \sqrt{\frac{13}{9}} : \sqrt{\frac{56}{45}} :: \sqrt{65} : \sqrt{56}$, ce qui donne $smx = 68^{\text{d}}. 9' 16''$. Donc $m'l'm$ (*fig.* 62 et 59) $= 111^{\text{d}}. 50' 44''$.

3°. Pour *l'me*. Cet angle est composé des deux angles *emm'*, *m'ml'*, dont le premier est la moitié du supplément de *m'cm*. Donc $emm' = 31^{\text{d}}. 56' 53''$. Cherchons *m' ml'*.

Les triangles *mm'm''*, *o'mq*, ayant les mêmes positions relativement au noyau du triacontaèdre que les triangles *pmn*, *opl* (*fig.* 56) par rapport au noyau de l'icosaèdre, il est évident que la position du plan qui passeroit par les points *m'*, *m*, *o'* (*fig.* 59 et 62) est aussi la même que celle du plan *mpo* (*fig.* 56). Donc le triangle *mut* (*fig.* 62) est semblable au triangle mensurateur qui produit la face *mpo* (*fig.* 56); et puisque cette face est le résidu d'une de celles du dodécaèdre, nous aurons *mu* (*fig.* 62) : *tu* :: 2 : 1. Mais $mu = 1$. Donc $tu = \frac{1}{2}$. Donc puisque $us = \frac{2}{3}$, l'expression de st sera $\frac{1}{6}$.

Or $st : m't :: us : pu$. Ou, $\frac{1}{6} : m't :: \frac{2}{3} : 2$. Donc $m't = \frac{1}{2}$. $mt = \sqrt{(mu)^2 + (tu)^2} = \sqrt{1 + \frac{1}{4}} = \sqrt{\frac{5}{4}}$. $mm' = \sqrt{(mt)^2 + (m't)^2} = \sqrt{\frac{5}{4} + \frac{1}{4}} = \sqrt{\frac{3}{2}}$. Mais $sm = \sqrt{\frac{13}{9}}$. Donc $mm' : sm :: \sqrt{\frac{3}{2}} : \sqrt{\frac{13}{9}} :: \sqrt{27} : \sqrt{26}$. Maintenant si dans le triangle sxp on cherche l'angle spx, par le moyen de $sp = \sqrt{(pu)^2 + (us)^2} = \sqrt{4 + \frac{4}{9}} = \sqrt{\frac{40}{9}}$ et de $sx = \sqrt{\frac{56}{45}}$, en faisant, pour plus de simplicité, $sp = \sqrt{25}$ et $sx = \sqrt{7}$, on trouvera $spx = 31^{\text{d}}. 56' 53''$. Ajoutant spx à $smx = 68^{\text{d}}. 9' 16''$, on aura $100^{\text{d}}. 6' 9''$, lesquels retranchés de 180^{d}., donneront, pour l'angle *m'sm*, $79^{\text{d}}. 53' 51''$.

Donc, dans le triangle *smm'* on connoît l'angle *s* et les côtés *sm* et *mm'*. D'après ces données on a pour l'angle *m'ml'*, $25^{\text{d}}. 3' 57''$. Ajoutant à cette valeur celle de *emm'* (*fig.* 59) $= 31^{\text{d}}. 56' 53''$, on trouve *l'me* $= 57^{\text{d}}. 0' 50''$.

D'ailleurs, *m'em* $= 116^{\text{d}}. 6' 13''$. *m'l' m* $= 111^{\text{d}}. 50' 44''$. Donc *l'm'e* $= 75^{\text{d}}. 2' 13''$.

121. La géométrie a aussi son triacontaèdre dont le rappro-

chement avec celui de la minéralogie terminera les recherches
relatives au cube considéré comme solide générateur. Ce second
triacontaèdre que l'on voit (*fig.* 65) *pl. XIV* est symétrique,
en ce que toutes ses faces sont des rhombes égaux et semblables. Il a trente-deux angles solides, dont vingt, tels que a,
sont formés par trois plans, et les douze autres, tels que s,
sont composés de cinq plans.

L'idée de ce solide, dont il ne paroît pas que les géomètres
se soient encore occupés, s'étoit présentée à Romé de Lisle, à
l'occasion du triacontaèdre du fer sulfuré qu'il regardoit comme
ayant la même régularité; et il pensoit que pour le construire il
falloit faire dans le dodécaèdre régulier des coupes qui, en
passant par toutes les arêtes et en même temps par le centre ,
détacheroient 12 pyramides pentagonales, puis placer ces
mêmes pyramides sur les faces d'un second dodécaèdre semblable au premier (1). Mais les géomètres qui en feront le
calcul, verront que, dans cette hypothèse, les pyramides
seroient trop alongées pour que les faces de chacune se trouvassent de niveau avec celles des pyramides adjacentes; en
sorte que les soixante triangles se réduisissent à trente rhombes.
Tous ces triangles formeroient, au contraire, des angles rentrans.

122. Il est cependant possible de construire le triacontaèdre
symétrique, au moyen du dodécaèdre régulier. Mais, pour y
parvenir, il faut tronquer celui-ci sur toutes ses arêtes, par
des plans également inclinés sur les deux pentagones qu'ils entament, de manière qu'il ne reste plus rien de la surface du
dodécaèdre. Car chaque arête de ce solide étant commune à
deux pentagones adjacens, il est visible que les soixante bords
qui termineroient les douze pentagones considérés séparément,
se réduisent à trente arêtes, lorsqu'ils sont tous réunis; et
comme les points qui se correspondent sur toutes ces arêtes

---

(1) Crystallogr., t. III, p. 254, note 105.

sont à des distances égales du centre, le solide qui résulte de leur retranchement doit avoir toutes ses faces semblables et disposées régulièrement autour du même centre.

123. On peut aussi faire dériver le triacontaèdre de l'icosaèdre régulier, en tronquant celui-ci sur toutes ses arêtes, d'après les mêmes conditions. Nous donnerons, dans la suite, une autre construction du même polyèdre, à l'aide d'un cube pris pour générateur.

124. La recherche des angles du triacontaèdre symétrique, dont nous allons maintenant nous occuper, servira à développer plusieurs propriétés intéressantes de ce solide. Mais il faut, auparavant, déterminer un rapport qui nous est nécessaire pour cette recherche. Soit $biab'p$ ($fig.$ 66) un pentagone régulier, et in le côté du décagone régulier circonscrit à ce pentagone. Menons la diagonale ap, la ligne $b'n$ qui passe par le centre, puis le rayon ci divisé en moyenne et extrême raison au point d, et enfin cf perpendiculaire sur in. Le rapport que nous avons à déterminer est celui de ci à in.

Soit $ci = r$. $cd = in = x$. Nous aurons $di = r - x$, et $r : x :: x : r - x$. Donc $x^2 = r^2 - rx$, d'où l'on tire, $x = -\frac{1}{2} r \pm \frac{1}{2} r \sqrt{5}$. Et prenant le signe positif, $x = \frac{1}{2} r \sqrt{5} - \frac{1}{2} r$.

Concluons de là que $ci : in :: r : \frac{1}{2} r \sqrt{5} - \frac{1}{2} r :: 2r : r\sqrt{5} - r :: 2 : \sqrt{5} - 1$, ce qui est le rapport que nous nous étions proposé de déterminer.

125. Cherchons d'abord les angles de chacun des rhombes du triacontaèdre. Concevons un plan coupant $ab'phi$ (fig 65), qui intercepte la pyramide pentagonale, dont le sommet est en s. Soit $b'sb$ ($fig.$ 67) cette même pyramide. Menons la hauteur sc, les deux rayons ci, cb, puis sr perpendiculaire sur bi, et enfin cr.

Le triangle isb est évidemment la moitié d'un des rhombes du triacontaèdre. La question se réduit donc à trouver le rapport entre rs et ir.

Or $rs = \sqrt{(cr)^2 + (cs)^2}$.

Maintenant, il est facile de voir que pour obtenir le triacontaèdre, on pourroit aussi poser, sur toutes les arêtes du dodécaèdre régulier, des plans également inclinés sur les deux faces adjacentes. Tous ces plans, en s'entrecoupant, donneroient la surface du triacontaèdre. Or, l'inclinaison de chaque plan sur les deux faces dont on vient de parler, par exemple, celle du plan tangent à l'arête pr (*fig.* 53), sur les deux pentagones *pdnar*, *pcltr* seroit égale à l'angle ykx, dont le complément kxy mesure la moitié de l'incidence de ces pentagones l'une sur l'autre. Donc si nous considérons *aibpb'* (*fig.* 67) comme un des pentagones du dodécaèdre qui, dans le cas dont nous venons de parler, seroit inscrit au triacontaèdre, l'angle crs sera égal à l'angle ykx (*fig.* 53); et par conséquent le rapport entre cr et cs est censé connu. Donc ayant la valeur de cr, on trouveroit aisément celle de cs, et par suite celle de rs. Le problème se réduit donc à chercher cr et ir. Commençons par cette dernière quantité.

Nous avons eu (124) (*fig.* 66), $ci : in :: 2 : \sqrt{5} - 1$. Faisons $ci = 2$, auquel cas nous aurons $in = \sqrt{5} - 1$. De plus, cf étant perpendiculaire sur in, on aura $(ir)^2 = \dfrac{(cf)^2 \times (in)^2}{(cn)^2}$. Or, nous connoissons déjà in et de plus cn qui est égale à ci. Reste à chercher cf. $(cf)^2 = (ci)^2 - (if)^2 = (ci)^2 - \frac{1}{4}(in)^2 = 4 - \frac{1}{4}(6 - 2\sqrt{5}) = 4 - \frac{3}{2} + \frac{1}{2}\sqrt{5} = \frac{5}{2} + \frac{1}{2}\sqrt{5}$.

Donc $(ir)^2 = \dfrac{(\frac{5}{2} + \frac{1}{2}\sqrt{5})(6 - 2\sqrt{5})}{4} = \dfrac{5 - \sqrt{5}}{2}$ et $ir = \sqrt{\dfrac{5 - \sqrt{5}}{2}}$.

Maintenant il est facile d'avoir cr. Car $cr = \sqrt{(ci)^2 - (ir)^2} = \sqrt{4 - \left(\dfrac{5 - \sqrt{5}}{2}\right)} = \sqrt{\dfrac{3 + \sqrt{5}}{2}}$. Mais, d'après ce qui a été dit plus haut, $cr : cs$ (*fig.* 67) $:: ky$ (*fig.* 53) $: yx :: \sqrt{3 + \sqrt{5}} : \sqrt{2}$ (*voyez* 110). Donc $\sqrt{\dfrac{3 + \sqrt{5}}{2}} : cs$

:: $\sqrt{3 + \sqrt{5}}$: $\sqrt{2}$. Donc $cs = 1 = \frac{1}{2} (ci)$. Propriété remarquable qui peut être utile pour mettre le triacontaèdre en projection. Il ne s'agit que de tracer le dodécaèdre régulier, puis d'élever au centre de chaque face une perpendiculaire cs moitié de ci, après quoi on tirera les lignes si, sb, sp, etc., qui seront les côtés des rhombes du triacontaèdre.

Maintenant $rs = \sqrt{(cs)^2 + (cr)^2} = \sqrt{1 + \frac{3 + \sqrt{5}}{2}} = \sqrt{\frac{5 + \sqrt{5}}{2}}$.

Donc rs : ir :: $\sqrt{\frac{5 + \sqrt{5}}{2}}$: $\sqrt{\frac{5 - \sqrt{5}}{2}}$ :: $\sqrt{5 + \sqrt{5}}$: $\sqrt{5 - \sqrt{5}}$. Mais ce rapport est le même que celui de ky : yx (*fig.* 53) ou de $\sqrt{3 + \sqrt{5}}$: $\sqrt{2}$. Car si l'on met ces deux rapports en proportion, et que l'on prenne le produit des extrêmes et celui des moyens, on trouvera, de part et d'autre, $\sqrt{10 + 2\sqrt{5}}$.

Concluons de là que le grand angle du rhombe est égal à l'inclinaison respective des faces du dodécaèdre régulier, qui peut être regardé, ainsi que nous l'avons vu, comme le générateur du triacontaèdre, c'est-à-dire, que cet angle est de 116^{d}. $33'$ $32''$.

126. Cherchons encore l'inclinaison de chaque face sur celles qui lui sont adjacentes. Si nous menons iu (*fig.* 67) perpendiculaire sur bc, il perpendiculaire sur bs, puis ul, l'angle ilu sera la moitié de l'inclinaison proposée.

Or, $(il)^2 = \frac{(rs)^2 \times (bi)^2}{(bs)^2}$. $(rs)^2 = \frac{5 + \sqrt{5}}{2}$. $(bi)^2 = 4(ir)^2 = 4\left(\frac{5 - \sqrt{5}}{2}\right) = 2(5 - \sqrt{5})$. $(bs)^2 = (is)^2 = (ci)^2 + (cs)^2 = 4 + 1 = 5$.

Donc $(il)^2 = \left(\frac{\left(\frac{5 + \sqrt{5}}{2}\right) \times 2(5 - \sqrt{5})}{5}\right) = 4$.

Donc $il = 2 = ci$.

Maintenant, si nous comparons ensemble les triangles cui, iul, nous trouverons 1°. qu'ils ont chacun un angle droit, situé en *u*. 2°. Que l'un des côtés adjacens à cet angle, savoir, *iu* est commun à l'un et à l'autre. 3°. Que l'hypothénuse *il* est égale à l'hypothénuse *ci*. Donc les deux triangles sont semblables et égaux. Donc *ilu = icu*, lequel est de 72^d., c'est-à-dire, que la moitié de l'angle qui mesure l'incidence respective des faces du triacontaèdre est égale à l'angle, au centre, dans le pentagone régulier, qui est une des faces du dodécaèdre générateur. Il en résulte que l'incidence dont il s'agit est exactement de 144^d.

127. Quant à l'existence du triacontaèdre symétrique, en minéralogie, elle n'est pas plus possible que celle du dodécaèdre et de l'icosaèdre ; car on ne pourroit faire dériver ce triacontaèdre que d'un noyau cubique, en supposant à la cristallisation une marche analogue à celle qui a lieu pour le triacontaèdre du fer sulfuré. Mais le rapport entre les deux demi-diagonales des rhombes *sm*, *s'm'*, *s''m''*, qui est incommensurable dans le triacontaèdre symétrique (*fig*. 65), exclud toute loi admissible de décroissement.

128. J'ai promis de faire connoître la méthode de construire artificiellement le triacontaèdre symétrique avec un cube donné. Soit RA (*fig*. 68) ce cube générateur, dont les faces aient été divisées en deux à l'ordinaire par les lignes *gf*, *g'f'*, *g''f''*, etc. Soit, d'une autre part, un pentagone régulier (*fig*. 66), qui ait telles dimensions que l'on voudra. Ayant mené *im* perpendiculaire sur *ag*, on tracera séparément une ligne *g'k'* (*fig*. 69) égale à *am* (*fig*. 66). Par une extrémité de *g'k'* (*fig*. 69), on menera la perpendiculaire indéfinie *g'p*, et par l'autre extrémité on menera *k'l'* égale à *gb'* (*fig*. 66), de manière qu'elle aille rencontrer *g'p* (*fig*. 69). On divisera ensuite la moitié *gn* (*fig*. 68) de l'une quelconque des lignes menées par le milieu des faces du cube, en deux portions *gs*, *sn* qui soient entre elles dans le rapport des lignes *g'k'*, *g'l'* (*fig*. 69) On prendra *nm* (*fig*. 68) égale à *sn*, et l'on tracera sur *ms* un rhombe *misb*, dont cette ligne soit la grande diagonale, et dont la moitié *in*

de

de la petite diagonale soit égale à gs. Ayant tracé des rhombes sur les autres faces, d'après les mêmes conditions, on fera passer par chaque côté, tel que $b's'$, un plan coupant qui aille toucher l'angle aigu s du rhombe situé sur la face voisine. Les vingt-quatre plans coupans joints aux six rhombes tracés sur les faces du cube, donneront la surface du triacontaèdre.

Pour le prouver, je remarque d'abord que $g'k'$ (*fig.* 69) ou am (*fig.* 66) représente gk (*fig.* 54), qui est la différence entre l'arête du dodécaèdre régulier et celle du cube inscrit (1).

De plus, $k'l'$ (*fig.* 69) ou son égale gb' (*fig.* 66) représente kl (*fig.* 53 et 54). Donc le triangle $g'k'l'$ (*fig.* 69) est semblable au triangle gkl (*fig.* 54). Donc $g'l'$ (*fig.* 69) : $g'k'$: : gl (*fig.* 54) : gk : : ky : yx : : $\sqrt{3}+\sqrt{5}$: $\sqrt{2}$, ce qui est le rapport que doivent avoir entre elles les deux demi-diagonales de chaque rhombe du triacontaèdre, et qu'elles ont effectivement par la construction.

Menons $b's$ (*fig.* 68). Nous avons $b'g = n's'$, et $gs = b'n'$; d'ailleurs, l'angle $b'gs$ est droit; donc les deux triangles $b'gs$ et $s'n'b'$ sont égaux; donc $b's = b's'$, comme cela doit être, puisque $b's$ répond à la même ligne (*fig.* 65).

On prouvera de même que la ligne qui, dans le cube (*fig.* 68), répond à is'' (*fig.* 65) est égale à celle qui répond à is, et que de même les lignes qui répondent à $i''s'$ et $i''s''$ sont égales entre elles.

En raisonnant des autres lignes comme de celles qui leur correspondent dans le cube, il est facile de voir que $b's$ est dans un plan parallèle à $b''m''i''s''$. De plus, à cause de $n''s''$ (*fig.* 68) : $n''i''$: : $b'g$: gs, et du parallélisme entre les antécédens d'une part et les conséquens de l'autre, $b's$ (*fig.* 65) et $i''s''$ sont parallèles; donc les deux plans $b'sas'$, $i''s'as''$ se réu-

----

(1) Je suppose que, dans le cas présent, la *fig.* 54 représente la coupe d'un dodécaèdre régulier.

nissent sur une arête as' parallèle à $b's$ et $i''s''$. On prouvera de même que $b's'as$ et $i''s'as$ se réunissent sur une arête as parallèle à $b's'$ et is'', et que les plans $asis''$ et $as'i''s''$ se réunissent sur une arête as'' parallèle à is et $i''\ s'$. Donc les trois plans situés autour de l'angle a sont des rhombes. D'où l'on conclura, en appliquant le même raisonnement aux autres lignes, que la surface du polyèdre est composée de 3o rhombes égaux et semblables entre eux.

Des parallélipipèdes qui diffèrent du cube et du rhomboïde.

129. La symétrie des formes sous lesquelles se présentent les solides que nous avons considérés jusqu'ici, nous a fourni des données pour exprimer les lois de décroissemens dont ces solides sont susceptibles, par des formules simples, qui ont le double avantage de faciliter la détermination des cristaux secondaires et le développement de leurs propriétés. J'ai cru devoir restreindre à ces mêmes solides la généralité des méthodes nécessaires à l'application de la théorie, parce qu'en voulant l'étendre aux autres parallélipipèdes moins réguliers, on tomberoit dans des formules qui seroient quelquefois si compliquées, qu'on ne pourroit en faire usage sans un travail pénible et fastidieux. A l'aide d'une certaine habitude de manier les problèmes qui se rapportent à la géométrie solide, chacun pourra se faire à soi-même des méthodes particulières beaucoup plus expéditives, et également propres à mettre en évidence les propriétés qui se rencontrent encore par intervalles dans la classe des polyèdres dont il s'agit.

13o. Ordinairement, les décroissemens sur les bords ne souffrent aucune difficulté, et l'on parvient, en un instant, à déterminer les inclinaisons des faces qui en résultent, au moyen des triangles mensurateurs dont nous avons fait connoître la nature et les fonctions dans l'article du parallélipipède considéré en général.

131. Les décroissemens sur les angles exigent plus d'art pour être calculés, surtout si le parallélipipède est un prisme oblique. Mais ce qui contribue à simplifier les calculs, c'est qu'assez souvent il n'est question, pour vérifier les lois de décroissemens, que de déterminer l'incidence des faces secondaires sur celles qui appartiennent au noyau, dont elles ne font que modifier la forme ; c'est que souvent encore les dimensions de la molécule intégrante ont des rapports simples, qui permettent de suivre une marche analytique, et de se conduire dans la solution du problème, de manière à n'avoir qu'un seul triangle à résoudre, savoir, celui qui donne l'inclinaison cherchée. Je vais en citer un exemple que je tirerai de l'amphibole.

132. Soit gi (*fig.* 70) la forme primitive de cette espèce, qui est un prisme oblique à bases rhombes dans lequel, 1°. la ligne lz qui réunit les deux plus grands angles solides (1), est perpendiculaire tant sur lg que sur iz ; 2°. $lz : iz : : \sqrt{14} : 1$; 3°. le sinus de la moitié de l'inclinaison de $nlgh$ sur $mlgr$ est au cosinus comme $\sqrt{29} : \sqrt{8}$.

133. Supposons qu'il se fasse un décroissement par une rangée sur les angles iml, inl, et sur ceux de la base inférieure qui leur correspondent. Ce décroissement fera naître au-dessus de chaque base deux faces qui se réuniront sur une arête commune parallèle à il. Il s'agit de déterminer d'abord les incidences de ces faces l'une sur l'autre, et ensuite l'angle que forme, par exemple, celle qui provient du décroissement sur l'angle iml, avec le pan $mlgr$.

Menons rk perpendiculaire sur il, et ke, autre perpendiculaire, sur la même ligne, puis complétons le triangle rke.

---

(1) Les angles nlm et nim sont obtus, et les angles lni et lmi sont aigus, quoiqu'ils se présentent sous un aspect contraire, en conséquence de la manière dont le parallélipipède a été projeté, et qui est la plus favorable pour la démonstration de ce qui doit suivre.

Pp 2

Si nous concevons un plan qui passe par les points i, l, r, ce plan sera parallèle à la face qui résulte du décroissement par une rangée sur l'angle iml ; et il est facile de voir que l'angle formé par ce plan avec $ilgz$, sera la moitié de celui que fait la face dont il s'agit, avec celle que produit le décroissement sur l'angle ihn. Or, rk est dans le plan qui passe par les points i, l, r, et ke est dans le plan $ilgz$; de plus, chacune de ces lignes est perpendiculaire sur la commune section il des deux plans ; donc l'angle rke mesure l'incidence respective de ces plans, ou la moitié de celle que nous cherchons, en sorte que ker peut représenter le triangle mensurateur.

Evaluons successivement er et ke.

1°. Pour er. Cette ligne étant perpendiculaire sur gz, et le plan grz dans lequel elle se trouve, étant perpendiculaire sur le plan $ilgz$, er sera aussi perpendiculaire sur ce dernier plan.

Maintenant, si des points l, z nous menons des perpendiculaires sur nh, elles concourront en un point commun p, et le triangle lpz sera perpendiculaire sur le plan $ilgz$; de plus, il est isocèle. Donc si nous menons ps au milieu de sa base lz, ps sera aussi perpendiculaire sur le plan $ilgz$. Donc $ps = er$. Mais ps est le sinus et sl le cosinus de l'angle pls, qui mesure la moitié de l'incidence de $nlgh$ sur $mlgr$.

Donc $ps : ls :: \sqrt{29} : \sqrt{8}$.

Nous avons d'ailleurs $lz : iz :: \sqrt{14} : 1$.

Soit $lz = \sqrt{14}$, auquel cas, $iz = 1$. Nous aurons $ls = \frac{1}{2} lz = \frac{1}{2}\sqrt{14}$.

Donc $ps : \frac{1}{2}\sqrt{14} :: \sqrt{29} : \sqrt{8}$.

D'où l'on tire $ps = \sqrt{\frac{203}{16}} = er$.

2°. Pour ke. $ke = \dfrac{lz \times iz}{il} = \dfrac{lz \times iz}{\sqrt{(lz)^2 + (iz)^2}} = \dfrac{\sqrt{14}}{\sqrt{14+1}} = \sqrt{\tfrac{14}{15}}$.

Donc $er : ke :: \sqrt{\frac{203}{16}} : \sqrt{\frac{14}{15}} :: \sqrt{3045} : \sqrt{224}$, ce qui donne $rke = 74^{\mathrm{d}}. 49'$.

Donc l'incidence cherchée est de $149^{\mathrm{d}}. 38'$.

134. Il nous reste à trouver celle de chacune des mêmes faces sur le pan adjacent, par exemple, celle de la face située vers l'angle *iml* sur le pan *mlgr*.

Soit *ilr* (*fig.* 71) le plan qui passeroit par les points *i*, *l*, *r* (*fig.* 70), et que nous savons être parallèle à la face dont il s'agit. Ce plan interceptera une pyramide triangulaire *ilrm*, dans laquelle l'inclinaison de *lmr* sur *ilr* sera le supplément de celle que nous cherchons. Il s'agit donc de déterminer cette inclinaison.

Considérons d'abord la pyramide comme ayant son sommet en *m*, auquel cas sa base sera le triangle *ilr*. Appelons *h* la hauteur *mt* de cette pyramide, et *s* sa solidité. Ayant abaissé *mu* perpendiculaire sur *lr*, et mené la ligne *ut*, il est facile de voir que *h* sera le sinus de l'angle *mut*, qui mesure l'inclinaison de *lmr* sur la base *ilr*, en prenant *mu* pour le rayon. Donc il faut trouver le rapport entre *mu* et *h*. Evaluons successivement ces deux quantités.

1°. Pour *mu*. Ayant mené *ly* perpendiculaire sur *mr*, nous aurons $mu = \dfrac{ly \times mr}{lr}$.

Or, $ly = pl$ (*fig.* 70) $= \sqrt{(ps)^2 + (ls)^2} = \sqrt{\frac{205}{16} + \frac{1}{4}}$ $= \sqrt{\frac{259}{16}}$. mr (*fig.* 71) $= iz$ (*fig.* 70) $= 1$. lr (*fig.* 71) $= \sqrt{(ly)^2 + (yr)^2} = \sqrt{\frac{259}{16} + \frac{1}{4}}$, à cause de $yr = \frac{1}{2}(mr)$. Donc $lr = \sqrt{\frac{263}{16}}$.

Donc $mu = \dfrac{\sqrt{\frac{259}{16}}}{\sqrt{\frac{263}{16}}} = \sqrt{\frac{259}{263}}$.

2°. Pour *h*.

Si l'on prend le double de la surface du triangle *ilr*, et qu'on le multiplie par *h*, le produit sera égal à 6*s*. Or $rk \times il$ $= 2$ surf. *ilr*. Mais rk (*fig.* 70) $= \sqrt{(er)^2 + (ke)^2} = \sqrt{\frac{203}{16} + \frac{14}{15}}$ $= \sqrt{\frac{3269}{16 \cdot 15}}$. $il = \sqrt{15}$. Donc 2 surf. *ilr* (*fig.* 71) $= \sqrt{\frac{3269}{16}}$.

Donc $6s = h\sqrt{\frac{3269}{16}}$.

Cherchons une seconde expression de 6*s* où tout soit connu ;

et pour cela, considérons le point i comme le sommet de la pyramide, auquel cas la base sera le triangle lmr. Nous aurons d'abord, 2 surf. $lmr = ly \times mr = \sqrt{\frac{259}{16}}$.

Maintenant, la hauteur de la pyramide est une perpendiculaire menée du point i sur le plan prolongé du triangle lmr· Donc si nous menons lx (*fig.* 70) perpendiculaire sur pz et qui le sera en même temps sur le plan $inhz$, lx se trouvera égale à la hauteur de la pyramide $lmri$ (*fig.* 71). Or , lx

$$(\textit{fig. } 69) = \frac{ps \times lz}{pl.} = \frac{\sqrt{\frac{203}{16}.14}}{\sqrt{\frac{259}{16}}} = \sqrt{\frac{203.14}{259}}.$$

Donc $6s = \sqrt{\frac{259}{16}} \times \sqrt{\frac{203.14}{259}} = \sqrt{\frac{203.14}{16}}$. Egalant les deux expressions de $6s$, nous aurons $h \sqrt{\frac{3269}{16}} = \sqrt{\frac{203.14}{16}}$. D'où l'on tire $h = \sqrt{\frac{2842}{3269}}$.

Donc $mu : h : : \sqrt{\frac{259}{263}} : \sqrt{\frac{2842}{3269}}$, ce qui donne 69^d. 58' pour l'incidence de lmr sur ilr. Donc celle de la face produite vers l'angle iml (*fig.* 69) sur le pan $mlgr$ sera de 110^d. 2'.

135. Si l'on vouloit avoir l'incidence de la même face sur $imrz$, on ne feroit autre chose que substituer à la ligne mu la perpendiculaire menée du point m sur la diagonale qui passeroit par les points i, r, et cette perpendiculaire étant prise pour le rayon, h seroit encore le sinus du supplément de l'incidence cherchée.

136. Il ne sera pas inutile de comparer la méthode que nous venons de suivre avec celle qui consiste à faire usage du triangle mensurateur ordinaire. Soit $i'g'$ (*fig.* 72) la molécule intégrante semblable à la forme primitive (*fig.* 70). Menons $m'u'$ perpendiculaire sur la diagonale $l'r'$, et cu' autre perpendiculaire sur $l'r'$, et qui le soit aussi sur la diagonale $n'z'$, ou sur son prolongement. Soit $u'm'b$ (*fig.* 73) le triangle mensurateur, dans lequel $u'm'$ sera égale à la même ligne (*fig.* 72); $u'b$ (*fig.* 73) sera censée être prise sur le prolongement de cu' (*fig.* 72), à laquelle elle sera aussi égale, et $m'b$ coïncidera avec la face produite par le décroissement, d'où il suit que l'angle

$u'm'b$ est le supplément de l'incidence proposée. On chercheroit
d'abord les valeurs de $u'm'$ et de bu', puis l'angle compris
$m'u'b$, et à l'aide de ces données on résoudroit le triangle pour
avoir l'angle $u'm'b$. Mais l'angle $m'u'b$ étant oblique, on seroit
obligé d'extraire par approximation les racines des quantités
radicales qui représentent $u'm'$ et bu'. On évite cet inconvénient, au moyen de la méthode que nous avons indiquée,
dans laquelle l'angle mtu (*fig.* 71) qui se trouve substitué à
l'angle $m'u'b$ est droit, ce qui donne une solution à la fois
plus simple et plus rigoureuse.

137. On peut, à l'aide d'une opération préliminaire, également-
ment simple et facile, s'épargner les calculs inutiles que l'on
seroit obligé de faire, d'après la supposition d'une loi de décroissement qui ne seroit pas la véritable. Par exemple, dans le cas que
nous venons d'examiner, on commenceroit par tracer deux
parallélogrammes semblables à $lmrg$, $imrz$ (*fig.* 70), comme
on le voit *fig.* 74 (1). Les conditions requises pour que ces
parallélogrammes ayent leurs vraies dimensions, sont que l'angle
lmr ou miz soit d'environ 83^d. (la véritable valeur, d'après les
données dont nous avons parlé plus haut, est de 82^d. 54'),
et que la perpendiculaire menée du point l sur mr, divise celle-ci
en deux parties égales, comme il est aisé d'en juger par la
perpendiculaire lp (*fig.* 70), qui fait la même fonction.

On mesurera ensuite, à peu près, sur le cristal, les angles que
font avec l'arête mr (*fig.* 70) les sections de la face donnée
.par le décroissement, dont l'une coupe le plan $lmrg$ et l'autre
le plan $imrz$, et l'on tracera sur les parallélogrammes de la
fig. 74 les lignes ac, cd, qui fassent les mêmes angles avec
mr; puis, par le point r, on menera rl et ri parallèles à ces
lignes. On voit ici que rl et ri sont les diagonales des parallé-

---

(1) Il est facile de voir que ces parallélogrames sont égaux et semblables
entre eux.

logrammes, d'où l'on conclura que le décroissement se fait par une rangée tout autour de l'angle *m* (*fig.* 70).

Si l'une des sections étant toujours représentée par *ac* (*fig.* 74), l'autre l'étoit par *cd'*, en sorte que la ligne *ri'*, parallèle à celle - ci, tombât au milieu du côté *mi*; on en concluroit que le décroissement considéré sur l'angle *hnr* a lieu par deux rangées en largeur.

Quoique les méthodes de ce genre puissent donner réellèment la direction et la quantité des décroissemens, elles ne dispensent pas de calculer les inclinaisons des faces qui en proviennent, parce que ces inclinaisons sont susceptibles d'une mesure beaucoup plus précise, qui doit être regardée comme la vérification des lois présumées d'après l'espèce de tâtonnement dont nous venons de parler.

Des formes primitives différentes du parallélipipède, et de l'analogie qui existe entre les décroissemens dont elles sont susceptibles et ceux qui concernent le parallélipipède.

138. Le rapport que j'entreprends ici d'établir entre les différentes cristallisations des minéraux, en les ramenant toutes, quelque variées qu'elles puissent être, à une même unité, qui est le parallélipipède, est fondé sur une vue que j'ai déjà indiquée ailleurs, savoir : que les décroissemens qui produisent une forme secondaire quelconque, estimés d'après les espaces qu'ils laissent à vide, entre une lame et la suivante, sont toujours mesurés par des sommes de parallélipipèdes, que j'ai nommés *molécules soustractives*. Et ce n'est point ici une simple hypothèse, puisque les petits parallélipipèdes dont il s'agit, ont leurs faces dans le sens des joints naturels des cristaux, de manière qu'on peut en extraire de semblables par la division mécanique, en faisant abstraction d'une partie des coupes dont la forme primitive est susceptible, et en se bornant à trois de ces coupes, situées sur trois plans différens.

i5y. Non - seulement la théorie remplit son objet , en se
renfermant dans la considération de la molécule soustractive ,
mais elle pourroit même adopter un noyau semblable à cette
molécule , au lieu de celui qui est donné par la division mécanique faite à l'ordinaire, et parvenir également à déterminer
les formes secondaires par des lois régulières de décroissement.
C'est ce qui s'éclaircira dans les applications des principes que
je viens d'énoncer , aux formes primitives différentes du parallélipipède.

Du dodécaèdre rhomboïdal.

140. Soit *ep* (*fig.* 75) un de ces dodécaèdres. Supposons des
plans coupans qui passent par le centre , et dont chacun soit
parallèle à deux faces opposées du dodécaèdre. Il est d'abord
évident que ces plans seront au nombre de six. De plus ,
chacun d'eux , par exemple , celui qui est parallèle aux deux
rhombes *dlfn* , *boht* , passera par la diagonale *gy* , par les deux
arêtes *ye* , *er* , par la diagonale *rq* , et par les deux arêtes
qp , *pg* , c'est-à-dire , que chaque plan passera par deux petites
diagonales et par quatre arêtes. Or , il y a en tout douze petites
diagonales et vingt-quatre arêtes distinctes , dont chacune est
commune à deux rhombes voisins , d'où l'on conclura que les
six plans opèrent des sections sur toutes les arêtes et sur toutes
les diagonales obliques du dodécaèdre. Donc il y aura toujours trois plans qui passeront par les trois côtés de chaque
triangle , tel que *ylg* , ou *yog* , qui forme la moitié d'un rhombe
coupé dans le sens de sa petite diagonale. Et puisque ces plans
passent en même temps par le centre *c* , ils détacheront une
pyramide triangulaire , ou un tétraèdre. Donc le dodécaèdre
se trouvera décomposé en vingt-quatre tétraèdres , qui seront
tous égaux et semblables.

Ces tétraèdres , pris six à six , forment quatre rhomboïdes ,
dont chacun a l'un de ses sommets tel que *y* , *h* , *f* ou *r* situé

à l'extérieur, et l'autre au centre *c* du dodécaèdre. Ces rhomboïdes représentent ici les molécules soustractives.

141. Déterminons, avant d'aller plus loin, le rapport entre
les deux demi-diagonales *g* et *p* de chaque rhombe.

Si l'on considère les petites diagonales *yd*, *yb*, *br*, *rd* des
rhombes qui se réunissent autour d'un même angle solide *e* composé de quatre plans, il est visible qu'elles forment un carré.
De plus, si l'on considère les grandes diagonales *lo*, *ot*, *tn*, *nl*
des quatre rhombes adjacens aux précédens, elles forment
pareillement un carré perpendiculaire à l'axe qui passe par les
points *e*, *p*, c'est-à-dire, que les deux carrés sont parallèles entre
eux. Imaginons maintenant que le premier carré composé de
quatre petites diagonales se meuve parallélement à lui-même
le long de l'axe qui va de *e* en *p*, jusqu'à ce qu'il coïncide
avec le plan du second carré composé de quatre grandes diagonales. Il est clair qu'alors le point *y* se trouvera placé au milieu
y' de la diagonale *lo*, le point *b* au milieu *b'* de la diagonale *ot*,
le point *r* au milieu *r'* de la diagonale *tn*, et le point *d* au
milieu *d'* de la diagonale *nl*. Donc le premier carré sera inscrit dans le second; donc la grande diagonale est à la petite,
ou, ce qui revient au même, *g* est à *p* comme le côté du carré
circonscrit est au côté du carré inscrit, c'est-à-dire, comme
$\sqrt{2}$ à l'unité.

Donnons une seconde solution par l'analyse. Ayant mené
yx et *gz* perpendiculaires l'une sur *gl* et l'autre sur *lf*, il
faudra que l'on ait *yx* = *gz*. Considérons le point *y* comme le
sommet d'un rhomboïde; l'expression de *yx* sera $\sqrt{\dfrac{4g^2p^2}{g^2+p^2}}$
(*voyez* 31, 1°.), mais les six rhombes *dlfn*, *glfp*, *ogph*, etc.,
adjacens aux bords inférieurs du rhomboïde, étant situés comme
les six pans d'un prisme hexaèdre régulier, si l'on fait passer par
gz un plan perpendiculaire au rhombe *glfp*, ce plan interceptera un hexagone régulier dont le côté *gz* sera égal à la perpendiculaire menée du point *g* sur l'axe du rhomboïde,

puisque celle-ci est un des rayons obliques de l'hexagone. Donc $gz = \sqrt{\frac{4}{3}g^2}$. Donc aussi $\sqrt{\frac{4g^2p^2}{g^2+p^2}} = \sqrt{\frac{4}{3}g^2}$. Supprimant les radicaux et divisant par $4g^2$, $\frac{p^2}{g^2+p^2} = \frac{1}{3}$. Donc $g^2 + p^2 = 3p^2$, et $g^2 = 2p^2$, d'où l'on tire $g : p :: \sqrt{2} : 1$, ce qui est le même rapport que ci-dessus.

142. Il est facile de démontrer encore que les faces de chaque tétraèdre sont des triangles isocèles égaux et semblables. Car soit eg (*fig.* 76) le rhomboïde qui a son sommet en y (*fig.* 75). Ayant mené l'axe cy et les petites diagonales yg, cl des rhombes $ylgo$, $gcdl$, considérons le tétraèdre qui a pour faces les triangles ylg, lcy, cgl, cyg. Dans le premier, nous avons évidemment $yl = gl$. Le 2e. a un côté commun yl avec le précédent ; de plus $cl = yg$. Mais l'axe $cy = \sqrt{9p^2 - 3g^2} = \sqrt{9 - 6} = \sqrt{3}$; d'une autre part, $yl = \sqrt{g^2 + p^2} = \sqrt{3}$. Donc $cy = yl$. On voit aisément, sans qu'il soit besoin de le prouver, que chacun des deux autres triangles est égal et semblable à l'un quelconque des deux premiers.

A l'égard des incidences respectives des faces adjacentes sur le dodécaèdre, il est visible qu'elles sont toutes de 120^d.

143. Supposons des décroissemens par une simple rangée de rhomboïdes sur toutes les arêtes du dodécaèdre. Si l'on considère l'effet de ces décroissemens par rapport aux bords supérieurs ye, yl, yo, etc. (*fig.* 75), du rhomboïde qui a son sommet en y, ils tendront à produire un autre rhomboïde plus obtus, dont les diagonales obliques se confondront avec les arêtes ye, yo, yl. Mais la face $ylgo$, par exemple, ayant la même inclinaison sur les faces adjacentes $glfp$, $gohp$ que sur $dlye$, les décroissemens sur les arêtes inférieures lg, go, etc., produiront de nouvelles faces inclinées en sens contraire des premières, et qui iront les couper, de manière qu'il se formera, au-dessus de chaque rhombe du dodécaèdre, une pyramide

quadrangulaire, dont les faces égales et semblables entre elles seront de niveau avec les faces adjacentes sur les pyramides voisines. Soient *edly*, *eboy*, *goyl* (*fig.* 77) les mêmes rhombes que *fig.* 75, et *m*, *s*, *u*, les sommets des trois pyramides élevées sur ces rhombes. Les deux triangles adjacens *osy*, *ouy*, qui seront scalènes, à cause de *os* plus grande que *ys*, et de *ou* plus grande que *yu*, formeront, par leur réunion, le trapézoïde *osyu*; et, comme la somme des douze pyramides donne 48 triangles, la surface du solide secondaire sera composée de 24 trapézoïdes égaux et semblables.

Cette structure est celle d'une variété de grenat très-commune, que j'ai nommée *grenat trapézoïdal.* L'analcime et le fer sulfuré se présentent quelquefois sous la même forme. Mais, dans le premier, elle résulte d'un décroissement par deux rangées sur tous les angles d'un cube, ainsi que chacun pourra s'en assurer aisément par le calcul, et nous ferons voir, à l'article de l'octaèdre, comment elle tire son origine de ce solide, dans l'espèce du fer sulfuré.

144. Il est facile de trouver les données nécessaires pour calculer les angles du solide trapézoïdal qui nous occupe ici. Soit *mz* la hauteur de la pyramide qui a son sommet en *m*; menons *zx* perpendiculaire sur *yl*, puis *mx*. Il est visible que le plan du trapézoïde *ymlu* est parallèle au plan qui passeroit par les arêtes *og*, *de*, d'où il suit que l'angle *mxz* que forme ce trapézoïde avec l'un quelconque des rhombes *ylde*, *ylgo*, est égal à celui que formeroit avec les mêmes rhombes le plan mené par *og* et *de*. Or cet angle est de 30ᵈ., parce que l'incidence des deux rhombes est de 120ᵈ. Donc dans la pyramide *yedlm*, l'inclinaison de chacune des faces sur la base est aussi de 30ᵈ., c'est-à-dire, que $mz : xz :: 1 : \sqrt{3}$. De plus, les diagonales de la base sont entre elles comme $\sqrt{2}$ à 1, ce qui suffit pour déterminer tout le reste.

On trouvera, d'après ces données, que le sinus de la moitié

de l'incidence de *yml* sur *yme* est au cosinus :: $\sqrt{11}$: 1 , ce qui donne pour cette incidence 146^d. 26′ 33″ , et que le sinus de la moitié de l'incidence de *yml* sur *dml* est au cosinus :: $\sqrt{5}$: 1 , d'où il suit que cette incidence est de 131^d. 48′ 36″.

145. Une nouvelle réflexion servira à mieux faire concevoir encore la structure du solide trapézoïdal originaire du dodécaèdre. Remarquons que dans chaque lame de superposition, par exemple, dans la première de celles qui sont empilées sur la face *ylgo* (*fig.* 75 et 77), l'une des faces latérales est parallèle à *dlye* (*fig.* 75) et l'autre à *gohp* ; au lieu que si les décroissemens se faisoient par rapport au seul rhomboïde dont le sommet supérieur est en *y*, les faces latérales dont nous venons de parler seroient parallèles, l'une et l'autre, à *dlye.* Soit *luza* (*fig.* 78) une coupe géométrique de la première lame faite par un plan perpendiculaire sur *ylgo* (*fig.* 75), et qui passeroit par les milieux de *yl* et de *ep.* Les petits triangles dont cette coupe est composée, représenteront les coupes d'autant de moitiés de rhomboïdes, formées chacune de trois tétraèdres. Parmi ces rhomboïdes, celui auquel appartient l'ensemble des deux triangles *eul*, *dlc* (*fig.* 78), ou le quadrilatère *lued*, aura celle de ses faces qui est analogue à *lu* située parallélement à *dlye* (*fig.* 75), et celui auquel appartient le quadrilatère *azpo* (*fig.* 78) aura celle de ses faces sur laquelle tombe la ligne *az*, située parallélement à *gohp* (*fig.* 75). Or si l'on forme successivement la somme des petits rhomboïdes désignés par les quadrilatères *lued*, *azpo* (*fig.* 78), et par leurs intermédiaires, on aura un reste, qui sera une moitié de rhomboïde indiquée par le triangle *kst*; d'où il suit que si l'on considère la lame comme isolée, elle ne sera pas uniquement formée de rhomboïdes complets. Mais cela n'empêchera pas que l'ensemble du noyau et des différentes lames de superposition ne se résolve toujours en un nombre déterminé de rhomboïdes entiers. Pour le prouver, soit ULMQZX (*fig.* 79) une coupe hexagonale du

dodécaèdre, faite par le prolongement du même plan qui a donné la section *lazu* (*fig*. 78). Il est clair que l'assortiment de tous les triangles renfermés dans cet hexagone, et dont chacun est la coupe d'un demi-rhomboïde, étant uniquement composé de quadrilatères, représentera un ensemble de rhomboïdes complets. Or, il suffit maintenant de faire voir que l'addition des six moitiés de rhomboïdes désignés par le triangle *kst* (*fig*. 79) et par les cinq autres semblablement situés, formera encore, avec l'assortiment de l'hexagone, un tout sans aucun reste. C'est ce dont il est aisé de se convaincre, en considérant successivement les quadrilatères $sk\gamma t$, $U a \gamma k$, $a U \delta \zeta$, $\iota \delta \zeta \delta$, etc., extérieurs à l'hexagone *abcdfg*, lequel forme lui-même un assortiment complet de quadrilatères. L'intégrité de l'ensemble provient de ce que la structure permet de considérer indifféremment des rhomboïdes dans un sens ou dans l'autre, en sorte que les triangles se servent alternativement de complément, pour conserver l'unité de structure.

146. Proposons-nous maintenant de substituer au dodécaèdre, pour forme primitive, un rhomboïde semblable à ceux dont ce dodécaèdre est l'assemblage, et de chercher les lois de décroissement qui, dans cette hypothèse, donnent le solide trapézoïdal. Soit cq (*fig*. 81) *pl. XV* ce solide, et Aa (*fig*. 80) son noyau rhomboïdal. Il est d'abord évident que les trois trapézoïdes *cmlu* (*fig*. 81) *cuos*, *cmzs*, situés autour de l'angle solide *c*, qui répond à l'angle A (*fig*. 80) résultent de la loi exprimée par B. De plus, il est aisé de prouver que les six trapézoïdes $adin$ (*fig*. 81) $ilkf$, $kgyp$, etc., sont situés parallèlement à l'axe *cq*. Car si l'on mène la grande diagonale fl de l'un quelconque $ilkf$ de ces trapézoïdes, elle sera la même que l'arête fl (*fig*. 75), qui est visiblement parallèle à l'axe mené par les points *c* et *q*. Donc les trapézoïdes dont il s'agit, résultent de la loi représentée par $\overset{2}{e}$.

Reste à déterminer celle qui produit les trapézoïdes $dmli$, *ulkg*, *ougy*, etc. Or, cette loi agit sur les arêtes inférieures D, D (*fig.* 80) du noyau. De plus, nous avons vu que le sinus de la moitié de l'inclinaison de deux de ces trapézoïdes, tels que *ulkg*, *ougy*, situés de part et d'autre d'une même arête, étoit au cosinus comme $\sqrt{11} : 1$. Reprenant ici la formule générale (46) relative à ce même rapport, nous aurons

$$\sqrt{\left(\tfrac{2n+1}{3n-1}\right)^2 a^2 + \tfrac{4}{3} g^2} : \sqrt{\left(\tfrac{1}{n-1}\right)^2 \tfrac{1}{3} a^2} :: \sqrt{11} : 1.$$ Et substituant à la place de a^2 et de g^2 leurs valeurs 3 et 2, puis faisant disparoître les signes radicaux, $\left(\tfrac{2n+1}{3n-3}\right)^2 3 + \tfrac{8}{3} : \left(\tfrac{1}{n-1}\right)^2 :: 11 : 1.$

Egalant les extrêmes et les moyens, $\left(\tfrac{2n+1}{3n-3}\right)^2 . 3 + \tfrac{8}{3} = \left(\tfrac{1}{n-1}\right)^2 11.$

Et multipliant tout par $3 (n-1)^2$; $(2n+1)^2 + 8 (n-1)^2 = 33$.

Développant les puissances et réduisant, $n^2 - n = 2$. D'où l'on tire $n = \tfrac{1}{2} \pm \tfrac{3}{2}$, et prenant le signe positif, $n = 2$, c'est-à-dire, que l'expression du décroissement sera $\overset{2}{D}$.

On aura donc pour l'ensemble des décroissemens le signe $\overset{2}{e} \overset{2}{D} \underset{1}{B}$, qui est précisément le même que celui de la chaux carbonatée analogique, dont nous avons déterminé ci-dessus les lois de structure.

Du prisme hexaèdre régulier.

147. J'ai fait voir, dans l'exposition raisonnée des principes de la théorie (*pages* 20 et 62), que le prisme hexaèdre régulier soudivisé parallélement à ses pans et à ses bases, se résolvoit en une multitude de petits prismes triangulaires équilatéraux, lesquels pris deux à deux, formoient des prismes à bases rhombes de 120 et 60 degrés. C'est ce qui est d'ailleurs évident par soi-même, pour ceux qui sont initiés dans la géométrie. Les prismes dont il s'agit représentent dans ce cas les molécules soustractives.

Le calcul des décroissemens relatifs aux cristaux secondaires qui dérivent du prisme hexaèdre régulier est si simple, qu'il seroit superflu d'en faire ici des applications.

148. Si l'on substitue à ce prisme hexaèdre, dont je suppose la base supérieure représentée par l'hexagone ABCDFG (*fig.* 82), le prisme quadrangulaire qui auroit pour base le rhombe *mdna*, de 120 et 60^d., il est facile de voir que tous les décroissemens qui auroient eu lieu sur les quatre bords AB, AG, CD, FD, de la base du premier prisme se feront de la même manière sur les bords *am*, *an*, *dm*, *dn* de la base du second. Mais à la place des décroissemens sur les bords BC, GF, on en aura d'autres sur les angles *dma*, *dna*.

Il n'est pas moins évident que les décroissemens qui auroient agi sur l'angle BAG ou CDF du prisme hexaèdre, se répéteront sur l'angle *a* ou *d* du second. Mais si l'on suppose des décroissemens sur les angles B, C, etc., du premier prisme, parallèlement aux lignes *hg*, *rs*, de manière qu'il y ait, par exemple, une rangée de soustraite, les décroissemens analogues, pour le prisme rhomboïdal, deviendront intermédiaires parallèlement à des lignes *h'g'*, *r's'*, tellement situées que l'on aura $mg' = 2mh'$, ou $ms' = 2mr'$.

Ainsi, quoique l'on puisse absolument, à l'aide de ce second prisme, parvenir aux mêmes formes secondaires que celles qui naissent du premier, il est bien plus naturel de s'en tenir à celui-ci, comme forme primitive, parce que les décroissemens qu'il subit sont plus simples à certains égards, et se font d'une manière beaucoup plus symétrique. En général, ces sortes de substitutions conduisent à des résultats qui peuvent n'être pas indifférens par rapport à la théorie, mais dont la pratique ne s'accommode pas ordinairement aussi-bien que de ceux qui sont directs. Le véritable point de concours de toutes les cristallisations, c'est l'unité de la molécule soustractive, qui conserve le caractère de parallélipipède, indépendamment de toute variation des formes primitives.

De

De l'octaèdre.

149. Les formes primitives dont nous avons parlé jusqu'ici, sont composées de molécules qui adhèrent les unes aux autres par leurs faces semblables. Il n'en est pas de même des molécules qui appartiennent aux formes que nous avons maintenant à considérer. En prenant toujours pour guide la division mécanique, on est conduit à concevoir que ces molécules ne se touchent, dans certains cas, que par leurs bords, et dans d'autres, par certaines parties de leurs faces, en laissant entre elles de petits interstices; autrement il faudroit supposer dans des minéraux d'ailleurs très-purs, deux espèces de molécules différentes, ce qui détruiroit l'unité de nature que l'on ne peut se dispenser d'admettre dans ces minéraux. Au reste, nous verrons que la difficulté qui naît de ces structures, en apparence équivoques, ne tombe que sur la figure de la molécule intégrante, et non sur celle de la molécule soustractive, qui est toujours un parallélipipède déterminé; elle n'empêche pas que les cristaux ne soient soumis à des lois très-simples et très-régulières de décroissement; la théorie, en un mot, n'est pas tenue de résoudre cette difficulté qui n'atteint pas jusqu'à elle.

150. Soit EP (*fig.* 83) un octaèdre que nous supposerons régulier. Ce que nous allons dire de cet octaèdre s'applique de soi-même à ceux qui sont terminés par des triangles isocèles ou scalènes, et nous ferons connoître, dans la suite, ce que la structure de ces derniers présente de particulier.

Il est facile de concevoir, à la seule inspection de la figure, que si l'on mène des plans par les lignes gk, km, ks, etc., qui coupent en deux également les côtés EL, EO, OR, etc., et si ces plans passent en même temps par le centre c, l'octaèdre total se trouvera soudivisé en six octaèdres partiels, dont les sommets extérieurs se confondent avec les siens, et en huit tétraèdres interposés entre les octaèdres, et dont un a pour

face extérieure le triangle *gik*, un second le triangle *mks*, etc.
D'une autre part, remarquons qu'un tétraèdre (*fig.* 84) coupé
de la même manière (1), donne un nouvel octaèdre $\delta\vartheta$, dont le
centre se confond avec le sien, plus quatre tétraèdres partiels,
qui résultent du retranchement des angles solides du tétraèdre
total.

Concevons que l'on continue de soudiviser le premier octaèdre EP (*fig.* 83), par des coupes parallèles aux précédentes,
et placées, entre ces dernières, à des distances égales ; chaque
octaèdre se résoudra en six nouveaux octaèdres, plus huit
tétraèdres, et chaque tétraèdre en un octaèdre, plus quatre
tétraèdres ; de manière que tous les octaèdres d'une part, et
tous les tétraèdres de l'autre seront égaux chacun à chacun, et
que, de plus, les faces des octaèdres seront égales à celles des
tétraèdres.

151. Les nombres de tétraèdres et d'octaèdres donnés successivement par ces différentes divisions forment deux séries récur-
rentes, dans chacune desquelles il est aisé d'avoir l'expression
générale d'un terme quelconque.

Désignons par A, B, C, D, etc., la série relative aux tétraèdres, et par a, b, c, d, etc., celle qui concerne les octaèdres.

Nous aurons A = 8. a = 6.

B = 4 A + 8a = 80. b = 6a + A = 44.

C = 4 B + 8b = 672. c = 6b + B = 344, etc. Et mettant les
deux séries l'une sous l'autre,

A	B	C	D	E
8.	80.	672.	5440.	43648, etc.
a	b	c	d	e
6.	44.	344.	2736.	21856, etc.

Évaluons d'abord un terme quelconque de la première série.

---

(1) Ce tétraèdre a été projeté semblablement à celui qui est marqué des
mêmes lettres, *fig.* 83.

J'observe que $B = 8^2 + 2.8$, c'est-à-dire, qu'on l'obtient en multipliant le premier terme A par 8, et en ajoutant 2.8. Je multiplie de même le second terme par 8, ce qui me donne $8^3 + 2.8^2$, ou 640, dont la différence avec le troisième terme est 32 ou 4.8. Je vois qu'en continuant, je puis mettre la série sous cette nouvelle forme.

A B   C   D

$8^1. \quad 8^2 + 2 \cdot 8. \quad 8^3 + 2 \cdot 8^2 + 4 \cdot 8. \quad 8^4 + 2 \cdot 8^3 + 4 \cdot 8^2 + 8 \cdot 8,$

etc., c'est-à-dire, qu'en désignant par n le rang du terme dont on cherche l'expression, on a, $8^n + 2 \cdot 8^{n-1} + 2^2 \cdot 8^{n-2} + 2^3 \cdot 8^{n-3} \ldots\ldots + 2^{n-1} \cdot 8^{n-(n-1)}$, ou $2^{n-1} \cdot 8$.

Or les parties de ce terme étant prises dans un ordre renversé, forment une progression géométrique croissante, dans laquelle le premier terme $a = 2^{n-1} \cdot 8$, le dernier terme $\omega = 8^n$, et le quotient $q = 4$.

Donc nommant s la somme, qui est la quantité cherchée, on aura,

$$s = \frac{q\omega - a}{q - 1} = \frac{4 \cdot 8^n - 8 \cdot 2^{n-1}}{3} = \frac{4 \cdot 8^n - 4 \cdot 2 \cdot 2^{n-1}}{3} = \tfrac{4}{3}(8^n - 2^n).$$

D'une autre part j'observe que chaque terme de la série inférieure, relative aux octaèdres, est égal à la moitié du terme correspondant de la série supérieure relative aux tétraèdres, plus à 2^n. Donc désignant par s' le terme du même rang que s, nous aurons $s' = \tfrac{1}{2} s + 2^n = \tfrac{2}{3}(8^n - 2^n) + 2^n = \tfrac{2}{3} \cdot 8^n - \tfrac{2}{3} \cdot 2^n + \tfrac{3}{3} \cdot 2^n = \tfrac{2}{3} \cdot 8^n + \tfrac{1}{3} \cdot 2^n.$

Ce mélange d'octaèdres et de tétraèdres est inévitable, de quelque manière que l'on s'y prenne, en soudivisant l'octaèdre total parallélement à ses différentes faces.

Remarquons maintenant que les petits solides des deux espèces sont tellement assortis, que si l'on suppose nuls les uns ou les autres, ceux qui resteront seront réunis par leurs bords, et laisseront entre eux des vacuoles semblables aux solides supprimés.

152. La quantité de vide qui existeroit dans un octaèdre de chaux fluatée ou de quelqu'autre des substances minérales auxquelles appartient cette forme primitive, si la supposition

que je viens de faire étoit réalisée par la nature, n'auroit rien de surprenant. Car supposons, pour un instant, le cristal sans vacuoles. Soit a^3 la solidité d'un des petits octaèdres composans; elle sera $\frac{1}{8}$ de celle de l'octaèdre, dont le petit est une soudivision, puisque l'axe de celui-ci est la moitié de l'axe du premier. Donc les six octaèdres partiels joints ensemble formeront les $\frac{6}{8}$ de l'octaèdre total; donc il reste $\frac{2}{8}$ pour les huit tétraèdres; donc chacun de ceux-ci est $\frac{1}{32}$ de l'octaèdre total, et $\frac{1}{4}$ de chaque octaèdre partiel, c'est-à-dire, que son expression est $\frac{1}{4} a^3$. Delà on conclud aisément que la solidité de tous les octaèdres est à celle des tétraèdres comme $\frac{2}{3} a^3 8^n + \frac{1}{3} a^3 2^n$ est à $\frac{1}{4} a^3 . \frac{4}{3} (8^n - 2^n) = \frac{1}{3} a^3 8^n - \frac{1}{3} a^3 2^n$. Remarquons maintenant qu'à mesure que n augmente, la quantité $a^3 2^n$ devient plus petite par rapport à la quantité $a^3 8$; en sorte que si l'on fait successivement $n = 1$, $n = 2$, $n = 3$, etc., on aura $a^3 2^n = \frac{1}{4} a^3 8^n$, $a^3 2^n = \frac{1}{16} a^3 8^n$, $a^3 2^n = \frac{1}{64} a^3 8^n$, etc.; et en général $a^3 2^n = \frac{1}{4^n} a^3 8^n$. D'où il suit que si l'on représente par n le nombre qui répond à la limite de la division mécanique, ce nombre étant en quelque sorte infini, la quantité $a^3 2^n$ pourra être considérée comme nulle par rapport à la quantité $a^3 8^n$. Si donc l'on suppose que le cristal ne soit composé que d'octaèdres, la quantité de vide sera à la quantité de matière, à très-peu près, dans le rapport de $\frac{1}{3} a^3 8^n$ à $\frac{2}{3} a^3 8^n$, c'est-à-dire, qu'elle en sera sensiblement la moitié. Si l'on conçoit, au contraire, que les tétraèdres existent seuls, la quantité de vide sera double de la quantité de matière; suppositions qui paroissent très-admissibles, lorsqu'on fait attention à la grande porosité des corps. Au reste, je n'entends ici par *vide*, qu'un espace qui n'est point occupé par la matière propre du corps que l'on considère, mais qui peut l'être par l'eau de cristallisation, ou par quelque fluide aériforme.

153. Or, dans la nécessité où l'on est ici d'opter entre les deux formes auxquelles conduit la division mécanique, il semble plus

naturel de donner la préférence au tétraèdre. Car, en premier lieu, les autres cristaux dont la structure ne laisse aucune
ambiguité étant toujours composés soit de parallélipipèdes, soit
de prismes triangulaires, soit de tétraèdres, si l'on admet le
tétraèdre, dans les cas douteux, on réduit toutes les figures
de molécules intégrantes aux trois qui sont les plus simples. De
plus, il y a certains minéraux, tels que le zircon, dans lesquels
l'octaèdre primitif, indépendamment des coupes qui ont lieu
parallélement à ses différentes faces, en subit d'autres qui passent par les apothèmes Ei, Es, etc., des faces de chaque
pyramide (1). Or, ces nouvelles coupes soudivisent chaque
octaèdre en un solide hexaèdre très irrégulier, au lieu qu'elles
partagent simplement chaque tétraèdre en deux moitiés qui
sont aussi des tétraèdres ; d'où il suit qu'en supprimant encore
dans ce cas les octaèdres, on évite un surcroit de complication,
et l'on reste dans la même forme élémentaire; en sorte que les
molécules intégrantes sont alors les tétraèdres obtenus en dernière analyse. Enfin, il n'y a pas d'autre moyen d'arranger des
tétraèdres réguliers, qu'en les unissant par leurs bords, pour
qu'il en résulte un assortiment symétrique. Or, peut-on raison-
nablement interdire à la cristallisation l'emploi d'une forme
tellement remarquable par sa simplicité, que dans le cas même
où aucune observation ne l'auroit encore indiquée parmi les
élémens de la structure, on se croiroit en droit de supposer
qu'elle existe quelque part et a échappé jusqu'ici à nos
recherches ?

154. Quoi qu'il en soit, le point essentiel est que l'ensemble
des octaèdres et des tétraèdres forme une somme de rhomboïdes, et que les soustractions d'où naissent les cristaux secondaires se font par des rangées de ces rhomboïdes.

Pour concevoir cette vérité, jetons les yeux sur la figure 85,

---

(1) L'octaèdre du zircon, que nous supposons ici pour un instant représenté par la *fig.* 85, a ses triangles isocèles.

qui représente un rhomboïde aigu, dont chaque rhombe a ses angles de 120ᵈ. et 60ᵈ. Imaginons que l'on fasse passer deux plans coupans par les diagonales horizontales *eo*, *or*, *er* d'une part, et *pl*, *ln*, *pn* de l'autre. Il est évident que ces plans détacheront deux tétraèdres réguliers *eors*, *pnls'*, et que le solide qui restera entre l'un et l'autre sera un octaèdre régulier, représenté séparément *fig.* 86 ; d'où il suit que l'on peut considérer cet octaèdre comme un rhomboïde dont on auroit retranché deux tétraèdres réguliers.

Supposons maintenant que l'on fasse passer dans le rhomboïde des plans coupans parallèles à ses six faces, de manière à le soudiviser en un certain nombre de petits rhomboïdes. Les directions de ces plans seront les mêmes que celles des plans qui soudiviseroient l'octaèdre parallélement aux six faces latérales PLO, LOE, LEN, etc. Donc cet octaèdre peut être conçu à son tour comme un assemblage de petits rhomboïdes semblables à celui de la *fig.* 85. Chacun de ces rhomboïdes sera composé d'un octaèdre et de deux tétraèdres adjacens aux deux faces qui correspondent à ERO, PLN (*fig.* 86) ; de sorte qu'en menant de nouveaux plans parallélement à ces triangles, on séparera les tétraèdres des octaèdres avec lesquels ils concourent à former des rhomboïdes. Cependant les petits rhomboïdes extrêmes situés vers les faces ERO, PLN, seront incomplets, c'est-à-dire, qu'il manquera aux uns le tétraèdre qui devoit les terminer extérieurement, et que les autres seront réduits à leur tétraèdre intérieur. Par exemple, si ERO (*fig.* 87) représente l'assortiment des sections sur la face analogue du cristal (*fig.* 86), il sera aisé de voir que pour compléter les petits rhomboïdes situés vers cette même face, il faudroit ajouter un tétraèdre sur chacun des triangles *a*, *g*, *o*, *s*, *k*, *r* (*fig.* 87), et un octaèdre plus un tétraèdre sur chacun des triangles intermédiaires *c*, *n*, *i*. Mais nous verrons bientôt que l'existence de ces espèces de fragmens de rhomboïdes ne peut faire aucune difficulté.

Remarquons que pour transformer un octaèdre en rhomboïde, on peut indifféremment placer les deux tétraèdres complémentaires sur les faces ERO, PLN (*fig.* 86), ou sous les faces POR, ENL, ou sur les faces ELO, PRN, ou enfin sur les faces OPL, NER. Et comme dans ces différens cas le résultat est toujours le même, il s'ensuit que chaque petit octaèdre renfermé dans l'intérieur de l'octaèdre total est enveloppé par six tétraèdres, et que chaque tétraèdre est enveloppé par quatre octaèdres, ce qui met en évidence le fait que nous avons déjà énoncé, savoir : que si l'on supprime les uns ou les autres de ces deux solides, ceux qui resteront se trouveront réunis par leurs bords. On voit aussi que l'on peut considérer, dans l'intérieur de l'octaèdre, des rhomboïdes dans tous les sens , en combinant chaque petit octaèdre avec les tétraèdres qui reposent sur ses différentes faces.

Nous pouvons donc considérer les décroissemens qui donnent les formes originaires de l'octaèdre, comme ayant lieu par des soustractions d'une ou plusieurs rangées de petits rhomboïdes de 120^d. et 60^d. Que les parties solides de ces rhomboïdes soient des octaèdres, qui laissent entre eux des vacuoles semblables aux tétraèdres, ou que ce soit le contraire qui arrive, cela est indifférent à la théorie, qui ne considère ici que des espaces rhomboïdaux , en faisant abstraction de la figure des petits corps qui occupent ces espaces.

155. Avant de déterminer l'effet immédiat des lois de décroissemens par rapport à l'octaèdre, substituons pour un instant à celui-ci le noyau rhomboïdal de 120^d. et 60^d., et supposons que ce noyau subisse un décroissement par une simple rangée sur ses bords supérieurs. Le cristal secondaire, dans ce cas, est, en général, un rhomboïde plus obtus que le noyau, et si l'on désigne toujours par g et p les deux demi-diagonales de ce noyau, et par g' et p' celles du rhomboïde secondaire, on aura, comme nous l'avons prouvé , $g' : p' : : g : \frac{1}{2} \sqrt{g^2 + p^2}$.

(*voyez* 56): or , ici $g = 1$, $p = \sqrt{3}$. Ce qui donne $g' = p'$, c'est-à-dire, que le solide secondaire est un cube.

156. Maintenant, le décroissement qui a donné ce cube ayant lieu parallélement aux bords *es*, *os*, *rs*, etc. (*fig.* 85), lesquels sont eux-mêmes parallèles aux bords *ol*, *el*, *op*, etc., et ceux-ci subsistant sur l'octaèdre de la *fig.* 86, on voit que l'effet du décroissement dont nous venons de parler est le même que celui d'un décroissement sur les six angles OEL, EOL, ORP, ROP, etc., de l'octaèdre, lequel auroit également lieu par une rangée de petits rhomboïdes. Toute la différence consistera en ce que, dans le cube originaire du rhomboïde, les deux angles solides qui coïncident avec *s* , *s'* (*fig.* 85) seront produits immédiatement par les décroissemens , au lieu que dans le cube originaire de l'octaèdre, ils seront l'effet du prolongement des faces secondaires d'une part en dessus du triangle ERO (*fig.* 86), et d'une autre part en dessous du triangle NLP.

157. Mais il y a mieux , et puisque l'on peut considérer dans l'octaèdre des rhomboïdes situés en tous sens, nous sommes libres de supposer qu'il se fasse sur les trois angles du triangle ERO , et sur ceux du triangle NLP des décroissemens semblables à ceux qui agissent sur les angles des six autres triangles, et alors le cube résultera d'un décroissement sur tous les angles de l'octaèdre, dont l'expression sera A^1A^1, et c'est la manière la plus naturelle de considérer la structure de ce cube , en ramenant à l'uniformité l'action des décroissemens.

158. Dans le cas que nous venons d'exposer, les décroissemens qui se rapportent aux angles de l'octaèdre se changent en décroissemens sur les bords, lorsque l'on substitue un rhomboïde à l'octaèdre. Mais il est facile de voir que ceux qui auroient lieu à leur tour sur les bords EL, OL, OP , etc. (*fig.* 86), de cet octaèdre, répondent à des décroissemens sur les bords analogues du rhomboïde (*fig.* 85), tandis que ceux qui se feroient sur les bords EO , OR, ER (*fig.* 86) et sur ceux

des

des triangles opposés, répondent à des décroissemens sur les angles supérieurs eso, osr, esr, et sur les inférieurs du rhomboïde *fig.* 85.

159. Cela posé, concevons d'abord des décroissemens par une simple rangée sur les douze bords de l'octaèdre. Il n'est pas besoin de calcul, pour voir que leur résultat sera un dodécaèdre à plans rhombes tous égaux et semblables.

160. Cherchons maintenant les lois propres à faire naître du rhomboïde (*fig.* 85) ce même dodécaèdre. Il est d'abord évident que le dodécaèdre, dont deux angles solides opposés, pris parmi ceux qui sont formés de trois plans, doivent se confondre avec les sommets s, s' du noyau rhomboïdal, aura six faces parallèles à l'axe qui passe par les mêmes sommets ; d'où il suit que ces mêmes faces résulteront d'un décroissement par une seule rangée, si on les fait naître sur les arêtes el, ol, op, rp, etc., ou par deux rangées, si on leur donne pour points de départ les angles inférieurs elo, opr, rne, etc., du rhomboïde. Adoptons la première supposition, qui est la plus simple ; dans ce cas, les faces supérieures du dodécaèdre résulteront d'un décroissement sur les angles eso, osr, esr, etc., dont il s'agit de déterminer la loi.

Considérons ce décroissement comme s'il existoit seul, auquel cas il produiroit un rhomboïde semblable aux quatre dont le dodécaèdre à plans rhombes est l'assemblage. Soient g' et p' les deux demi-diagonales de ce rhomboïde. Nous aurons $g' = \sqrt{2}$ et $p' = 1$. Or, d'une part, la demi-perpendiculaire sur l'axe du même rhomboïde est au tiers de cet axe : : $g' : \sqrt{3p'^2 - g'^2}$: : $\sqrt{2} : 1$. Mais, d'une autre part, ce rapport est égal à celui de mu à au (*fig.* 11), ou de $\frac{n+1}{n} \sqrt{\frac{4}{3}g^2}$ à ... $\frac{2n-1}{3n} \sqrt{9p^2 - 3g^2}$ (*voy.* 38). Substituant à la place de g et de p leurs valeurs 1 et $\sqrt{3}$, nous aurons $\frac{n+1}{n} \sqrt{\frac{4}{3}} : \frac{2n-1}{3n} \sqrt{24}$: :

$\sqrt{2} : 1$. Egalant les extrêmes et les moyens, puis réduisant, $4n - 2 = n + 1$, d'où l'on tire $n = 1$. Donc la loi qui donne les rhombes extrêmes a lieu par deux rangées sur les angles supérieurs du noyau rhomboïdal.

161. Ajoutons quelques détails sur les octaèdres qui diffèrent du régulier. Soit an (*fig.* 88) un de ces octaèdres, qui représente la forme primitive de la potasse nitratée. La base commune des deux pyramides qui ont leurs sommets en o et en o' est ici un rectangle, d'où il suit que les quatre triangles de chaque pyramide ne sont semblables que deux à deux. Ainsi, dans les triangles aod, hon, l'angle o est de 51^d. $8'$, tandis que dans les triangles aoh, don, il est de 61^d. $20'$.

Il résulte encore de là que les petits tétraèdres que l'on peut extraire de l'octaèdre par des divisions faites parallélement aux faces de celui-ci, n'ont de même leurs triangles semblables que deux à deux.

162. Supposons maintenant que l'on ajoute deux tétraèdres sur les faces hon, $ao'd$. L'octaèdre se trouvera transformé en un parallélipipède obliquangle ss' (*fig.* 89), dans lequel les deux faces $saod$, $s'ho'n$ seront des rhombes, et les quatre autres faces de simples parallélogrammes obliquangles.

Concevons, au contraire, que les deux tétraèdres complémentaires reposent sur les faces don, $ao'h$ (*fig.* 88). L'octaèdre deviendra le parallélipipède obliquangle représenté *fig.* 90, dans lequel toutes les faces sont des parallélogrammes différens du rhombe. Si l'on appliquoit les tétraèdres complémentaires sur les faces aoh, $do'n$ (*fig.* 88), il est évident que le résultat seroit encore le même.

Mais, parce que les décroissemens qui donnent les formes secondaires se rapportent à l'axe qui passe par les points o, o', en sorte qu'ils agissent symétriquement sur les parties semblablement situées par rapport à cet axe, il est facile de concevoir, avec un peu d'attention, que si l'on vouloit substituer un parallélipipède à l'octaèdre primitif, il seroit naturel de préférer

celui de la *fig.* 89, dans lequel les deux tétraèdres complémentaires n'altèrent point la symétrie de l'octaèdre.

A l'égard des molécules soustractives, elles seront semblables
au parallélipipède dont il s'agit, et il sera facile de faire l'application des mêmes principes aux octaèdres non réguliers qui
existent, comme formes primitives, dans quelques autres
espèces de minéraux.

Du tétraèdre régulier.

163. L'analogie qui règne entre les modifications du tétraèdre
régulier et celles du rhomboïde, se présente comme d'elle-
même, d'après cette considération, que le tétraèdre n'est autre
chose que le sommet d'un rhomboïde semblable à celui de la
fig. 85; et comme il a ses quatre sommets égaux et semblables
entre eux, il est clair qu'en assimilant chacun d'eux à celui d'un
rhomboïde, on parviendra facilement à déterminer les formes
des cristaux secondaires, d'après des soustractions de molécules
rhomboïdales.

Ainsi, nous avons vu (160) qu'un décroissement par deux
rangées de petits rhomboïdes sur l'angle supérieur du rhomboïde *fig.* 85, donnoit trois faces inclinées entre elles comme
celles du dodécaèdre rhomboïdal; d'où l'on conclura que ce
dodécaèdre peut résulter d'un semblable décroissement sur les
douze angles plans du tétraèdre.

Nous avons prouvé encore (155) qu'un décroissement par une
simple rangée sur les bords supérieurs du même rhomboïde pro-
duisoit un cube; d'où il suit que si l'on substitue, pour forme
primitive, un tétraèdre au rhomboïde, le cube sera produit en
vertu d'un décroissement par une rangée sur les douze bords
du tétraèdre.

Je ne m'étendrai pas davantage sur ces espèces de rapprochemens. J'ajouterai seulement une réflexion qui ne me paroît
pas devoir être négligée.

164. Si l'on soudivisoit l'octaèdre de la *fig.* 86 seulement par quatre coupes parallèles, l'une à la base EOR, et les trois autres aux faces latérales LPO, PNR, LNE, on parviendroit à un tétraèdre *zsxt* (*fig.* 91), qui auroit le même centre que l'octaèdre, et dont la base seroit tournée en sens contraire du triangle EOR. On pourroit aussi prendre ce tétraèdre pour le noyau des cristaux que nous avons envisagés comme originaires de l'octaèdre, et en déduire, par des lois régulières de décroissement, la structure des mêmes cristaux; mais cette structure seroit, en général, plus compliquée que dans l'hypothèse d'un noyau octaèdre, et d'ailleurs on n'auroit pas l'avantage d'arriver à la forme primitive, par des sections faites semblablement sur toutes les parties correspondantes des cristaux secondaires. Or, la considération du noyau n'est qu'un moyen adopté pour simplifier la théorie, puisque réellement le noyau d'un cristal peut être pris par tout où l'on veut, en sorte que si on le regarde de préférence comme placé au milieu de ce cristal, ce n'est que pour expliquer plus facilement la structure, qui pourroit absolument être conçue sans ce secours, puisque ses seuls élémens essentiels sont la figure et l'assortiment des molécules. D'après cela, il m'a paru plus naturel d'adopter l'octaèdre dans les différens cas dont j'ai parlé jusqu'ici. Mais il y a certains cristaux, comme ceux qui appartiennent au cuivre gris, à l'égard desquels il est beaucoup plus commode d'adopter un noyau tétraèdre, parce que la forme de celui-ci perce, pour ainsi dire, à travers la leur, et semble annoncée par leur seul aspect.

Du dodécaèdre bi-pyramidal.

165. La structure du dodécaèdre bi-pyramidal qui n'appartient, comme forme primitive, qu'à un très-petit nombre d'espèces de minéraux, est la plus difficile à déterminer de toutes celles que présentent les formes primitives des cristaux. Indépendamment de l'incertitude où elle jette l'observateur, par rapport

au choix de la molécule intégrante, parmi les fragmens de différentes formes que donne encore ici la division mécanique, elle est compliquée d'accidens qui lui sont particuliers, et qui, pour être bien conçus, exigent une certaine attention. Au reste, ces accidens dérivent aussi de la position des joints naturels, dont les résultats si simples et si satisfaisans dans une multitude de substances, semblent servir de garantie au petit nombre de ceux qui dérogent à cette simplicité. Enfin, l'espèce de complication dont il s'agit, disparoît dans le point de vue général, sous lequel viennent se ranger toutes les diverses formes primitives, en se ralliant au parallélipipède, qui est comme leur terme commun de comparaison.

166. Soit ss' (*fig.* 92) *pl. XVI* un dodécaèdre bi-pyramidal, que nous supposerons semblable à celui qui résulte de la division mécanique des cristaux de quartz. Parmi les six faces de chaque pyramide, choisissons-en trois qui alternent entre elles et avec celles de l'autre pyramide, telles que asb, csd, esf d'une part, et $bs'c$, $es'd$, $as'f$ de l'autre. Concevons que ces six faces se prolongent, jusqu'à circonscrire exactement un espace. Il est clair que le solide qui en résultera sera un rhomboïde (*fig.* 93); d'où l'on voit que le dodécaèdre peut être considéré comme un rhomboïde dont on auroit retranché six tétraèdres, par des plans qui, en partant de chaque sommet, tel que s, passeroient par les milieux des côtés inférieurs gh, nh, nk, lk, etc.

167. Rappelons-nous maintenant que dans le cas d'un décroissement par deux rangées en hauteur sur les angles inférieurs d'un rhomboïde (72), le solide secondaire est exactement semblable au noyau ; d'où il suit que si le décroissement n'atteint pas sa limite, en sorte qu'il reste des faces triangulaires parallèles à celles du noyau, le solide secondaire sera un dodécaèdre bi-pyramidal, du genre de celui qui est représenté *fig.* 92, et qui se trouvera uniquement composé de molécules rhomboïdales.

Les choses étant dans cet état, imaginons que tous les petits rhomboïdes composans se transforment en dodécaèdres par le retranchement de six tétraèdres, comme nous l'avons expliqué, il n'y a qu'un instant. Et parce que les cristaux prismatiques du quartz se divisent aussi dans le sens des pans de leur prisme, et que ces joints sont parallèles aux plans scs' (*fig.* 92), sbs', sas', etc.; concevons que tous les petits dodécaèdres composans ayent des joints naturels, qui coïncident avec les plans analogues à ceux que nous venons de désigner. Ces dodécaèdres seront alors des assemblages de six tétraèdres, dont chacun aura deux faces semblables au triangle $bs'c$, et les deux autres semblables au triangle scs'. On pourra donc considérer un cristal de quartz comme composé d'une multitude de petits tétraèdres groupés six à six, sous la forme de dodécaèdres. Ces tétraèdres seront les véritables molécules intégrantes, et la molécule soustractive sera le rhomboïde auquel passe le dodécaèdre par le prolongement de six de ses faces prises en alternant vers chaque sommet, et d'un sommet à l'autre. Telle est l'hypothèse qui m'a paru la plus simple pour concilier la théorie avec le résultat de la division mécanique.

Dans cette même hypothèse, les dodécaèdres laisseront entre eux des interstices produits par la suppression des tétraèdres qui compléteroient les molécules soustractives. De plus, il est aisé de concevoir que chaque dodécaèdre adhère à ceux qui l'entourent par six de ses faces, qui coïncident avec celles de la molécule soustractive, en sorte que deux faces contigües, prises sur deux dodécaèdres voisins, sont disposées comme les triangles asb, $a's'b'$ (*fig.* 94), le premier de ces triangles représentant une des faces de la pyramide supérieure de l'un des dodécaèdres, et l'autre une des faces de la pyramide inférieure dans le dodécaèdre adjacent; d'où l'on voit que les centres de gravité de ces deux triangles se confondent en un point commun c.

168. Venons aux accidens que j'ai dit être particuliers au dodécaèdre bi-pyramidal. Dans les cristaux relatifs aux autres

formes primitives, tel est l'assortiment des molécules, que les joints naturels qui passent entre leurs lames forment un même plan continu, en sorte qu'aucune facette n'est saillante au-dessus des autres. Il n'en est pas de même par rapport au dodécaèdre bi-pyramidal. Pour que la structure de ce solide s'accorde avec le résultat de la division mécanique, et avec la condition essentielle que toutes les molécules soient égales et semblables entre elles, il est nécessaire que quelques-unes de leurs faces, considérées dans le sens d'une même coupe, soient situées alternativement sur deux, et même sur trois plans différens, parallèles entre eux et infiniment voisins.

169. Considérons d'abord les coupes qui passent entre les facettes des pyramides de chaque dodécaèdre et celles des pyramides qui appartiennent aux dodécaèdres adjacens. Parmi ces facettes, il y en a six qui sont parallèles aux triangles asb (*fig.* 92), csd, esf, etc., faisant partie des faces du rhomboïde ss' (*fig.* 93). Or, ces facettes étant celles par lesquelles les petits dodécaèdres adhèrent entre eux, il est évident qu'elles forment des plans continus, comme s'il existoit des rhomboïdes au lieu de dodécaèdres. Il n'en est pas ainsi des facettes parallèles aux triangles bsc, dse, fsa, etc. (*fig.* 93), elles sont situées alternativement sur deux plans parallèles.

Soit $shs'l$ (*fig.* 95) la coupe principale du rhomboïde *fig.* 93. Ayant pris sur les diagonales obliques sh, ls' (*fig.* 95) les points x, x' tellement situés que l'on ait $lx = \frac{1}{4} ls'$ et $hx' = \frac{1}{4} sh$, si nous menons les lignes sx, $s'x'$, il est facile de voir qu'elles représenteront les apothêmes des triangles esd, $as'b$ (*fig.* 92), qui répondent aux facettes des petits dodécaèdres composans, entre lesquelles il existe des interstices.

Avant d'aller plus loin, examinons en général l'assortiment des petits parallélipipèdes ou rhomboïdes situés sur les bords des lames de superposition, dans les décroissemens sur les angles. Soient AB, DF, GH (*fig.* 96) les rangées de molécules rhomboïdales qui terminent trois lames successives, du côté où se fait le décroissement que nous supposons ici par une simple rangée. Si nous menons par l'arête *pn* de l'une quelconque des molé-cules, et par la diagonale *nr*, un plan qui sera la coupe prin-cipale de cette molécule, il est évident qu'il passera aussi par *rt*, puis par *ts*, etc., en sorte que l'espèce de dentelure qui résultera des différentes lignes situées sur son passage, sera composée alternativement d'une diagonale et de deux arêtes de molécule.

Remarquons maintenant que le plan dont il s'agit ne traverse aucune des molécules situées sur la rangée DF. Cela provient de ce qu'en général les molécules de chaque rangée alternent par leurs positions avec celles des rangées voisines. Mais supposons que la rangée DF se meuve de droite à gauche jusqu'à ce que l'extrémité *o* de l'arête *io* se trouve située au milieu *o'* de la diagonale *rn*. Alors le plan coupant entamera les molécules de toutes les rangées, et sa trace anguleuse sera composée succes-sivement d'une demi-diagonale *no'* de molécule et d'une arête *oi*. Si le décroissement se faisoit par deux rangées en hauteur, il faudroit substituer à la dimension *rt* une ligne égale à quatre arêtes de molécules, et à la dimension *oi* une ligne égale à deux arêtes.

170. Tout cela étant bien conçu, reprenons l'hypothèse dans laquelle le dodécaèdre (*fig.* 92) résulteroit d'un décroissement incomplet par deux rangées en hauteur, sur les angles inférieurs d'un noyau rhomboïdal, et seroit composé de petits rhomboïdes entiers semblables à ce noyau.

Soit *s*H (*fig.* 97) une diagonale oblique prise sur la coupe de ce même noyau, laquelle est représentée (*fig.* 98), et soit *p*H une droite qui coïncide avec la face produite par le dé-croissement sur l'angle H. Si l'on suppose que toutes les rangées restent à leur place, la coupe faite dans leur assemblage sera terminée par la ligne anguleuse H*aenp*, dans laquelle H*a*, *en* sont égales chacune à une diagonale oblique de molécule, et *ae*, *np* mesurent chacune quatre arêtes de molécule, comme cela doit être, d'après ce qui a été dit plus haut.

Imaginons

Imaginons maintenant que les rangées qui alternent avec celles par lesquelles passe la coupe MNH*p* fassent un mouvement, en vertu duquel leurs arêtes extrêmes viennent se placer vis-à-vis de celles des autres rangées, ainsi que je l'ai expliqué à l'occasion de l'assortiment représenté (*fig.* 96). Dans cette hypothèse, deux des premières arêtes situées sur la même ligne, en conséquence du décroissement en hauteur, répondront à *bc*, qui tombe sur le milieu *b* de la diagonale *a*H, et les coupes des deux rhomboïdes auxquelles appartiennent ces arêtes, formeront le quadrilatère *bcrd*. Deux autres arêtes se trouveront situées comme *it*, et les coupes qui leur sont analogues formeront le quadrilatère *itux*, etc.

Concevons enfin que tous les petits rhomboïdes composans soient transformés en dodécaèdres, comme il a été dit ci-dessus. Les nouvelles facettes qui naîtront à l'extérieur auront les positions indiquées par *bo*, *yz*, *fg*, *kv*, etc., dont chacune, telle que *fg*, coupe la diagonale correspondante *k*э, de manière que $kg = \frac{1}{4} k$э, ainsi que cela doit être.

Or, comme le mouvement des arêtes *bc*, *it*, etc., ne change rien aux positions des plans qui passent par *bo*, *yz*, *il*, *ns*, etc., si l'on compare ces positions soit entre elles, soit avec celles des plans dirigés suivant *fg*, *kv*, etc., relatifs aux molécules qui sont restées fixes, il est facile de voir que toutes ces positions se rapportent à deux plans presqu'infiniment voisins, parallèles entre eux, et à la ligne H*p*, dont l'un est indiqué par les lignes *yz*, *kv*, *ns*, et l'autre par les lignes *bo*, *fg*, *il*. Cette alternative se répète dans toute l'étendue du cristal. Mais la proximité des deux plans, qui, considérée physiquement, ne diffère pas sensiblement d'un alignement exact, jointe au retour fréquent des facettes sur le même niveau, fait que les joints des lames ne cessent pas de paroître continus, et peuvent être saisis à peu près comme ceux des autres cristaux, dont les molécules ont leurs facettes disposées rigoureusement sur un même plan. Ainsi, tout ce qui en résulte, c'est que l'ensemble de la structure est assujetti aux règles d'une géométrie plus composée, et qui exige des conceptions plus délicates.

171. Reste à examiner les positions respectives des facettes qui répondent, dans les différens dodécaèdres, aux triangles *sbs'*, *scs'*, *sds'*, etc. Or, ici la complication augmente encore, en sorte que ces facettes se trouvent situées alternativement sur trois plans différens.

Pour le prouver, supposons que tous les petits dodécaèdres qui sont censés contenus dans celui que représente la *fig.* 92, se meuvent sur les prolongemens de leurs axes, jusqu'à ce que tous les hexagones qui forment les bases communes de leurs deux pyramides se trouvent sur un même plan. Supposons de plus, pour un instant, que dans ce cas la disposition des hexagones dont il s'agit soit semblable à celle que l'on voit *fig.* 99. Il est évident que des plans dirigés suivant les 6 rayons ca, ch, cg, etc., de l'un quelconque *el* des hexagones, et qui passeroient en même temps par l'axe du dodécaèdre auquel appartient cet hexagone, soudiviseroient le dodécaèdre en six tétraèdres, et par conséquent seroient dans le sens de ses joints naturels. Il est clair encore que les mêmes plans étant prolongés, tantôt passeroient entre deux dodécaèdres voisins, et tantôt se confondroient avec les plans qui soudiviseroient d'autres dodécaèdres; c'est ce que l'on concevra facilement à la seule inspection des lignes *hs*, *an*, situées sur les prolongemens des rayons *ch*, *ca*; d'où il suit que, dans l'hypothèse présente, tous les joints naturels situés dans l'intérieur du dodécaèdre total, seroient sur des plans continus, comme dans les cristaux ordinaires.

Pour ramener maintenant les choses à leur véritable état, considérons l'assortiment représenté *fig.* 98, dans lequel les petits quadrilatères S'*eiz*, U*eir*, etc., sont les coupes principales d'autant de rhomboïdes, et S'*xig*, *enrl*, celles des dodécaèdres qui résultent des sections faites dans les rhomboïdes. C'est une suite de ce que S'*x* tombe au quart de la diagonale *ei*, et ainsi des autres lignes *ig*, *rl*, *en*, etc.

Maintenant si nous menons *gx*, *ln*, *ou*, etc., chacune de ces lignes sera le petit diamètre de l'hexagone qui forme la base commune du dodécaèdre analogue, c'est-à-dire, qu'elle aura la même position que *el* (*fig.* 99) menée par le centre, perpendiculairement sur deux côtés opposés *dr*, *ah* de l'hexagone.

Donc si l'on suppose que tous les hexagones qui répondent aux lignes *gx*, *ln*, *ou*, etc. (*fig.* 98), se relèvent jusqu'à coïncider sur un même plan, ces hexagones ne se trouveront pas en retièment dégagés, comme on le voit *fig.* 99, mais chacun anticipera sur ceux qui l'entourent, puisque les lignes *gx*, *ln*, *ou*, etc., anticipent elles-mêmes les unes sur les autres; et telle sera cette espèce d'enjambement, que si l'on considère deux hexagones voisins (*fig.* 100), l'extrémité *x'* du diamètre *xx'*, tombera au tiers du diamètre *zz'*, etc.

Remarquons que dans le mouvement des hexagones, pour aller se placer sur un même plan, que nous supposerons passer par *yt* (*fig.* 98) perpendiculairement à l'axe SS', le diamètre *gx* se relève de manière qu'il coïncide avec *km*, quand son mouvement est achevé. Remarquons de plus, que la distance entre les diamètres *km* et *ty* est égale à l'un quelconque d'entre eux, puisqu'elle est mesurée par leur prolongement entre les lignes UX, BG, dont les distances sont les mêmes qu'entre les lignes *e*R, UX d'une part, et BG, KH de l'autre.

Donc s'il n'existoit que les dodécaèdres analogues aux diamètres, tels que *gx* et *km*, qui sont placés immédiatement l'un au-dessus de l'autre, ou analogues aux diamètres, tels que *km*, *ty*, dont la distance est égale à chacun d'eux, tous les joints seroient sur des plans continus; cela est évident pour les diamètres *gx* et *km*; et quant aux diamètres *km* et *ty*, il est facile de juger que leur position respective est la même que celle des diamètres *el*, *e'l'* (*fig.* 99), et par conséquent cette position ne peut altérer la continuité des alignemens.

Mais entre les hexagones analogues à *km* et *ty* (*fig.* 98), se trouveront ceux qui appartiennent à *nl* et *ou*, et qui interromperont la communication des joints ; d'où l'on voit que nous pouvons considérer trois ordres de dodécaèdres, dans chacun desquels les hexagones auront leurs axes sur une même ligne , comme ceux qui appartiennent aux diamètres gx et km, ou seront distans entre eux d'une quantité égale à un petit diamètre, comme ceux qui sont indiqués par km et ty. Ainsi , les dodécaèdres d'un même ordre pourront être soudivisés par des plans continus ; mais ces mêmes plans tomberont à faux sur les dodécaèdres des deux autres ordres ; en sorte que tous les joints correspondans se rapporteront à trois plans qui seront parallèles entre eux , et approcheront beaucoup d'une exacte coïncidence , à cause de la petitesse des dodécaèdres.

Cette complication n'empêche pas , ainsi que je l'ai dit, que la marche de la théorie ne soit simple , lorsqu'on ramène la forme des molécules à celle du rhomboïde dont elle dérive ; et il m'a paru même plus commode , de substituer cette dernière forme, comme primitive , à celle du dodécaèdre. D'après cette hypothèse , on conçoit, sans calcul, que le prisme interposé entre les deux pyramides, dans la plupart des cristaux de quartz , est censé résulter d'un décroissement par deux rangées de petits rhomboïdes sur les angles inférieurs du noyau rhomboïdal. Je donnerai dans un article particulier , relatif à la même substance, la détermination de quelques autres variétés de forme , que présentent ses cristaux.

Fin du Tome premier.